"十二五"职业教育国家规划教材
经全国职业教育教材审定委员会审定
首届全国机械行业职业教育优秀教材

修订版

电力电子与变频技术

第 2 版

主　编　陆志全
副主编　张　尧　马　剑
参　编　屠文东　白　颖

机械工业出版社

本书为"十二五"职业教育国家规划教材修订版。

本书突出工程实践，通俗易懂，图文并茂，采用"项目导向、任务驱动"形式编排，在介绍相关理论知识的同时注重学生技能的培养。全书分调光灯电路的安装与调试、温度控制器电路的分析、PC 主机开关电源电路、光伏逆变电路分析与调试、变频器产品与性能、变频器的安装与接线、变频器的控制与运行、恒压供水变频控制系统接线调试和维护 8 个项目，介绍当今流行的电力电子与变频应用技术。

本书适合作为高等职业院校电气自动化技术等机电类相关专业的教材，也可供相关专业工程技术人员参考。

为方便教学，本书配有电子课件、习题解答、模拟试卷及答案，凡选用本书作为授课教材的老师，均可来电 010-88379375 索取，或登录机械工业出版社教育服务网（www.cmpedu.com），注册后免费下载。

图书在版编目（CIP）数据

电力电子与变频技术/陆志全主编. —2 版. —北京：机械工业出版社，2024.1（2025.1 重印）

"十二五"职业教育国家规划教材：修订版

ISBN 978-7-111-74828-1

Ⅰ.①电… Ⅱ.①陆… Ⅲ.①电力电子技术-高等职业教育-教材②变频技术-高等职业教育-教材 Ⅳ.①TM1②TN77

中国国家版本馆 CIP 数据核字（2024）第 036082 号

机械工业出版社（北京市百万庄大街 22 号　邮政编码 100037）
策划编辑：于　宁　　　　　责任编辑：于　宁　王宗锋
责任校对：郑　婕　陈　越　封面设计：陈　沛
责任印制：任维东
北京中兴印刷有限公司印刷
2025 年 1 月第 2 版第 2 次印刷
184mm×260mm・15.25 印张・374 千字
标准书号：ISBN 978-7-111-74828-1
定价：45.00 元

电话服务　　　　　　　网络服务
客服电话：010-88361066　机 工 官 网：www.cmpbook.com
　　　　　010-88379833　机 工 官 博：weibo.com/cmp1952
　　　　　010-68326294　金 书 网：www.golden-book.com
封底无防伪标均为盗版　机工教育服务网：www.cmpedu.com

前言

本书在"十二五"职业教育国家规划教材的基础上进行修订,以党的二十大"深入实施科教兴国战略、人才强国战略、创新驱动发展战略"以及"全面贯彻党的教育方针,落实立德树人根本任务,培养德智体美劳全面发展的社会主义建设者和接班人"的精神为指引,从高素质技术技能人才培养的实际要求出发,采用"项目导向、任务驱动"形式编写,在相关理论知识的基础上注重技能训练,以满足高等职业院校机电类专业的教学要求。

本书在每个任务中均有学习目标、工作任务、相关知识及实践指导等,突出培养学生热爱劳动、团结协作、勇于探索与创新的素质。本次修订还增加了微课(以二维码形式植入),便于学生更好地理解掌握相关知识点。

学习目标:包括学习中要求达到的知识理解、分析问题、解决问题及学生素质培养等方面的要求。

工作任务:包括学习中要求能完成的实践活动、分析问题、解决问题方面的训练。

相关知识:对工作任务所涉及的基本概念、理论知识等进行介绍与说明。

实践指导:对要求学生掌握的基本理论与技能要求进行指导,内容主要基于浙江天煌科技实业有限公司的相关实训设备编写。

拓展知识:对工作任务相关的理论做深入引导,对相关技术应用及最新产品等进行介绍。

本书分8个项目共20个任务,项目一~项目四由陆志全编写,项目五~项目八由陆志全、屠文东编写,张尧、马剑负责相关微课制作,白颖参加了校对工作,全书由陆志全负责统稿。

由于编者水平有限,书中难免存在不足,恳请广大读者批评指正。

编 者

二维码索引

名称	图形	页码	名称	图形	页码
晶闸管的结构与工作原理		2	全控型电力电子器件的应用		73
单结晶体管触发电路分析		10	DC/DC 变换电路的工作原理分析		88
单相可控整流电路分析		18	单相逆变电路分析		113
单相桥式半控整流电路分析		26	变频调速原理与系统构成		134
三相半波不可控整流电路的分析		37	变频器的分类与典型产品		135
双向晶闸管的工作原理及控制		47	变频器的安装方法和安装要求		153
温度控制器电路原理分析		52	三菱变频器工作模式的选择和转换		177

目录

前言
二维码索引
项目一　调光灯电路的安装与调试 ………… 1
　任务一　晶闸管的结构与工作原理分析 ……… 1
　任务二　单结晶体管触发电路分析 ………… 10
　任务三　单相可控整流电路分析 …………… 18
　任务四　三相可控整流电路的分析 ………… 36
项目二　温度控制器电路的分析 …………… 46
　任务一　双向晶闸管的工作原理及控制 …… 46
　任务二　温度控制器电路的原理分析 ……… 51
项目三　PC 主机开关电源电路 …………… 59
　任务一　全控型电力电子器件的应用 ……… 62
　任务二　DC/DC 变换电路的工作原理
　　　　　分析 ………………………………… 87
　任务三　PC 主机开关电源电路典型故障
　　　　　分析与维修 ………………………… 101
项目四　光伏逆变电路分析与调试 ………… 112
　任务一　单相逆变电路分析 ………………… 113
　任务二　光伏逆变电路的分析与调试 ……… 120
项目五　变频器产品与性能 ………………… 131
　任务一　了解变频器产品 …………………… 131
　任务二　熟悉三菱 500 系列变频器 ………… 140
项目六　变频器的安装与接线 ……………… 152
　任务一　变频器的安装 ……………………… 152
　任务二　变频器的接线 ……………………… 155
项目七　变频器的控制与运行 ……………… 168
　任务一　变频器的面板操作与内部和外部
　　　　　控制运行 …………………………… 168
　任务二　变频器的组合运行与多段
　　　　　速度运行 …………………………… 183
　任务三　变频器的 PID 控制运行 …………… 190
项目八　恒压供水变频控制系统接线调试
　　　　和维护 ………………………………… 197
　任务一　变频恒压供水系统结构、接线及参数
　　　　　设置 ………………………………… 197
　任务二　恒压供水变频控制系统的接线、调试
　　　　　及维护 ……………………………… 201
附录 …………………………………………… 211
　附录 A　三菱 500 系列变频器的参数
　　　　　一览表 ……………………………… 211
　附录 B　三菱 FR-700 系列变频器参数
　　　　　一览表 ……………………………… 220
参考文献 ……………………………………… 237

项目一

调光灯电路的安装与调试

调光灯在日常生活中的应用非常广泛，其种类也很多。图 1-1a 是常见的调光台灯。旋动调光旋钮便可以调节灯泡的亮度。图 1-1b 为电路原理图。

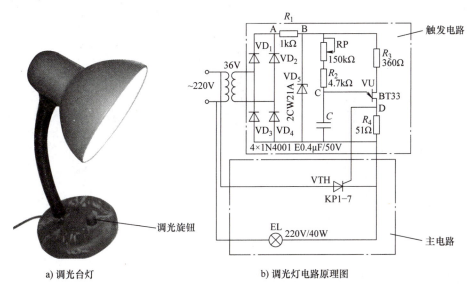

a) 调光台灯　　　　　　　　　　b) 调光灯电路原理图

图 1-1　调光灯

如图 1-1b 所示，调光灯电路由主电路和触发电路两部分构成，通过对主电路及触发电路的分析使学生能够理解电路的工作原理，进而掌握分析电路的方法。下面具体分析与该电路有关的知识：晶闸管、单相半波可控整流电路、单结晶体管触发电路等内容。

任务一　晶闸管的结构与工作原理分析

一、学习目标

1. 知识目标：掌握晶闸管的结构与工作原理。
2. 能力目标：会判断晶闸管的好坏并能正确选用。
3. 素质目标：培养对应用技术分析探究的习惯。

二、工作任务

1. 晶闸管的特性试验。
2. 用万用表及实验装置进行晶闸管的测试分析。
3. 晶闸管的工程选用。

三、相关知识

1. 认识晶闸管的结构

准备几种不同型号及外形的晶闸管，引导学生认识晶闸管。

晶闸管是一种大功率 PNPN 四层半导体元件，具有三个 PN 结，引出三个极，阳极 A、阴极 K、门极 G，其外形及符号如图 1-2 所示。管脚名称（阳极 A、阴极 K、具有控制作用的门极 G）标于图中。图 1-2b 所示为晶闸管的图形符号及文字符号。

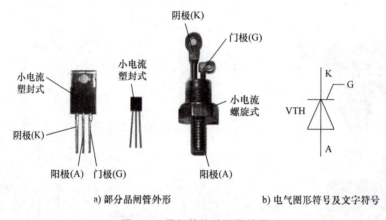

a) 部分晶闸管外形　　b) 电气图形符号及文字符号

图 1-2　晶闸管的外形及符号

晶闸管的内部结构和等效电路如图 1-3 所示。

2. 晶闸管的工作原理

由晶闸管的内部结构可知，它是四层（$P_1N_1P_2N_2$）三端（A、K、G）结构，有三个 PN 结，即 J_1、J_2、J_3。因此可用三个串联的二极管等效，如图 1-3 所示。当阳极 A 和阴极 K 两端加正向电压时，J_2 处于反偏，$P_1N_1P_2N_2$ 结构处于阻断状态，只能通过很小的正向漏电流，当阳极 A 和阴极 K 两端加反向电压时，J_1 和 J_3 处于反偏，$P_1N_1P_2N_2$ 结构也处于阻断状态，只能通过很小的反向漏电流，所以晶闸管具有正反向阻断特性。

晶闸管的 $P_1N_1P_2N_2$ 结构又可以等效为两个互补连接的晶体管，如图 1-4 所示。晶闸管的导通关断原理可以通过等效电路来分析。

当晶闸管加上正向阳极电压，门极也加

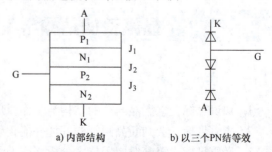

a) 内部结构　　b) 以三个PN结等效

图 1-3　晶闸管的内部结构及等效电路

上足够的门极电压时,则有电流 I_G 从门极流入 $N_1P_2N_2$ 管的基极,经 $N_1P_2N_2$ 管放大后的集电极电流 I_{C2} 又是 $P_1N_1P_2$ 管的基极电流,再经 $P_1N_1P_2$ 管的放大,其集电极电流 I_{C1} 又流入 $N_1P_2N_2$ 管的基极,如此循环,产生强烈的正反馈过程,使两个晶体管快速饱和导通,从而使晶闸管由阻断迅速地变为导通。导通后晶闸管两端的压降一般为 1.5V 左右,流过晶闸管的电流将取决于外加电源电压和主电路的阻抗。

$$I_G \uparrow \rightarrow I_{B2} \rightarrow I_{C2}(=\beta_2 I_{B2}) \uparrow = I_{B1} \uparrow \rightarrow I_{C1}(=\beta_1 I_{B1}) \uparrow$$

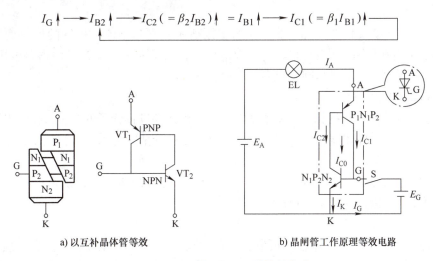

a) 以互补晶体管等效　　　　　b) 晶闸管工作原理等效电路

图 1-4　晶闸管工作原理的等效电路

晶闸管一旦导通后,即使 $I_G=0$,但因 I_{C1} 的电流在内部直接流入 $N_1P_2N_2$ 管的基极,晶闸管仍将继续保持导通状态。若要晶闸管关断,只有降低阳极电压到零或对晶闸管加上反向阳极电压,使 I_{C1} 的电流减少至 $N_1P_2N_2$ 管接近截止状态,即流过晶闸管的阳极电流小于维持电流,晶闸管方可恢复阻断状态。

3. 晶闸管特性

晶闸管的阳极与阴极间电压和阳极电流之间的关系,称为<u>阳极伏安特性</u>。晶闸管阳极伏安特性曲线如图 1-5 所示。

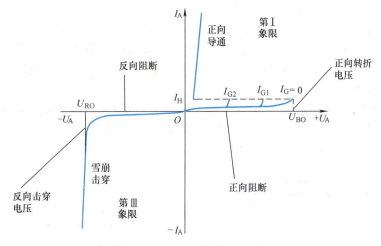

图 1-5　晶闸管阳极伏安特性曲线

图中第Ⅰ象限为正向特性,当 $I_G = 0$ 时,如果在晶闸管两端所加正向电压 U_A 未增到正向转折电压 U_{BO} 时,晶闸管都处于正向阻断状态,只有很小的正向漏电流。当 U_A 增到 U_{BO} 时,则漏电流急剧增大,晶闸管导通,正向电压降低,其特性和二极管的正向伏安特性相仿,称为正向转折或"硬开通"。多次"硬开通"会损坏管子,晶闸管通常不允许这样工作。一般采用对晶闸管的门极加足够大的触发电流使其导通,门极触发电流越大,正向转折电压越低。

晶闸管的反向伏安特性如图1-5中第Ⅲ象限所示,它与整流二极管的反向伏安特性相似。处于反向阻断状态时,只有很小的反向漏电流,当反向电压超过反向击穿电压 U_{RO} 时,反向漏电流急剧增大,造成晶闸管反向击穿而损坏。

4. 晶闸管的主要参数

在实际使用过程中,我们往往要根据实际的工作条件进行管子的合理选择,以达到满意的技术经济效果。怎样才能正确选择管子呢?这主要包括两个方面:一方面要根据实际情况确定所需晶闸管的额定值;另一方面要根据额定值确定晶闸管的型号。

晶闸管的各项额定参数在晶闸管生产后,由厂家经过严格测试而确定,作为使用者来说,只需要能够正确选择管子就可以了。

(1) 晶闸管的电压定额

1) 断态重复峰值电压 U_{DRM}。在图1-5所示的晶闸管阳极伏安特性中,我们规定,当门极断开,晶闸管处在额定结温时,允许重复加在管子上的正向峰值电压为晶闸管的断态重复峰值电压,用 U_{DRM} 表示。它是由伏安特性中的正向转折电压 U_{BO} 减去一定裕量,成为晶闸管的断态不重复峰值电压 U_{DSM},然后再乘以90%而得到的。至于断态不重复峰值电压 U_{DSM} 与正向转折电压 U_{BO} 的差值,则由生产厂家自定。这里需要说明的是,晶闸管正向工作时有两种工作状态:阻断状态,简称断态;导通状态,简称通态。参数中提到的断态和通态一定是正向的,因此,"正向"两字可以省去。

2) 反向重复峰值电压 U_{RRM}。相似地,我们规定当门极断开,晶闸管处在额定结温时,允许重复加在管子上的反向峰值电压为反向重复峰值电压,用 U_{RRM} 表示。它是由伏安特性中的反向击穿电压 U_{RO} 减去一定裕量,成为晶闸管的反向不重复峰值电压 U_{RSM},然后再乘以90%而得到的。至于反向不重复峰值电压 U_{RSM} 与反向击穿电压 U_{RO} 的差值,则由生产厂家自定。一般晶闸管若承受反向电压,它一定是阻断的。因此参数中"阻断"两字可省去。

3) 额定电压 U_{Tn}。将 U_{DRM} 和 U_{RRM} 中的较小值按百位取整后作为该晶闸管的额定值。例如:一晶闸管实测 $U_{DRM} = 812V$、$U_{RRM} = 756V$,将两者较小的756V取整得700V,该晶闸管的额定电压为700V。

在晶闸管的铭牌上,额定电压是以电压等级的形式给出的,通常标准电压等级规定为:电压在1000V以下,每100V为一级;1000~3000V,每200V为一级,用百位数或千位和百位数表示级数,表1-1为晶闸管标准电压等级表。

表1-1 晶闸管标准电压等级

级别	正反向重复峰值电压/V	级别	正反向重复峰值电压/V	级别	正反向重复峰值电压/V
1	100	3	300	5	500
2	200	4	400	6	600

(续)

级别	正反向重复峰值电压 /V	级别	正反向重复峰值电压 /V	级别	正反向重复峰值电压 /V
7	700	14	1400	24	2400
8	800	16	1600	26	2600
9	900	18	1800	28	2800
10	1000	20	2000	30	3000
12	1200	22	2200		

在使用过程中，环境温度的变化、散热条件以及出现的各种过电压都会对晶闸管产生影响，因此在选择管子的时候，应当使晶闸管的额定电压是实际工作时可能承受的最大电压的2～3倍，即

$$U_{Tn} \geq (2 \sim 3) U_{TM} \tag{1-1}$$

（2）**晶闸管的额定电流** $I_{T(AV)}$　由于整流设备的输出端所接负载常用平均电流来表示，晶闸管额定电流的标定与其他电器设备不同，采用的是平均电流，而不是有效值，又称为通态平均电流。所谓**通态平均电流**是指在环境温度为40℃和规定的冷却条件下，晶闸管在导通角不小于170°电阻性负载电路中，当不超过额定结温且稳定时，所允许通过的工频正弦半波电流的平均值。

但是决定晶闸管结温的是管子损耗的发热效应，表征热效应的电流是以有效值表示的，其两者的关系为

$$I_T = 1.57 I_{T(AV)} \tag{1-2}$$

如额定电流为100A的晶闸管，其允许通过的电流有效值为157A。

由于电路不同、负载不同、导通角不同，流过晶闸管的电流波形不一样，从而它的电流平均值和有效值的关系也不一样，晶闸管在实际选择时，其额定电流一般按以下原则设置：管子在额定电流时的电流有效值大于其所在电路中可能流过的最大电流的有效值，同时取1.5～2倍的余量，即

$$1.57 I_{T(AV)} = I_T \geq (1.5 \sim 2) I_{TM} \tag{1-3}$$

由式（1-2）和式（1-3）可得

$$I_{T(AV)} \geq (1.5 \sim 2) \frac{I_{TM}}{1.57} \tag{1-4}$$

例　一晶闸管接在220V交流电路中，通过晶闸管电流的有效值为50A，问如何选择晶闸管的额定电压和额定电流？

解：晶闸管的额定电压为

$$U_{Tn} \geq (2 \sim 3) U_{TM} = (2 \sim 3) \sqrt{2} \times 220V = 622 \sim 933V$$

按晶闸管参数系列取800V，即8级。

晶闸管的额定电流为

$$I_{T(AV)} \geq (1.5 \sim 2) \frac{I_{TM}}{1.57} = (1.5 \sim 2) \times \frac{50}{1.57} A = 48 \sim 64A$$

按晶闸管参数系列取 50A。

（3）**维持电流** I_H　在室温下门极断开时，器件从较大的通态电流降到刚好能保持导通的最小阳极电流称为维持电流 I_H。维持电流与器件容量、结温等因素有关，额定电流大的管子维持电流也大，同一管子结温低时维持电流增大，维持电流大的管子容易关断。同一型号的管子其维持电流也各不相同。

（4）**擎住电流** I_L　在晶闸管加上触发电压，当器件从阻断状态刚转为导通状态时就去除触发电压，此时要保持器件持续导通所需要的最小阳极电流，称擎住电流 I_L。对同一个晶闸管来说，通常擎住电流比维持电流大数倍。

（5）门极参数

1）**门极触发电流** I_{gT}。室温下，在晶闸管的阳极—阴极加上 6V 的正向阳极电压，管子由断态转为通态所必需的最小门极电流，称为门极触发电流 I_{gT}。

2）**门极触发电压** U_{gT}。产生门极触发电流 I_{gT} 所必需的最小门极电压，称为门极触发电压 U_{gT}。为了保证晶闸管可靠导通，常常采用实际的触发电流比规定的触发电流大。

（6）动态参数

1）**断态电压临界上升率** du/dt。du/dt 是在额定结温和门极开路的情况下，不导致从断态到通态转换的最大阳极电压上升率。实际使用时的电压上升率必须低于此规定值。

限制器件正向电压上升率的原因是：在正向阻断状态下，反偏的 J_2 结相当于一个结电容，如果阳极电压突然升高，便会有一充电电流流过 J_2 结，相当于有触发电流。若 du/dt 过大，即充电电流过大，就会造成晶闸管的误导通。所以在使用时，应采取保护措施使它不超过规定值。

2）**通态电流临界上升率** di/dt。di/dt 是在规定条件下，晶闸管能承受而无有害影响的最大通态电流上升率。如果阳极电流上升太快，则晶闸管刚一导通时，会有很大的电流集中在门极附近的小区域内，造成 J_2 结局部过热而使晶闸管损坏。因此在实际使用时，要采取保护措施，使其被限制在允许值内。

5. 晶闸管的型号

根据国家的有关规定，普通晶闸管的型号及含义如下：

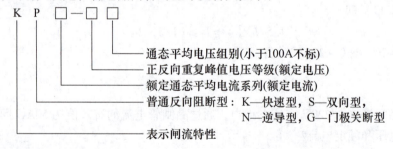

四、实践指导

1. 晶闸管的工作原理实验

（1）实验过程　为了说明晶闸管的工作原理，先做一个实验，实验电路如图 1-6 所示。电源 E_a 连接负载（指示灯）接到晶闸管的阳极 A 与阴极 K，组成晶闸管的主电路。流过晶闸管阳极的电流称**阳极电流** I_A，晶闸管阳极和阴极两端电压，称**阳极电压** U_A。门极电源 E_g

连接晶闸管的门极 G 与阴极 K，组成控制电路亦称触发电路。流过门极的电流称门极电流 I_G，门极与阴极之间的电压称门极电压 U_G。用灯泡来观察晶闸管的通断情况。该实验分 9 个步骤进行。

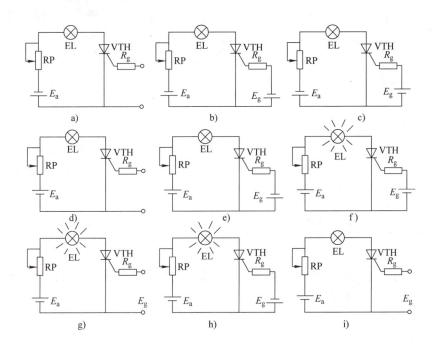

图 1-6 晶闸管导通与关断条件实验电路

第一步：按图 1-6a 接线，阳极和阴极之间加反向电压，门极和阴极之间不加电压，指示灯不亮，晶闸管不导通。

第二步：按图 1-6b 接线，阳极和阴极之间加反向电压，门极和阴极之间加反向电压，指示灯不亮，晶闸管不导通。

第三步：按图 1-6c 接线，阳极和阴极之间加反向电压，门极和阴极之间加正向电压，指示灯不亮，晶闸管不导通。

第四步：按图 1-6d 接线，阳极和阴极之间加正向电压，门极和阴极之间不加电压，指示灯不亮，晶闸管不导通。

第五步：按图 1-6e 接线，阳极和阴极之间加正向电压，门极和阴极之间加反向电压，指示灯不亮，晶闸管不导通。

第六步：按图 1-6f 接线，阳极和阴极之间加正向电压，门极和阴极之间也加正向电压，指示灯亮，晶闸管导通。

第七步：去掉触发电压，指示灯亮，晶闸管仍导通，如图 1-6g 所示。

第八步：门极和阴极之间加反向电压，指示灯亮，晶闸管仍导通，如图 1-6h 所示。

第九步：去掉触发电压，将电位器阻值加大，晶闸管阳极电流减小，当电流减小到一定值时，指示灯熄灭，晶闸管关断，如图 1-6i 所示。

实验现象与结论列于表 1-2。

表 1-2 晶闸管导通和关断实验

实验顺序		实验前灯的情况	实验时晶闸管条件		实验后灯的情况	结论
			阳极电压 U_A	门极电压 U_G		
导通实验	1	暗	反向	反向	暗	晶闸管在反向阳极电压作用下，不论门极为何电压，它都处于关断状态
	2	暗	反向	零	暗	
	3	暗	反向	正向	暗	
	1	暗	正向	反向	暗	晶闸管同时在正向阳极电压与正向门极电压作用下，才能导通
	2	暗	正向	零	暗	
	3	暗	正向	正向	亮	
关断实验	1	亮	正向	正向	亮	已导通的晶闸管在正向阳极作用下，门极失去控制作用
	2	亮	正向	零	亮	
	3	亮	正向	反向	亮	
	4	亮	正向（逐渐减小到接近于零）	任意	暗	晶闸管在导通状态时，当阳极电压减小到接近于零时，晶闸管关断

(2) 结论

1) 晶闸管导通条件：阳极加正向电压、门极加适当正向电压。晶闸管一旦导通，门极失去控制作用，所以门极触发电压一般为脉冲电压。

2) 晶闸管关断条件：流过晶闸管的电流小于一定值——维持电流。

2. 晶闸管的简易测试

(1) 万用表测试法　晶闸管是四层三端半导体器件，根据 PN 结单向导电原理，用万用表电阻档测试晶闸管三个电极之间的阻值（见图 1-7），即可初步判断管子的好坏。好的管子，用万用表的 $R \times 1k$ 档测量阳极与阴极之间正、反向电阻都应很大（$R \times 10$ 或 $R \times 100$ 档测量一般为无穷大）。用 $R \times 10$ 或 $R \times 100$ 档测量门极与阴极之间的阻值，其正向电阻值应小于或接近于反向电阻值。

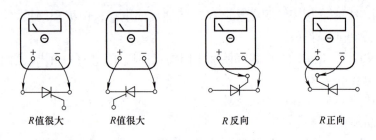

图 1-7　万用表测试晶闸管

(2) 电珠测试法　图 1-8 所示电路中，E 由 4 节 1.5V 干电池串联而成，或使用直流稳压电源；指示灯 HL 选用 6.3V；VTH 为被测量晶闸管。当开关 S 断开时，指示灯不应该亮，否则表明晶闸管阳、阴极之间已击穿短路，合上开关 S，指示灯亮，在断开开关 S 时，指示灯仍然亮，表明管子正常，否则可能是门极已损坏或阴、阳极间已断路。

五、思考与习题

1. 晶闸管导通的条件是什么？导通后流过晶闸管的电流由什么决定？晶闸管的关断条件是什么？如何实现？晶闸管导通与关断时其两端电压各为多少？

2. 调试图 1-9 所示晶闸管电路，在断开负载 R 测量输出电压 U_d 是否可调时，发现电压表读数不正常，接上 R 后一切正常，请分析原因。

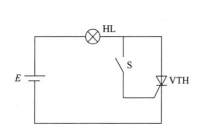

图 1-8 用电珠法测试晶闸管

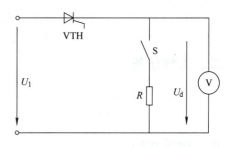

图 1-9 题 2 图

3. 画出图 1-10 所示电路中电阻 R_d 上的电压波形。

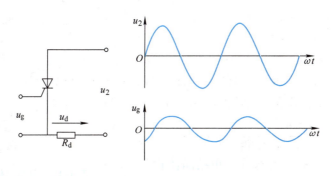

图 1-10 习题 3 图

4. 说明晶闸管型号 KP100-8E 代表的意义。

5. 晶闸管的额定电流和其他电气设备的额定电流有什么不同？

6. 型号为 KP100-3、维持电流 $I_H = 3\text{mA}$ 的晶闸管，使用在图 1-11 所示的三个电路中是否合理？为什么（不考虑电压、电流裕量）？

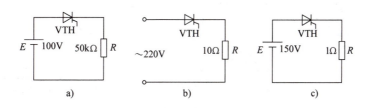

图 1-11 习题 6 图

7. 测得某晶闸管 $U_{DRM} = 840\text{V}$、$U_{RRM} = 980\text{V}$，试确定此晶闸管的额定电压。

8. 某晶闸管有触发脉冲时导通后，当触发脉冲结束时它又关断是什么原因？

任务二　单结晶体管触发电路分析

一、学习目标

1. 知识目标：理解由单结晶体管组成的触发电路的工作原理。
2. 能力目标：会安装调试由单结晶体管组成的触发电路。
3. 素质目标：培养认真、严谨、科学的工作作风。

二、工作任务

1. 认识单结晶体管的结构及特性。
2. 单结晶体管组成的触发电路工作原理分析及安装与调试。

三、相关知识

1. 认识单结晶体管

准备几个单结晶体管，引导学生认识其外形结构，了解其内部构成，掌握其特性。

单结晶体管实物及管脚图如图 1-12 所示。单结晶体管的结构如图 1-13a 所示，图中 e 为发射极，b_1 为第一基极，b_2 为第二基极。由图可见，在一块高电阻率的 N 型硅片上引出两个基极 b_1 和 b_2，两个基极之间的电阻就是硅片本身的电阻，一般为 2~12kΩ。在两个基极之间靠近 b_1 的地方用合金法或扩散法掺入 P 型杂质并引出电极，成为发射极 e。它是一种特殊的半导体器件，有三个电极，只有一个 PN 结，因此称为"单结晶体管"，又因为管子有两个基极，所以又称为"双基极二极管"。

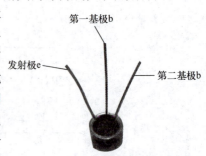

图 1-12　单结晶体管实物及管脚图

单结晶体管的等效电路如图 1-13b 所示，两个基极之间的电阻 $r_{bb} = r_{b1} + r_{b2}$，在正常工作时，r_{b1} 随发射极电流变化而变化，相当于一个可变电阻。PN 结可等效为二极管 VD，它的正向导通压降常为 0.7V。单结晶体管的图形符号如图 1-13c 所示。触发电路常用的国产单结晶体管的型号主要有 BT33、BT35，其外形与管脚排列如图 1-13d 所示。

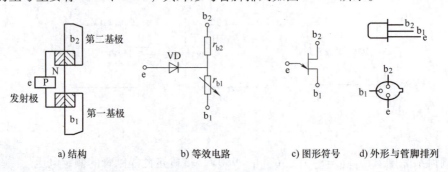

a) 结构　　b) 等效电路　　c) 图形符号　　d) 外形与管脚排列

图 1-13　单结晶体管

2. 单结晶体管的伏安特性及主要参数

（1）单结晶体管的伏安特性　单结晶体管的伏安特性：当两基极 b_1 和 b_2 间加某一固定直流电压 U_{bb} 时，发射极电流 I_e 与发射极正向电压 U_e 之间的关系曲线称为<u>单结晶体管的伏安特性</u> $I_e=f(U_e)$，实验电路及特性如图 1-14 所示。

当开关 S 断开，I_{bb} 为零，加发射极电压 U_e 时，得到如图 1-14b①所示伏安特性曲线，该曲线与二极管伏安特性曲线相似。

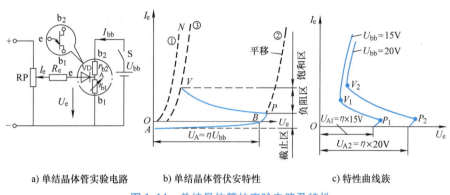

a) 单结晶体管实验电路　　b) 单结晶体管伏安特性　　c) 特性曲线族

图 1-14　单结晶体管的实验电路及特性

1）截止区——AP 段。当开关 S 闭合，电压 U_{bb} 通过单结晶体管等效电路中的 r_{b1} 和 r_{b2} 分压，得 A 点电位 U_A，可表示为

$$U_A = \frac{r_{b1}U_{bb}}{r_{b1}+r_{b2}} = \eta U_{bb} \tag{1-5}$$

式中，η 是分压比，是单结晶体管的主要参数，η 一般为 0.3~0.9。

当 U_e 从零逐渐增加，但 $U_e < U_A$ 时，单结晶体管的 PN 结反向偏置，只有很小的反向漏电流。当 U_e 增加到与 U_A 相等时，$I_e=0$，即如图 1-14 所示特性曲线与横坐标交点 B 处。进一步增加 U_e，PN 结开始正偏，出现正向漏电流，直到当发射极电压 U_e 增加到高出 ηU_{bb} 一个 PN 结正向压降 U_D 时，即 $U_e = U_P = \eta U_{bb} + U_D$ 时，等效二极管 VD 才导通，此时单结晶体管由截止状态进入导通状态，并将该转折点称为<u>峰点 P</u>。P 点所对应的电压称为<u>峰点电压</u> U_P，所对应的电流称为<u>峰点电流</u> I_P。

2）负阻区——PV 段。当 $U_e > U_P$ 时，等效二极管 VD 导通，I_e 增大，这时大量的空穴载流子从发射极注入 A 点到 b_1 的硅片，使 r_{b1} 迅速减小，导致 U_A 下降，因而 U_e 也下降。U_A 的下降，使 PN 结承受更大的正偏，引起更多的空穴载流子注入硅片中，使 r_{b1} 进一步减小，形成更大的发射极电流 I_e，这是一个强烈的增强式正反馈过程。当 I_e 增大到一定程度时，硅片中载流子的浓度趋于饱和，r_{b1} 已减小至最小值，A 点的分压 U_A 最小，因而 U_e 也最小，得曲线上的 V 点。V 点称为<u>谷点</u>，谷点所对应的电压和电流称为<u>谷点电压</u> U_V 和<u>谷点电流</u> I_V。这一区间称为特性曲线的<u>负阻区</u>。

3）饱和区——VN 段。当硅片中载流子饱和后，欲使 I_e 继续增大，必须增大电压 U_e，单结晶体管处于饱和导通状态。

改变 U_{bb}，等效电路中的 U_A 也随之改变，从而可获得一族单结晶体管伏安特性曲线，如图 1-14c 所示。

(2) 单结晶体管的主要参数　单结晶体管的主要参数有基极间电阻 r_{bb}、分压比 η、峰点电流 I_P、谷点电压 U_V、谷点电流 I_V 及耗散功率等。国产单结晶体管的型号主要有 BT33、BT35 等，BT 表示特种半导体管的意思。

3. 单结晶体管张弛振荡电路

利用单结晶体管的负阻特性和电容的充放电，可以组成单结晶体管张弛振荡电路。单结晶体管张弛振荡电路的电路图和波形图如图 1-15 所示。

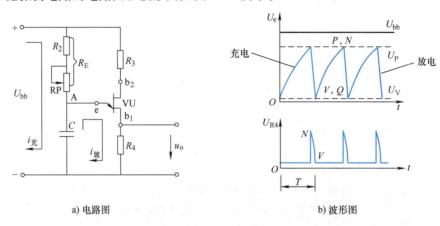

a) 电路图　　　　　　　　　　　b) 波形图

图 1-15　单结晶体管张弛振荡电路的电路图和波形图

设电容器初始没有电压，电路接通以后，单结晶体管是截止的，电源经电阻 R_2、RP 对电容 C 进行充电，电容电压从零起按指数充电规律上升，充电时间常数为 $\tau_C = R_E C$；当电容两端电压达到单结晶体管的峰点电压 U_P 时，单结晶体管导通，电容开始放电，由于放电回路的电阻很小，因此放电很快，放电电流在电阻 R_4 上产生了尖脉冲。随着电容放电，电容电压降低，当电容电压降到谷点电压 U_V 以下时，单结晶体管截止，接着电源又重新对电容进行充电……如此周而复始，在电容 C 两端会产生一个锯齿波，在电阻 R_4 两端将产生一个尖脉冲波，如图 1-15b 所示。

4. 单结晶体管触发电路

上述单结晶体管张弛振荡电路输出的尖脉冲可以用来触发晶闸管，在实际应用时还必须考虑触发脉冲与主电路的同步问题。

图 1-16 所示的单结晶体管触发电路，是由同步电路和脉冲移相与形成电路两部分组成的，下面分别进行讨论。

(1) 同步电路

1) 同步的概念。触发信号和电源电压在频率和相位上相互协调的关系叫同步。例如，在单相半波可控整流电路中，触发脉冲应出现在电源电压正半周范围内，而且每个周期的 α 相同，确保电路输出波形不变，输出电压稳定。

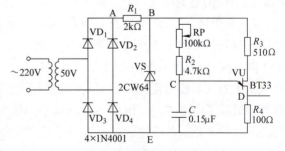

图 1-16　单结晶体管触发电路

2) 同步电路的组成。同步电路由同步变压器、桥式整流电路 $VD_1 \sim VD_4$、电阻 R_1 及稳压管 VS 组成。同步变压器一次侧与晶闸管整流电路接在同一相电源上，交流电压经同步变压器降压、单相桥式整流后再经过稳压管稳压削波形成一梯形波电压,作为触发电路的供电电压。梯形波电压零点与晶闸管阳极电压过零点一致。从而实现触发电路与整流主电路的同步。

3)波形分析。单结晶体管触发电路的调试以及在今后的使用过程中的检修主要是通过几个点的典型波形来判断各元器件是否正常,我们将通过理论波形与实测波形的比较来进行分析。

① 桥式整流后脉动电压的理论波形(图 1-16 中"A"点)。由电子技术的知识我们可以知道"A"点的输出波形为由 $VD_1 \sim VD_4$ 四个二极管构成的桥式整流电路输出波形,如图 1-17 所示。

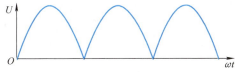

图 1-17 桥式整流后电压波形

② 削波后梯形波电压波形(图 1-16 中"B"点)如图 1-18 所示。

(2)脉冲移相与形成电路

1)电路组成。脉冲移相与形成电路就是上述的张弛振荡电路。脉冲移相电路由电阻 RP、R_2 和电容 C 组成,脉冲形成电路由单结晶体管、温补电阻 R_3、输出电阻 R_4 组成。

图 1-18 削波后电压波形

改变张弛振荡电路中电容 C 的充电电阻的阻值,就可以改变充电的时间常数,图中用电位器 RP 来实现这一变化,例如:

RP↑→τ_C↑→出现第一个脉冲的时间后移→α↑→输出电压 U_d↓

2)波形分析。电容两端电压波形(图 1-16 中"C"点)如图 1-19 所示;输出脉冲波形(图 1-16 中"D"点)如图 1-20 所示。

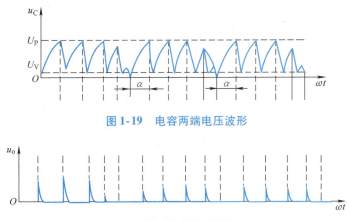

图 1-19 电容两端电压波形

图 1-20 输出脉冲波形

(3)触发电路各元件的选择

1)充电电阻 R_E 的选择。改变充电电阻 R_E 的大小,就可以改变张弛振荡电路的频率,但是频率的调节有一定的范围,如果充电电阻 R_E 选择不当,将使单结晶体管自激振荡电路无法形成振荡。

充电电阻 R_E 的取值范围为

$$\frac{U-U_\text{V}}{I_\text{V}} < R_\text{E} < \frac{U-U_\text{P}}{I_\text{P}} \tag{1-6}$$

式中，U 是加于触发电路的电源电压；U_V 是单结晶体管的谷点电压；I_V 是单结晶体管的谷点电流；U_P 是单结晶体管的峰点电压；I_P 是单结晶体管的峰点电流。

2）电阻 R_3 的选择。电阻 R_3 用来补偿温度对峰点电压 U_P 的影响，通常取值范围为 200～600Ω。

3）输出电阻 R_4 的选择。输出电阻 R_4 的大小将影响输出脉冲的宽度与幅值，通常取值范围为 50～100Ω。

4）电容 C 的选择。电容 C 的大小与脉冲宽窄和 R_E 的大小有关，通常取值范围为 0.1～1μF。

四、实践指导

准备电子元器件（参考图1-16）及有关工具，或利用天煌教仪实验设备，指导学生进行单结晶体管触发电路的安装与调试。

前面已知要使晶闸管导通，除了加上正向阳极电压外，还必须在门极和阴极之间加上适当的正向触发电压与电流。为门极提供触发电压与电流的电路称为触发电路。对晶闸管触发电路来说，首先触发信号应该具有足够的触发功率（触发电压和触发电流），以保证晶闸管可靠导通；其次触发脉冲应有一定的宽度，脉冲的前沿要陡峭；最后触发脉冲必须与主电路晶闸管的阳极电压同步并能根据电路要求在一定的移相范围内移相。

图1-16所示的单相半波可控整流的触发电路，采用的是单结晶体管同步触发电路，其中单结晶体管的型号为BT33，其他参数如图所示。

（1）单结晶体管触发电路安装　单结晶体管触发电路如图1-16所示，注意各元器件焊接牢固，防止虚焊。其他注意事项在电子课程中涉及，不再多述。

（2）单结晶体管触发电路　以下是正常情况下的图1-16电路所示A、B、C、D点的波形：

1）桥式整流后脉动电压的波形（图1-16中"A"点）。Y1探头的测试端接于"A"点，接地端接于"E"点，调节旋钮"t/div"和"v/div"，使示波器稳定显示至少一个周期的完整波形，测得波形如图1-21所示。由电子技术的知识我们可以知道"A"点输出波形为由VD_1～VD_4四个二极管构成的桥式整流电路输出波形。

2）削波后梯形波电压波形（图1-16中"B"点）。将Y1探头的测试端接于"B"点，测得B点的波形如图1-22所示，该点波形是经稳压管削波后得到的梯形波。

3）电容电压的波形（图1-16中"C"点）。将Y1探头的测试端接于"C"点，测得C点的波形如图1-23所示。由于电容每半个周期在电源电压过零点从零开始充电，当电容两端的电压上升到单结晶体管峰点电压时，单结晶体管导通，触发电路送出脉冲，电容的容量和充电电阻 R_E 的大小决定了电容两端的电压从零上升到单结晶体管峰点电压的时间，因此本节中的触发电路无法实现在电源电压过零点即 α=0° 时送出触发脉冲。调节电位器RP，观察C点的波形的变化范围。图1-24所示为调节电位器后得到的波形。

4）输出脉冲的波形（图1-16中"D"点）。将Y1探头的测试端接于"D"点，测得D

点的波形如图 1-25 所示。单结晶体管导通后，电容通过单结晶体管的 eb_1 迅速向输出电阻 R_4 放电，在 R_4 上得到很窄的尖脉冲。

调节电位器 RP，观察 D 点的波形的变化范围。图 1-26 所示为调节电位器后得到的波形。

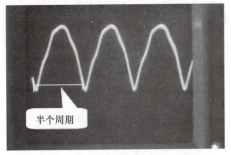

图 1-21　桥式整流电路输出波形

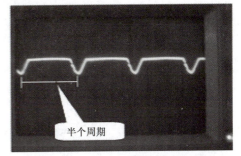

图 1-22　削波后梯形波电压波形

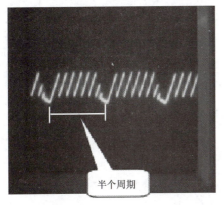

图 1-23　电容电压的波形

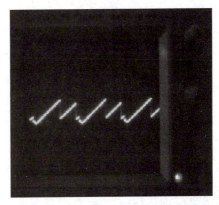

图 1-24　改变 RP 后电容两端电压波形

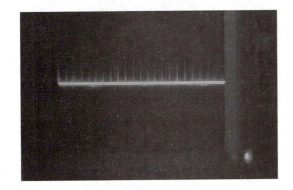

图 1-25　输出脉冲的波形

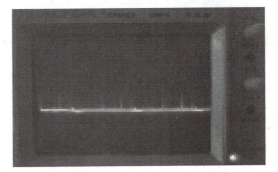

图 1-26　调节 RP 后输出波形

五、拓展知识

1. 同步电压为锯齿波的触发电路

晶闸管的电流容量越大，要求的触发功率越大。对于大中电流容量的晶闸管，为了保证其触发脉冲具有足够的功率,往往采用由晶体管组成的触发电路。晶体管触发电路按同步电压的形式不同,分为正弦波和锯齿波两种。同步电压为锯齿波的触发电路,不受电网波动和波形畸变的影响,移相范围宽,应用广泛。

图 1-27 为锯齿波同步的触发电路,该电路由五个基本环节组成:①同步环节;②锯齿

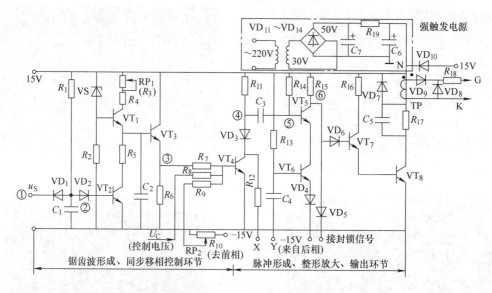

图 1-27 锯齿波同步的触发电路

波形成及脉冲移相环节;③脉冲形成、放大和输出环节;④双脉冲形成环节;⑤强触发环节。锯齿波触发电路各点电压波形如图 1-28 所示,其工作原理请参看有关资料自行分析。

2. 三相集成触发电路

触发电路原理图如图 1-29 所示。由外接的三相同步信号经 KC04 集成触发电路,产生三路锯齿波信号,调节相应的斜率调节电位器,可改变相应的锯齿波斜率,三路锯齿波斜率在调节后应保证基本相同,使六路脉冲间隔基本保持一致,才能使主电路输出的整流波形整齐划一。4066 型芯片可产生三相六路互差 60°的双窄脉冲或三相六路后沿固定、前沿可调的宽脉冲链,供触发晶闸管使用。其他触发电路请查阅有关资料。

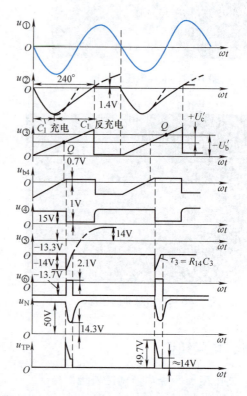

图 1-28 锯齿波触发电路各点电压波形

项目一 调光灯电路的安装与调试

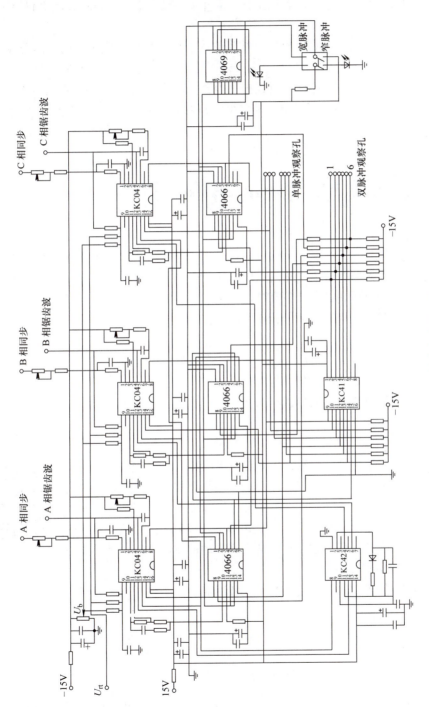

图 1-29 触发电路原理图

六、思考与习题

1. 单结晶体管触发电路中,削波稳压管两端并接一只大电容,可控整流电路能工作吗?为什么?
2. 单结晶体管张弛振荡电路是根据单结晶体管的什么特性组成工作的?振荡频率的高低与什么因素有关?
3. 用分压比为0.6的单结晶体管组成振荡电路,若 $U_{bb}=20V$,则峰点电压 U_P 为多少?如果管子的 b_1 脚虚焊,电容两端的电压为多少?如果是 b_2 脚虚焊(b_1 脚正常),电容两端的电压又为多少?
4. 试述晶闸管变流装置对门极触发电路的一般要求。

任务三 单相可控整流电路分析

一、学习目标

1. 知识目标:掌握可控整流电路的工作原理。
2. 能力目标:会分析调试可控整流电路。
3. 素质目标:培养对应用技术分析探究的习惯;培养团结互助、团队合作精神。

二、工作任务

1. 单相半波可控整流电路的分析与调试。
2. 单相桥式可控整流电路的分析与调试。

三、相关知识

1. 单相半波可控整流电路电阻性负载工作原理

图1-30所示为单相半波可控整流电路,整流变压器(调光灯电路可直接由电网供电,不采用整流变压器)起变换电压和隔离的作用,其一次和二次电压瞬时值分别用 u_1 和 u_2 表示,二次电压 u_2 为50Hz正弦波,其有效值为 U_2。当接通电源后,便可在负载两端得到脉动的直流电压,其输出电压波形可以用示波器进行测量。

在分析电路工作原理之前,先介绍几个名词术语和概念。

触发延迟角 α:指晶闸管从承受正向电压开始到触发脉冲出现之间的电角度。

导通角 θ:指晶闸管在一周期内处于导通的电角度。

移相:指改变触发脉冲出现的时刻,即改变触发延迟角 α 的大小。

移相范围:指一个周期内触发脉冲的移动范围,它决定了输出电压的变化范围。

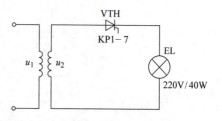

图1-30 调光灯主电路
(单相半波可控整流电路)

（1）$\alpha = 0°$ 时的波形分析　图 1-31 是 $\alpha = 0°$ 时实际电路中输出电压和晶闸管两端电压的理论波形。图 1-31a 所示为 $\alpha = 0°$ 时负载两端（输出电压）的理论波形。

从理论波形图中我们可以分析出，在电源电压 u_2 正半周区间内，在电源电压的过零点，即 $\alpha = 0°$ 时刻加入触发脉冲触发晶闸管 VTH 导通，负载上得到输出电压 u_d 的波形是与电源电压 u_2 相同形状的波形；当电源电压 u_2 过零时，晶闸管也同时关断，负载上得到的输出电压 u_d 为零；在电源电压 u_2 负半周内，晶闸管承受反向电压不能导通，直到第二周期 $\alpha = 0°$ 触发电路再次施加触发脉冲时，晶闸管再次导通。

图 1-31b 所示为 $\alpha = 0°$ 时晶闸管两端电压的理论波形图。在晶闸管导通期间，忽略晶闸管的管压降，在晶闸管截止期间，管子将承受全部反向电压。

（2）$\alpha = 30°$ 时的波形分析　改变晶闸管的触发时刻（触发延迟角 α 的大小）即可改变输出电压的波形，图 1-32a 所示为 $\alpha = 30°$ 的输出电压的理论波形。在 $\alpha = 30°$ 时，晶闸管承受正向电压，此时加入触发脉冲晶闸管导通，负载上得到输出电压 u_d 的波形是与电源电压 u_2 相同形状的波形；同样当电源电压 u_2 过零时，晶闸管也同时关断，负载上得到的输出电压 u_d 为零；在电源电压过零点到 $\alpha = 30°$ 之间的区间上，虽然晶闸管已经承受正向电压，但由于没有触发脉冲，晶闸管依然处于截止状态。

图 1-32b 所示为 $\alpha = 30°$ 时晶闸管两端的理论波形图。其原理与 $\alpha = 0°$ 时相同。

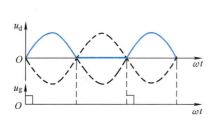

a) 输出电压波形

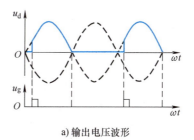

a) 输出电压波形

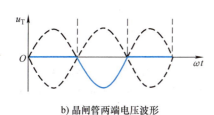

b) 晶闸管两端电压波形

图 1-31　$\alpha = 0°$ 时输出电压和晶闸管两端电压的理论波形

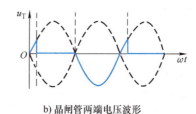

b) 晶闸管两端电压波形

图 1-32　$\alpha = 30°$ 时输出电压和晶闸管两端电压的理论波形

（3）其他角度时的波形分析　继续改变触发脉冲的加入时刻，我们可以分别得到触发延迟角 α 为 60°、90°、120° 时输出电压和管子两端的波形，理论波形及其原理请自行分析。图 1-33 为 $\alpha = 60°$ 时输出电压和晶闸管两端电压的理论波形。

（4）由以上分析得出的结论

1）在单相整流电路中，把晶闸管从承受正向阳极电压起到加入触发脉冲而导通之间的电角度 α 称为触发延迟角，亦称为移相角。晶闸管在一个周期内的导通时间对应的电角度

用 θ 表示，称为导通角，且 $\theta = \pi - \alpha$。

2) 在单相半波整流电路中，改变 α 的大小即改变触发脉冲在每周期内出现的时刻，则 u_d 和 i_d 的波形也随之改变，但是直流输出电压瞬时值 u_d 的极性不变，其波形只在 u_2 的正半周出现，这种通过对触发脉冲的控制来实现控制直流输出电压大小的控制方式称为相位控制方式，简称相控方式。

3) 理论上移相范围为 $0° \sim 180°$，但本节中实际是达不到此移相范围的，若要实现移相范围 $0° \sim 180°$，则需要改进触发电路以扩大移相范围。

(5) 基本的物理量计算

1) 输出电压平均值与平均电流的计算：

$$U_d = \frac{1}{2\pi}\int_\alpha^\pi \sqrt{2}U_2\sin\omega t \, d(\omega t) = 0.45U_2 \frac{1+\cos\alpha}{2} \quad (1-7)$$

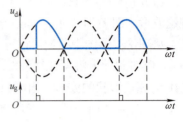

a) 输出电压波形

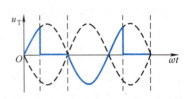

b) 晶闸管两端电压波形

图 1-33 $\alpha = 60°$ 时输出电压和晶闸管两端电压的理论波形

$$I_d = \frac{U_d}{R_d} = 0.45\frac{U_2}{R_d}\frac{1+\cos\alpha}{2} \quad (1-8)$$

可见，输出直流电压平均值 U_d 与整流变压器二次侧交流电压 U_2 和触发延迟角 α 有关。当 U_2 给定后，U_d 仅与 α 有关，当 $\alpha = 0°$ 时，则 $U_{d0} = 0.45U_2$，为最大输出直流平均电压。当 $\alpha = 180°$ 时，$U_d = 0$。只要控制触发脉冲送出的时刻，U_d 就可以在 $0 \sim 0.45U_2$ 之间连续可调。

2) 负载上电压有效值与电流有效值的计算：

根据有效值的定义，U 应是 u_d 波形的方均根值，即

$$U = \sqrt{\frac{1}{2\pi}\int_\alpha^\pi (\sqrt{2}U_2\sin\omega t)^2 d(\omega t)} = U_2\sqrt{\frac{\pi-\alpha}{2\pi}+\frac{\sin 2\alpha}{4\pi}} \quad (1-9)$$

负载电流有效值为

$$I = \frac{U_2}{R_d}\sqrt{\frac{\pi-\alpha}{2\pi}+\frac{\sin 2\alpha}{4\pi}} \quad (1-10)$$

3) 晶闸管电流有效值 I_T 与管子两端可能承受的最大电压：

在单相半波可控整流电路中，晶闸管与负载串联，所以负载电流的有效值也就是流过晶闸管电流的有效值，其关系为 $I_T = I$。

由图 1-33 中 u_T 波形可知，晶闸管可能承受的正反向峰值电压为

$$U_{TM} = \sqrt{2}U_2 \quad (1-11)$$

4) 功率因数 $\cos\varphi$ 为

$$\cos\varphi = \frac{P}{S} = \frac{UI}{U_2 I} = \sqrt{\frac{\pi-\alpha}{2\pi}+\frac{\sin 2\alpha}{4\pi}} \quad (1-12)$$

2. 单相半波可控整流电路电感性负载工作原理

工业应用中如直流电机的励磁线圈、转差电动机电磁离合器的励磁线圈以及输出串接平波电抗器的负载等，均属于电感性负载。为了便于分析，通常电阻与电感分开，视为电阻串电感形式的负载，如图 1-34 所示。

（1）无续流二极管时　电感线圈是储能元件，当电流流过线圈时，该线圈就储存磁场能量，流过的电流越大，线圈储存的磁场能量也越大。当 i_d 减小时，电感线圈将所储存的磁场能量释放出来，试图维持原有的方向电流。这就是电感对电流的抗拒作用，因而流过电感中的电流是不能突变的。当流过电感线圈的电流变化时，电感两端产生感应电动势 $U_L = L(di/dt)$，其方向总是阻止电流的变化。电感线圈既是储能元件，又是电流的滤波元件，它使负载电流波形平滑。

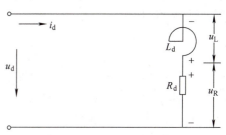

图 1-34　阻感性负载

图 1-35 为单相半波可控整流电感性负载电路。$0 \leqslant \omega t \leqslant \omega t_1$ 区间，u_2 虽然为正，但晶闸管无触发脉冲而不导通，负载上的电压 u_d、电流 i_d 均为零。晶闸管承受着电源电压，其波形如图 1-35b 所示。

当 $\omega t = \alpha$ 时晶闸管被触发导通，电源电压 u_2 突加在负载上，由于电感性负载中的电流不能突变，电路需经一段过渡过程，此时电路电压瞬时值方程如下：

$$u_2 = L_d \frac{di_d}{dt} + i_d R_d = u_L + u_R$$

在 $\omega t_1 \leqslant \omega t \leqslant \omega t_2$ 区间，晶闸管被触发导通后，由于 L_d 的作用，电流 i_d 只能从零逐渐增大。到 ωt_2 时，i_d 已上升到最大值，$di/dt = 0$。所以 $u_L = 0$、$u_2 = i_d R_d = u_R$。这期间电源不仅要向负载 R_d 供给有功功率，而且还要向电感线圈 L_d 供给磁场能量的无功功率。

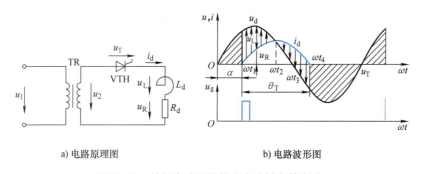

图 1-35　单相半波可控整流电感性负载电路

在 $\omega t_2 \leqslant \omega t \leqslant \omega t_3$ 区间，由于 u_2 继续在减小，i_d 也逐渐减小，在电感线圈 L_d 作用下 i_d 的减小要滞后于 u_2 的减小。这期间 L_d 两端感生的电动势方向是阻碍 i_d 的减小，如图 1-35b 所示。负载 R_d 所消耗的能量，除电源电压供给外，还有部分是由电感线圈 L_d 所释放的能量供给。这区间回路电压瞬时值方程如下：

$$u_2 + L_d \frac{di_d}{dt} = i_d R_d$$

在 $\omega t_3 \leqslant \omega t \leqslant \omega t_4$ 区间，u_2 过零开始变负，对晶闸管是反向电压，但是，由于 i_d 的减小，在 L_d 两端产生感应电动势，两者作用在晶闸管两端是正向电压。故只要 u_L 略大于 u_2，晶闸管仍然承受着正向电压而继续导通，直至 i_d 减小到零才被关断。在这区间 L_d 不断释放出磁

场能量,除部分继续向负载电阻 R_d 提供消耗能量外,其余就回馈给交流电网。此区间电路电压瞬时值方程如下:

$$u_L = L_d \frac{di_d}{dt} = u_2 + i_d R_d$$

当 $\omega t = \omega t_4$ 时,$i_d = 0$,即 L_d 磁场能量已释放完毕,晶闸管被关断。此后,周而复始。

由图 1-35b 可见,由于电感的存在,使负载电压波形出现部分负值,导致负载上直流电压平均值 U_d 减小。电感越大,U_d 波形的负值部分占的比例越大,U_d 越小。当电感 L_d 足够大时,这时负载上得到的电压波形是正负面积接近相等,直流电压平均值 U_d 几乎为零。因此,单相半波可控整流电路用于大电感负载时,不管如何调节触发延迟角 α,U_d 值总是很小,平均值电流 I_d 也很小,没有实用价值。

(2)接续流二极管时 为了使 u_2 过零变负时能及时地关断晶闸管,u_d 波形不出现负值,又能给电感线圈 L_d 提供续流的通路,可以在整流输出端并联二极管,如图 1-36a 所示。由于该二极管是为电感负载在晶闸管关断时提供续流回路,故将此二极管简称为<u>续流管</u>,用 VD 表示。

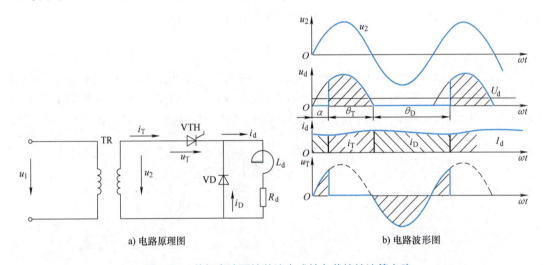

a) 电路原理图   b) 电路波形图

图 1-36 单相半波可控整流电感性负载接续流管电路

当 u_2 过零变负时,续流管承受正向电压而导通,晶闸管因承受反向电压而关断。i_d 就改经续流管而继续流通。续流期间续流管的管压降可忽略不计,所以负载电压 u_d 波形与电阻负载时相同。但是流过负载的电流 i_d 的波形就不相同了,对于大电感而言,流过负载的电流 i_d 不但连续而且波动很小。电感越大,i_d 波形越接近于一条水平线,其值为 $I_d = U_d/R_d$,如图 1-36b 所示。负载电流 I_d 由晶闸管和续流二极管共同分担:晶闸管导通期间,负载电流从晶闸管流过;续流期间,负载电流经续流管形成回路。流过晶闸管电流 i_T 与流过续流管电流 i_D 的波形均近似为方波。

晶闸管和续流二极管可能承受的最大正反向电压、移相范围与阻性负载相同,由于电感性负载中的电流不能突变,当晶闸管被触发导通后,阳极电流上升较缓慢,故要求触发脉冲的宽度要宽些(>20°),以免阳极电流尚未升到晶闸管擎住电流时,触发脉冲已消失,从而导致晶闸管无法导通。

3. 单相桥式全控整流电路

（1）单相桥式全控整流电路电阻性负载　单相桥式整流电路带电阻性负载的电路及工作波形如图 1-37 所示。

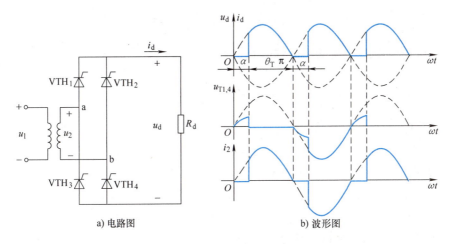

a) 电路图　　　　　　b) 波形图

图 1-37　单相桥式全控整流电路电阻性负载

1）电路工作过程分析。晶闸管 VTH_1 和 VTH_3 为一组桥臂，而 VTH_2 和 VTH_4 组成另一组桥臂。在交流电源的正半周区间，即 a 端为正，b 端为负，VTH_1 和 VTH_4 承受正向阳极电压，在触发延迟角 α 的时刻给 VTH_1 和 VTH_4 同时加脉冲，则 VTH_1 和 VTH_4 会导通。此时电流 i_d 从电源 a 端经 VTH_1、负载 R_d 及 VTH_4 回电源 b 端，负载上得到的电压 u_d 为电源电压 u_2（忽略 VTH_1 和 VTH_4 的导通电压降），方向为上正下负，VTH_2 和 VTH_3 则因为 VTH_1 和 VTH_4 的导通而承受反向的电源电压 u_2 不会导通。因为是电阻性负载，所以电流 i_d 也跟随电压的变化而变化。当电源电压 u_2 过零时，电流 i_d 也降低为零，也即两只晶闸管的阳极电流降低为零，故 VTH_1 和 VTH_4 会因电流小于维持电流而关断。

在交流电源负半周区间，即 a 端为负，b 端为正，晶闸管 VTH_2 和 VTH_3 承受正向阳极电压，在触发延迟角 α 的时刻给 VTH_2 和 VTH_3 同时加脉冲，则 VTH_2 和 VTH_3 被触发导通。其工作原理与上述相似，读者自行分析。

2）参数计算。

① 输出直流电压平均值为

$$U_d = \frac{1}{\pi}\int_\alpha^\pi \sqrt{2}U_2\sin\omega t\, d(\omega t) = 0.9U_2\frac{1+\cos\alpha}{2} \tag{1-13}$$

② 负载电流平均值为

$$I_d = \frac{U_d}{R_d} = 0.9\frac{U_2}{R_d}\frac{1+\cos\alpha}{2} \tag{1-14}$$

③ 输出电压的有效值为

$$U = \sqrt{\frac{1}{\pi}\int_\alpha^\pi(\sqrt{2}U_2\sin\omega t)^2 d(\omega t)} = U_2\sqrt{\frac{1}{2\pi}\sin 2\alpha + \frac{\pi-\alpha}{\pi}} \tag{1-15}$$

④ 负载电流有效值为

$$I = \frac{U_2}{R_d}\sqrt{\frac{1}{2\pi}\sin 2\alpha + \frac{\pi-\alpha}{\pi}} \tag{1-16}$$

⑤ 流过每只晶闸管的电流的平均值为

$$I_{dT} = \frac{1}{2}I_d = 0.45\frac{U_2}{R_d}\frac{1+\cos\alpha}{2} \tag{1-17}$$

⑥ 流过每只晶闸管的电流的有效值为

$$I_T = \sqrt{\frac{1}{2\pi}\int_\alpha^\pi \left(\frac{\sqrt{2}U_2}{R_d}\sin\omega t\right)^2 d(\omega t)} = \frac{U_2}{R_d}\sqrt{\frac{1}{4\pi}\sin 2\alpha + \frac{\pi-\alpha}{2\pi}} = \frac{1}{\sqrt{2}}I \tag{1-18}$$

⑦ 晶闸管可能承受的最大电压为

$$U_{TM} = \sqrt{2}U_2 \tag{1-19}$$

(2) 单相桥式全控整流电路电感性负载 图 1-38 是单相桥式全控整流电路带电感性负载的电路。在单相半波可控整流带大电感负载电路中，如果不并接续流二极管，不管如何调节触发延迟角 α，输出电压 U_d 波形正负面积几乎相等，负载直流电压平均值 U_d 接近于零。单相桥式全控整流带大电感电路情况就完全不同。

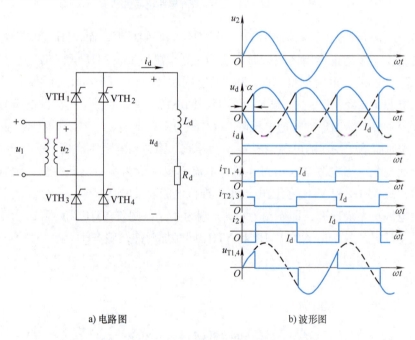

a) 电路图　　　　　　　　b) 波形图

图 1-38　单相桥式全控整流电路带电感性负载

1) 电路工作过程分析。在电源 u_2 正半周时，在 α 时刻给 VTH_1 和 VTH_4 同时加触发脉冲，则 VTH_1 和 VTH_4 会导通，输出电压为 $u_d = u_2$。至电源电压过零变负时，由于电感产生的自感电动势会使 VTH_1 和 VTH_4 继续导通，而输出电压仍为 $u_d = u_2$，所以出现了负电压的输出。此时，晶闸管 VTH_2 和 VTH_3 虽然已承受正向电压，但还没有触发脉冲，所以不会导通。直到在负半周 α 的时刻，给 VTH_2 和 VTH_3 同时加触发脉冲，则因 VTH_2 的阳极电压比 VTH_1 高，VTH_3 的阴极电位比 VTH_4 的低，故 VTH_2 和 VTH_3 被触发导通，分别替换了

VTH$_1$ 和 VTH$_4$，而 VTH$_1$ 和 VTH$_4$ 将由于 VTH$_2$ 和 VTH$_3$ 的导通承受反向电压而关断，负载电流也改为经过 VTH$_2$ 和 VTH$_3$ 了。

图 1-38b 为输出负载电压 u_d、负载电流 i_d 的波形，与电阻性负载相比，u_d 的波形出现了负半周部分，在 $\alpha=0°$ 时，输出电压 U_d 最高，为 $0.9U_2$；在 $\alpha=90°$ 时，输出电压 U_d 最低，等于零，因此 α 的移相范围是 $0°\sim 90°$。i_d 的波形则是连续的，近似一条直线，这是由于电感中的电流不能突变，电感起到了平波的作用，电感越大则电流越平稳。

2) 参数计算。

① 输出电压平均值为

$$U_d = 0.9U_2\cos\alpha \tag{1-20}$$

② 负载电流平均值为

$$I_d = \frac{U_d}{R_d} = 0.9\frac{U_2}{R_d}\cos\alpha \tag{1-21}$$

③ 流过一只晶闸管的电流的平均值和有效值为

$$I_{dT} = \frac{1}{2}I_d \tag{1-22}$$

$$I_T = \frac{1}{\sqrt{2}}I_d \tag{1-23}$$

④ 晶闸管可能承受的最大电压为

$$U_{TM} = \sqrt{2}U_2 \tag{1-24}$$

(3) 单相桥式全控整流电路电感性负载并接续流二极管　单相桥式全控整流电路带大电感性负载，α 的移相范围是 $0°\sim 90°$。为了扩大移相范围，不让 U_d 波形出现负值以及使输出电流更加平稳，提高 U_d 的值，也可以在负载两端并联续流二极管，如图 1-39a 所示。

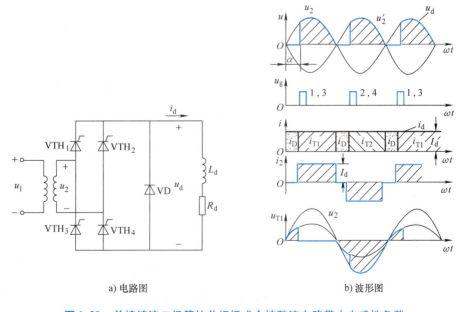

a) 电路图　　　　　b) 波形图

图 1-39　并接续流二极管的单相桥式全控整流电路带大电感性负载

接续流管后，α 的移相范围可扩大到 0°～180°，α 在这区间内变化，只要电感量足够大，输出电流 i_d 就可保持连续且平稳。在电源电压 u_2 过零变负时，续流管承受正向电压而导通，晶闸管承受反向电压被关断。这样 U_d 波形与电阻性负载相同，如图 1-39b 所示。负载电流 i_d 是由晶闸管 VTH$_1$ 和 VTH$_4$、VTH$_2$ 和 VTH$_3$、续流管 VD 相继轮流导通而形成的。U_T 波形与电阻性负载时相同。所以，单相桥式全控整流电路大电感负载接续流管时各电量计算式如下：

$$U_d = 0.9 U_2 \frac{1+\cos\alpha}{2} \qquad I_d = \frac{U_d}{R_d}$$

$$I_{dT} = \frac{\pi-\alpha}{2\pi} I_d \qquad I_T = \sqrt{\frac{\pi-\alpha}{\pi}} I_d$$

$$I_{dD} = \frac{\alpha}{\pi} I_d \qquad I_D = \sqrt{\frac{\alpha}{\pi}} I_d$$

$$U_{TM} = U_{DM} = \sqrt{2} U_2$$

4. 单相桥式半控整流电路

在单相桥式全控整流电路中，由于每次都要同时触发两只晶闸管，因此线路较为复杂。为了简化电路，实际上可以采用一只晶闸管来控制导电回路，然后用一只整流二极管来代替另一只晶闸管。所以把图 1-37 中的 VTH$_3$ 和 VTH$_4$ 换成二极管 VD$_3$ 和 VD$_4$，就形成了单相桥式半控整流电路，如图 1-40 所示。

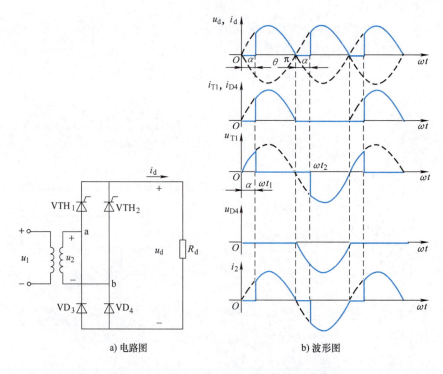

图 1-40 单相桥式半控整流电路带电阻性负载

（1）电阻性负载

1）电路工作过程分析。单相半控桥式整流电路带电阻性负载时，工作情况同单相桥式全控整流电路相似，两只晶闸管仍是共阴极连接，即使同时触发两只管子，也只能是阳极电位高的晶闸管导通。而两只二极管是共阳极连接，总是阴极电位低的二极管导通，因此，在电源 u_2 正半周一定是 VD_4 正偏，在 u_2 负半周一定是 VD_3 正偏。所以，在电源正半周时，触发晶闸管 VTH_1 导通，二极管 VD_4 正偏导通，电流由电源 a 端经 VTH_1 和负载 R_d 及 VD_4，回电源 b 端，若忽略两管的正向导通压降，则负载上得到的直流输出电压就是电源电压 u_2，即 $u_d = u_2$。在电源负半周时，触发 VTH_2 导通，电流由电源 b 端经 VTH_2 和负载 R_d 及 VD_3，回电源 a 端，输出仍是 $u_d = u_2$，只不过在负载上的方向没变。在负载上得到的输出波形如图 1-40b 所示，与桥式全控整流电路带电阻性负载时是一样的。

2）参数计算。

① 输出电压平均值为

$$U_d = 0.9 U_2 \frac{1+\cos\alpha}{2} \tag{1-25}$$

α 的移相范围是 $0° \sim 180°$。

② 负载电流平均值为

$$I_d = \frac{U_d}{R_d} = 0.9 \frac{U_2}{R_d} \frac{1+\cos\alpha}{2} \tag{1-26}$$

③ 流过一只晶闸管和整流二极管的电流的平均值和有效值为

$$I_{dT} = I_{dD} = \frac{1}{2} I_d \tag{1-27}$$

$$I_T = \frac{1}{\sqrt{2}} I \tag{1-28}$$

④ 晶闸管可能承受的最大电压为

$$U_{TM} = \sqrt{2} U_2 \tag{1-29}$$

（2）电感性负载

1）电路工作过程分析。单相桥式半控整流电路带电感性负载时的电路如图 1-41 所示。在交流电源的正半周区间内，二极管 VD_4 处于正偏状态，在相当于触发延迟角 α 的时刻给晶闸管加脉冲，则电源由 a 端经 VTH_1 和 VD_4 向负载供电，负载上得到的电压 $u_d = u_2$，方向为上正下负。至电源 u_2 过零变负时，由于电感自感电动势的作用，会使晶闸管继续导通，但此时二极管 VD_3 的阴极电位变得比 VD_4 的要低，所以电流由 VD_4 换流到了 VD_3。此时，负载电流经 VTH_1、R_d 和 VD_3 续流，而没有经过交流电源，因此，负载上得到的电压为 VTH_1 和 VD_3 的正向压降，接近为零，这就是单相桥式半控整流电路的自然续流现象。在 u_2 负半周相同 α 处，触发 VTH_2，由于 VTH_2 的阳极电位高于 VTH_1 的阳极电位，所以，VTH_1 换流给了 VTH_2，电源经 VTH_2 和 VD_3 向负载供电，直流输出电压也为电源电压，方向上正下负。同样，当 u_2 由负变正时，又改为 VTH_2 和 VD_4 续流，输出又为零。

这个电路输出电压的波形与带电阻性负载时一样。但直流输出电流的波形由于电感的平波作用而变为一条直线，如图 1-41b 所示。

2）大电感负载不带续流二极管时的情况。单相桥式半控整流电路带大电感负载时的工

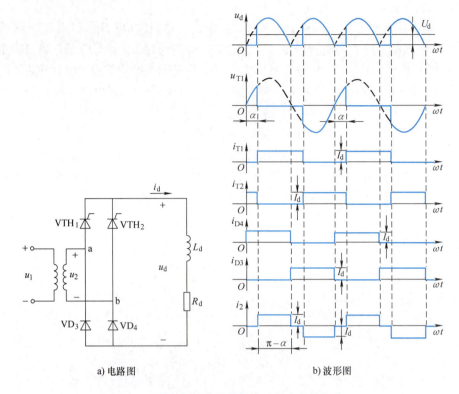

a) 电路图　　　　　　　　　　b) 波形图

图 1-41　单相桥式半控整流电路带电感性负载

作特点是：晶闸管在触发时刻换流，二极管则在电源过零时刻换流；电路本身就具有自然续流作用，负载电流可以在电路内部换流，所以，即使没有续流二极管，改变触发延迟角 α 即可改变整流输出电压平均值 U_d 的大小，电路似乎可以不必接续流二极管就能正常工作。但实际运行中，该电路在接大电感负载时，若突然关断触发脉冲或迅速将 α 移到 180° 在没有接入续流二极管 VD 时，可能出现一只晶闸管直通，两只整流管交替导通的失控现象。如在 u_2 正半周当 VTH_1 触发导通后，欲停止工作而停发触发脉冲（或因故障造成丢失脉冲），此后 VTH_2 无触发脉冲而处于阻断状态，在 u_2 过零进入负半周后，电流从 VD_4 换到 VD_3，由于电感上感应电动势的作用，电流 i_d 经 VTH_1、VD_3 继续流通，如图 1-42a 中虚线所示。如果电感量很大，晶闸管 VTH_1 将维持导通到电源电压 u_2 进入下一个周期的正半周，VTH_1 承受正向电压继续导通，电流又从 VD_3 自动换流到 VD_4，依此循环工作下去，出现 VTH_1 直通，VD_3、VD_4 轮流导通现象，电路失去控制。输出便成为单相半波不可控整流电压波形，晶闸管 VTH_1 也会过热而损坏，其失控电压波形如图 1-42b 所示。

输出也没有负电压，与桥式全控电路时不一样。虽然此电路看起来不用像桥式全控电路一样接续流二极管也能工作，但实际上若突然关断触发电路或突然把触发延迟角 α 增大到 180° 时，电路会发生失控现象。失控后，即使去掉触发电路，电路也会出现正在导通的晶闸管一直导通，而两只二极管轮流导通的情况，使 u_d 仍会有输出，但波形是单相半波不可控的整流波形，这就是所谓的失控现象。

3) 续流二极管的作用。为解决失控现象，单相桥式半控整流电路带电感性负载时，仍

项目一　调光灯电路的安装与调试

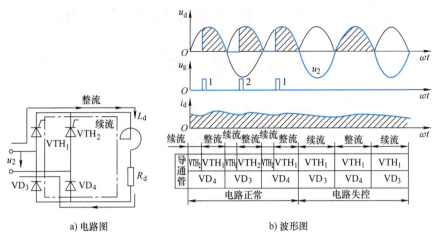

图 1-42　单相桥式半控整流电路电感性负载分析图

需在负载两端并接续流二极管 VD。这样，当电源电压过零变负时，负载电流经续流二极管续流，使直流输出接近于零，迫使原导通的晶闸管关断。加了续流二极管后的电路及波形如图 1-43 所示。

续流二极管的作用是取代晶闸管和桥臂中整流二极管的续流作用。在 u_2 的正半周 VTH_1、VD_4 导通，VD 承受反压截止，从 u_2 过零变负时，在电感的感应电动势作用下，使 VD 承受正偏压而导通，负载电流 i_d 经感性负载及续流二极管 VD 构成通路，电感释放能量，晶闸管 VTH_1 将随 u_2 过零而恢复阻断，防止了失控现象发生。接续流二极管后，输出整流电压 u_d 的波形与不接续流二极管时相同，但流过晶闸管和整流二极管的波形则因二者的导通角不同而不同。

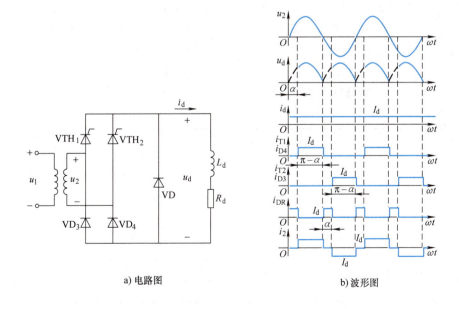

图 1-43　单相桥式半控整流电路带电感性负载加续流二极管

29

4) 加了续流二极管后，单相桥式半控整流电路带大电感性负载电路参数的计算。

① 输出电压平均值为

$$U_\mathrm{d} = 0.9 U_2 \frac{1+\cos\alpha}{2} \tag{1-30}$$

式中，α 的移相范围是 $0° \sim 180°$。

② 负载电流平均值为

$$I_\mathrm{d} = \frac{U_\mathrm{d}}{R_\mathrm{d}} = 0.9 \frac{U_2}{R_\mathrm{d}} \frac{1+\cos\alpha}{2} \tag{1-31}$$

③ 流过一只晶闸管和整流二极管的电流的平均值和有效值为

$$I_\mathrm{dT} = I_\mathrm{dD} = \frac{\pi - \alpha}{2\pi} I_\mathrm{d} \tag{1-32}$$

$$I_\mathrm{T} = I_\mathrm{D} = \sqrt{\frac{\pi - \alpha}{2\pi}} I_\mathrm{d} \tag{1-33}$$

④ 流过续流二极管的电流的平均值和有效值为

$$I_\mathrm{dDR} = \frac{2\alpha}{2\pi} I_\mathrm{d} = \frac{\alpha}{\pi} I_\mathrm{d} \tag{1-34}$$

$$I_\mathrm{DR} = \sqrt{\frac{\alpha}{\pi}} I_\mathrm{d} \tag{1-35}$$

⑤ 晶闸管可能承受的最大电压为

$$U_\mathrm{TM} = \sqrt{2} U_2 \tag{1-36}$$

四、实践指导

1. 单相半波可控整流电路实验

利用天煌教仪实验设备，引导学生进行单相半波可控整流电路的连接测试。

图 1-30 是单相半波可控整流调光灯主电路，实际上就是负载为电阻性的单相半波可控整流电路，对电路的输出波形 U_d 和晶闸管两端电压 U_T 波形的分析在调试及修理过程中是非常重要的。我们的分析是在假设主电路和触发电路均正常工作的前提条件下进行的。

（1）所需挂件及附件（见表 1-3）

表 1-3 实验设备表

序号	型号	备 注
1	DJK01 电源控制屏	该控制屏包含"三相电源输出"以及"励磁电源"等几个模块
2	DJK02 晶闸管主电路	该挂件包含"晶闸管"以及"电感"等几个模块
3	DJK03-1 晶闸管触发电路	该挂件包含"单结晶体管触发电路"模块
4	DJK06 给定及实验器件	该挂件包含"二极管"等几个模块
5	D42 三相可调电阻器	
6	双踪示波器	自备
7	万用表	自备

（2）实验电路及原理　单结晶体管触发电路的工作原理及电路图已在上节中做过介绍。

将DJK03-1挂件上的单结晶体管触发电路的输出端G和K接到DJK02挂件面板上的反桥中的任意一个晶闸管的门极和阴极，并将相应的触发脉冲的钮子开关关闭（防止误触发），图中的负载R用D42三相可调电阻，将两个900Ω接成并联形式。二极管VD_1和开关S_1均在DJK06挂件上，电感L_d在DJK02面板上，有100mH、200mH、700mH三档可供选择，本实验中选用700mH。直流电压表及直流电流表从DJK02挂件上得到。

(3) 实验方法

1) 单结晶体管触发电路的调试。将DJK01电源控制屏的电源选择开关打到"直流调速"侧，使输出线电压为200V，用两根导线将200V交流电压接到DJK03-1的"外接220V"端，按下"起动"按钮，打开DJK03-1电源开关，用双踪示波器观察单结晶体管触发电路中整流输出的梯形波电压、锯齿波电压及单结晶体管触发电路输出电压等波形。调节移相电位器RP_1，观察锯齿波的周期变化及输出脉冲波形的移相范围能否在30°~170°范围内移动。

2) 单相半波可控整流电路接电阻性负载。触发电路调试正常后，按图1-44电路图接线。将电阻器调在最大阻值位置，按下"起动"按钮，用示波器观察负载电压U_d、晶闸管VTH两端电压U_T的波形，调节电位器RP_1，观察$\alpha = 30°$、60°、90°、120°、150°时U_d、U_T的波形，并测量直流输出电压U_d和电源电压U_2，记录于表1-4中。

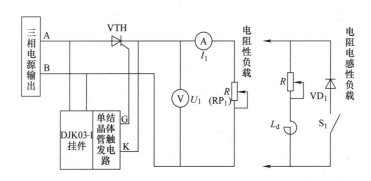

图1-44　单相半波可控整流电路实验图

表1-4　实验数据记录表

α	30°	60°	90°	120°	150°
U_2					
U_d（记录值）					
U_d/U_2					
U_d（计算值）					

计算公式为　　　　　　$U_d = 0.45 U_2 (1+\cos\alpha)/2$

3) 单相半波可控整流电路接电阻电感性负载。将负载电阻R改成电阻电感性负载（由电阻器与平波电抗器L_d串联而成）。暂不接续流二极管VD_1，在不同阻抗角〔阻抗角$\phi =$

arctan（$\omega L/R$），保持电感量不变，改变 R 的电阻值，注意电流不要超过 1A 的情况下，观察并记录 $\alpha = 30°$、$60°$、$90°$、$120°$时的直流输出电压值 U_d（表1-5）及 U_T 的波形。

表 1-5　实验数据记录表

α	30°	60°	90°	120°
U_2				
U_d（记录值）				
U_d/U_2				
U_d（计算值）				

接入续流二极管 VD_1，重复上述实验，观察续流二极管的作用，以及 U_{D1} 波形的变化，数据记录于表 1-6。

表 1-6　实验数据记录表

α	30°	60°	90°	120°	150°
U_2					
U_d（记录值）					
U_d/U_2					
U_d（计算值）					

计算公式为

$$U_d = 0.45 U_2 (1 + \cos\alpha)/2$$

4）思考题：

① 单结晶体管触发电路的振荡频率与电路中电容 C_1 的数值有什么关系？

② 单相半波可控整流电路接电感性负载时会出现什么现象？如何解决？

（4）输出电压和晶闸管两端电压的波形（电阻性负载）

1）$\alpha = 30°$时输出电压和晶闸管两端电压的波形测试。图 1-45 所示为 $\alpha = 30°$时实际电路中用示波器测得的输出电压和晶闸管两端电压波形，可与理论波形对照进行比较。

将示波器探头的测试端和接地端接于白炽灯两端，调节旋钮"t/div"和"v/div"，使示波器稳定显示至少一个周期的完整波形，并且使每个周期的宽度在示波器上显示为六个方格（每个方格对应的电角度为 60°），调节电路，使示波器显示的输出电压的波形对应于触发延迟角 α 的角度为 30°，如图 1-45a 所示。

将探头接于晶闸管两端，测试晶闸管在触发延迟角 α 的角度为 30°时两端电压的波形，如图 1-45b 所示，可与理论波形对照进行比较。

2）$\alpha = 60°$时输出电压和晶闸管两端电压的波形如图 1-46 所示。

3）$\alpha = 90°$时输出电压和晶闸管两端电压的波形如图 1-47 所示，$\alpha = 120°$时输出电压和晶闸管两端电压的波形如图 1-48 所示。

2. 单相桥式全控整流电路实验

（1）实验所需挂件及附件（见表 1-7）

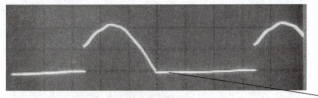

a) 输出电压波形 　　晶闸管关断时刻

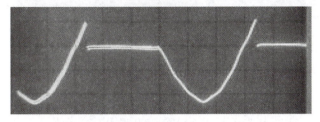

b) 晶闸管两端电压波形

图 1-45　$\alpha=30°$ 时输出电压和晶闸管两端电压的实测波形

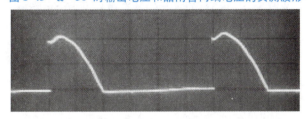

a) 输出电压波形

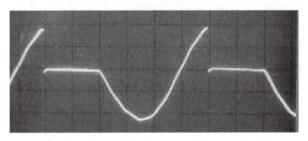

b) 晶闸管两端电压波形

图 1-46　$\alpha=60°$ 时输出电压和晶闸管两端电压的波形

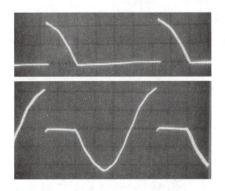

图 1-47　$\alpha=90°$ 时的波形

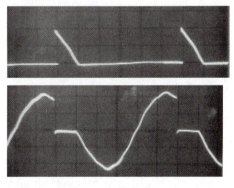

图 1-48　$\alpha=120°$ 时的波形

表 1-7 实验设备表

序号	型号	备注
1	TKDD-1 电源控制屏	该控制屏包含"三相电源输出"以及"励磁电源"等几个模块
2	DK03 晶闸管主电路	该挂件包含"晶闸管"以及"电感"等几个模块
3	DK05 晶闸管触发电路	该挂件包含"锯齿波同步触发电路"模块
4	DK12 变压器实验	该挂件包含"逆变变压器"以及"三相不控整流"等模块
5	DQ27 三相可调电阻器	
6	双踪示波器	自备
7	万用表	自备

(2) 实验电路及原理 图 1-49 为单相桥式整流带电阻电感性负载实验电路图,其输出负载 R 用 DQ27 三相可调电阻器,将两个 900Ω 接成并联形式,电抗 L_d 用 DK03 面板上的 700mH,直流电压、电流表均在 DK03 面板上。触发电路采用 DK05 组件挂箱上的"锯齿波同步移相触发电路Ⅰ"和"锯齿波同步移相触发电路Ⅱ"。

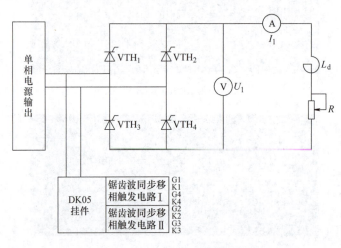

图 1-49 单相桥式整流实验电路图

(3) 实验方法

1) 触发电路的调试。将 TKDD-1 电源控制屏的电源选择开关打到"直流调速"侧使输出线电压为 200V,用两根导线将 200V 交流电压接到 DK05 的"外接 220V"端,按下"起动"按钮,打开 DK05 电源开关,用示波器观察锯齿波同步触发电路各观察孔的电压波形。

将控制电压 U_{ct} 调至零(DK05 挂件上电位器 RP_2 顺时针旋到底,DK05 为具体挂件,图未给出),观察同步电压信号和"6"点 U_6 的波形,调节偏移电压 U_b(调整 DK05 挂件上的电位器 RP_3),使 $\alpha = 180°$。

将锯齿波触发电路的输出脉冲端分别接至桥式全控整流电路中相应晶闸管的门极和阴极,注意不要把相序接反了,否则无法进行整流和逆变。将 DK03 上的正桥和反桥触发脉冲开关都打到"断"的位置,并使 U_{1f} 和 U_{1r} 悬空,确保晶闸管不被误触发。

2）单相桥式全控整流。按图 1-49 接线，将电阻器放在最大阻值处，按下"起动"按钮，保持 U_b 偏移电压不变（RP_3 固定），逐渐增加 U_{ct}（调节 RP_2），在 α 为 0°、30°、60°、90°、120°时，用示波器观察并记录电源电压 U_2 和负载电压 U_d 的数值于表 1-8 中，波形图自行记录。

表 1-8　实验数据记录表

α	30°	60°	90°	120°
U_2				
U_d（记录值）				
U_d（计算值）				

计算公式为

$$U_d = 0.9 U_2 (1 + \cos α)/2$$

五、拓展知识——单相桥式全控整流电路带反电动势负载

对于直流电动机和蓄电池等反电动势负载，由于反电动势的作用，使整流电路中晶闸管导通的时间缩短，相应的负载电流出现断续，脉动程度高。

反电动势负载，其等效电路用电动势 E 和负载回路电阻 R_d（电枢电阻）表示，电动势的极性如图 1-50a 所示。整流电路接有反电动势负载时，只有当电源电压 u_2 大于反电动势 E 时，晶闸管才能被触发导通；$u_2 < E$ 时，晶闸管承受反压关断，如图 1-50b 所示。在晶闸管导通期间，输出整流电压 $u_d = E + i_d R_d$，在晶闸管关断期间，负载端电压保持原有电动势，故整流平均值电压较电感性负载时为大。导通角 $θ < π$，整流电流波形出现断续。

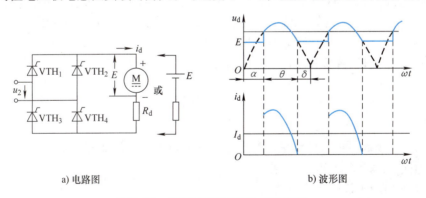

a) 电路图　　　　　　　　　b) 波形图

图 1-50　单相桥式全控反电动势负载

为解决这一问题，往往在反电动势负载侧串接一平波电抗器，利用电感平稳电流的作用来减少负载电流的脉动并延长晶闸管的导通时间。只要电感足够大，电流就会连续，直流输出电压和电流就与电感性负载时一样。

串入平波电抗器 L_d 之后，减小了电流的脉动和延长了晶闸管导通的时间，输出电压中的交流分量降落在电抗器上。输出电流波形连续平直。与感性负载时的情况相似，当电感量足够大时，较出电流波形近似为一直线，大大改善了整流装置及电动机的工作条件。波形如图 1-51b 所示。

反电动势负载串接了平波电抗器之后，通常并接一续流二极管，如图1-51a虚线所示。其分析方法与感性负载相同。

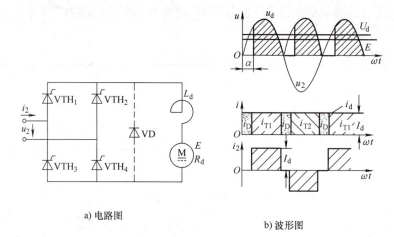

a) 电路图　　　　b) 波形图

图1-51　单相桥式全控整流电路接反电动势负载串接平波电抗器并接续流二极管

电路各参量计算公式除 $I_d = (U_d - E)/R_d$（R_d 包含平波电抗器内阻及电动机电枢电阻）之外，其他均与感性负载情况相同，在此不再重述。

六、思考与习题

1. 某电阻性负载要求 $0 \sim 24\text{V}$ 直流电压，最大负载电流 $I_d = 30\text{A}$，如用220V交流直接供电与用变压器降压到60V供电，都采用单相半波整流电路，是否都能满足要求？试比较两种供电方案所选晶闸管的导通角、额定电压、额定电流值以及电源和变压器二次侧的功率因数和对电源的容量的要求有何不同，两种方案哪种更合理（考虑2倍裕量）？

2. 有一单相半波可控整流电路，带电阻性负载 $R_d = 10\Omega$，交流电源直接从220V电网获得，试求：
1) 输出电压平均值 U_d 的调节范围。
2) 计算晶闸管电压与电流并选择晶闸管。

3. 画出单相半波可控整流电路，当 $\alpha = 60°$ 时，以下三种情况的 u_d、i_T 及 u_T 的波形。
1) 电阻性负载。
2) 大电感负载不接续流二极管。
3) 大电感负载接续流二极管。

4. 单相半波整流电路，如门极不加触发脉冲；晶闸管内部短路；晶闸管内部断开，试分析上述3种情况下晶闸管两端电压和负载两端电压的波形。

任务四　三相可控整流电路的分析

一、学习目标

1. 知识目标：掌握三相可控整流电路在不同负载时的电路波形分析、参数计算和器件选择。

2. 能力目标：能利用输出电压波形分析电路故障。

3. 素质目标：发扬科学探索精神，培养对应用技术分析探究的习惯；培养团结互助、团队合作精神。

二、工作任务

1. 分析调试三相半波可控整流电路。
2. 分析调试三相桥式全控整流电路。

三、相关知识

1. 三相半波整流电路

（1）三相半波不可控整流电路　为了更好地理解三相半波可控整流电路，我们先来看一下由二极管组成的不可控整流电路，如图1-52a所示。此电路可由三相变压器供电，也可直接接到三相四线制的交流电源上。变压器二次侧相电压有效值为 U_2，线电压为 U_{2L}。其接法是三个整流二极管的阳极分别接到变压器二次侧的三相电源上，而三个阴极接在一起，接到负载的一端，负载的另一端接整流变压器的中性线，形成回路。此种接法称为共阴极接法。

图1-52b 中示出了三相交流电 u_U、u_V 和 u_W 的波形图。u_d 是输出电压的波形，u_D 是二极管承受的电压的波形。由于整流二极管导通的唯一条件就是阳极电位高于阴极电位，而三只二极管又是共阴极连接的，且阳极所接的三相电源的相电压是不断变化的，所以哪一相的二极管导通就要看其阳极所接的相电压 u_U、u_V 和 u_W 中哪一相的瞬时值最高，则与该相相连的二极管就会导通。其余两只二极管就会因承受反向电压而关断。例如，在图1-52b 中 $\omega t_1 \sim \omega t_3$ 区间，U 相的瞬时电压值 u_U 最高，因此与 U 相相连的二极管 VD_1 优先导通，所以与 V 相、W 相相连的二极管 VD_3 和 VD_5 则分别承受反向线电压 u_{VU}、u_{WU} 关断。若忽略二极管的导通压降，此时，输出电压 u_d 就等于 U 相的电源电压 u_U。同理，在 ωt_3 时，由于 V 相的电压 u_V 开始高于 U 相的电压 u_U 而变为最高，因此，电流就要由 VD_1 换流给 VD_3，VD_1 和 VD_5 又会承受反向线电压而处于阻断状态，输出电压 $u_d = u_V$。同样在 ωt_5 以后，因 W 相电压 u_W 最高，所以 VD_5 导通，VD_1 和 VD_3 受反压而关断，输出电压 $u_d = u_W$。以后又重复上述过程。

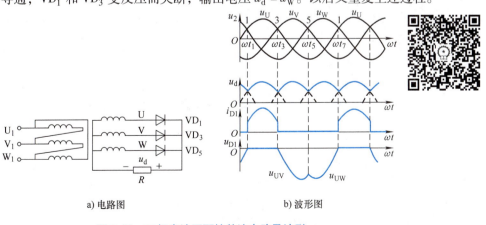

图 1-52　三相半波不可控整流电路及波形

可以看出，三相半波不可控整流电路中 3 个二极管轮流导通，导通角均为 120°，输出电压 u_d 是脉动的三相交流相电压波形的正向包络线，负载电流波形形状与 u_d 相同。

其输出直流电压的平均值 U_d 为

$$U_d = \frac{3}{2\pi}\int_{\pi/6}^{5\pi/6}\sqrt{2}U_2\sin\omega t\,d(\omega t) = \frac{3\sqrt{6}}{2\pi}U_2 = 1.17U_2 \tag{1-37}$$

整流二极管承受的电压的波形如图 1-52b 所示。以 VD_1 为例，在 $\omega t_1 \sim \omega t_3$ 区间，由于 VD_1 导通，所以 u_{D1} 为零；在 $\omega t_3 \sim \omega t_5$ 区间，VD_3 导通，则 VD_1 承受反向电压 u_{UV}，即 $u_{D1}=u_{UV}$；在 $\omega t_5 \sim \omega t_7$ 区间，VD_5 导通，则 VD_1 承受反向电压 u_{UW}，即 $u_{D1}=u_{UW}$。从图中还可看出，整流二极管承受的最大的反向电压就是三相交流电压的峰值，即

$$U_{DM} = \sqrt{6}U_2 \tag{1-38}$$

从图 1-52b 中还可看到，1、3、5 这三个点分别是二极管 VD_1、VD_3 和 VD_5 的导通起始点，即每经过其中一点，电流就会自动从前一相换流至后一相，这种换相是利用三相电源电压的变化自然进行的，因此把 1、3、5 点称为自然换相点。

（2）三相半波可控整流电路　三相半波可控整流电路有两种接线方式，分别为共阴极、共阳极接法。由于共阴极接法触发脉冲有共用线，使用调试方便，所以三相半波共阴极接法常被采用。

1）电路结构。将图 1-52a 中的三个二极管换成晶闸管就组成了共阴极接法的三相半波可控整流电路。如图 1-53a 所示，电路中，整流变压器的一次侧采用三角形联结，防止三次谐波进入电网。二次侧采用星形联结，可以引出中性线。三个晶闸管的阴极短接在一起，阳极分别接到三相电源。

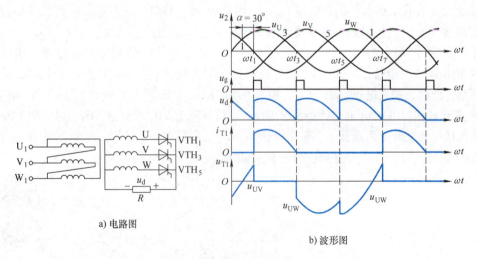

图 1-53　三相半波可控整流电路及 $\alpha=30°$ 时的波形

2）电路工作原理。

① $0°\leq\alpha\leq30°$。$\alpha=0°$ 时，三个晶闸管相当于三个整流二极管，负载两端的电流、电压波形与图 1-52 所示相同，晶闸管两端的电压波形，由 3 段组成：第 1 段，VTH_1 导通期间，此管压降可近似为 $u_{T1}=0$；第 2 段，在 VTH_1 关断后，VTH_3 导通期间，$u_{T1}=u_U-u_V=u_{UV}$，为一段线电压；第 3 段，在 VTH_5 导通期间，$u_{T1}=u_U-u_W=u_{UW}$ 为另一段线电压。如果增大

触发延迟角 α，将脉冲后移，整流电路的工作情况相应地发生变化，假设电路已在工作，W 相所接的晶闸管 VTH₅ 导通，经过自然换相点"1"时，由于 U 相所接晶闸管 VTH₁ 的触发脉冲尚未送到，VTH₁ 无法导通。于是 VTH₅ 仍承受正向电压继续导通，直到过 U 相自然换相点"1"点 30°（ωt₁）时晶闸管 VTH₁ 被触发导通，输出直流电压由 W 相换到 U 相，如图 1-53b 所示为 α = 30°时的输出电压和电流波形以及晶闸管两端的电压波形。

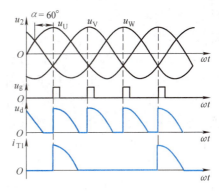

图 1-54 三相半波可控整流电路 α=60°的波形

② 30°≤α≤150°。当 α≥30°时，此时电压和电流波形断续，各个晶闸管的导通角小于 120°，此时 α=60°的波形如图 1-54 所示。

3）基本的物理量计算。

① 整流输出电压的平均值计算：

当 0°≤α≤30°时，此时电压、电流波形连续，通过分析可得到

$$U_d = \frac{1}{\frac{2\pi}{3}} \int_{\frac{\pi}{6}+\alpha}^{\frac{5\pi}{6}+\alpha} \sqrt{2}U_2 \sin\omega t d(\omega t) = \frac{3\sqrt{6}}{2\pi}U_2\cos\alpha = 1.17U_2\cos\alpha \qquad (1-39)$$

当 30°≤α≤150°时，此时电压、电流波形断续，通过分析可得到

$$U_d = \frac{1}{\frac{2\pi}{3}} \int_{\frac{\pi}{6}+\alpha}^{\pi} \sqrt{2}U_2 \sin\omega t d(\omega t) = \frac{3\sqrt{2}}{2\pi}U_2\left[1+\cos\left(\frac{\pi}{6}+\alpha\right)\right] = 0.675\left[1+\cos\left(\frac{\pi}{6}+\alpha\right)\right]$$

$$(1-40)$$

② 直流输出平均电流。对于电阻性负载，电流与电压波形是一致的，数量关系为

$$I_d = U_d / R_d \qquad (1-41)$$

③ 晶闸管承受的电压和触发延迟角的移相范围。由前面的波形分析可以知道，晶闸管承受的最大反向电压为变压器二次侧线电压的峰值。即

$$U_{RM} = \sqrt{2} \times \sqrt{3}U_2 = \sqrt{6}U_2 = 2.45U_2 \qquad (1-42)$$

由前面的波形分析还可以知道，当触发脉冲后移到 α=150°时，此时正好为电源相电压的过零点，后面晶闸管不再承受正向电压，也就是说，晶闸管无法导通。因此，三相半波可控整流电路在电阻性负载时，触发延迟角的移相范围是 0°~150°。

2. 三相桥式全控整流电路

（1）电阻性负载

1）电路组成。三相桥式全控整流电路实质上是一组共阴极半波可控整流电路与共阳极半波可控整流电路的串联。共阴极半波可控整流电路实际上只利用电源变压器的正半周期，共阳极半波可控整流电路只利用电源变压器的负半周期，如果两种电路的负载电流一样大小，可以利用同一电源变压器。即两种电路串联便可以得到三相桥式全控整流电路，电路组成如图 1-55 所示。

2）工作原理（以电阻性负载，$\alpha = 0°$分析）。在共阴极组的自然换相点 1、3、5 分别触发 VTH_1、VTH_3、VTH_5 晶闸管，共阳极组的自然换相点 2、4、6 分别触发 VTH_2、VTH_4、VTH_6 晶闸管，两组的自然换相点对应相差 60°，电路各自在本组内换流，即 $VTH_1 - VTH_3 - VTH_5 - VTH_1\cdots$、$VTH_2 - VTH_4 - VTH_6 - VTH_2\cdots$，每个管子轮流导通 120°。由于中性线断开，要使电流流通，负载端有输出电压，必须在共阴极和共阳极组中各有一个晶闸管同时导通。

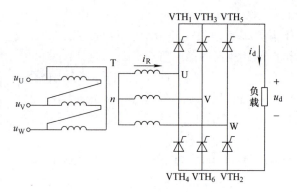

图 1-55 三相桥式全控整流电路

$\omega t_1 \sim \omega t_2$ 期间，U 相电压最高，V 相电压最低，在触发脉冲作用下，VTH_6、VTH_1 同时导通，电流从 U 相流出，经 VTH_1 负载、VTH_6 流回 V 相，负载上得到 U、V 相线电压 u_{UV}。从 ωt_2 开始，U 相电压仍保持电位最高，VTH_1 继续导通，但 W 相电压开始比 V 相更低，此时触发脉冲触发 VTH_2 导通，迫使 VTH_6 承受反压而关断，负载电流从 VTH_6 中换到 VTH_2，以此类推，负载两端的波形如图 1-56 所示。导通晶闸管及负载电压见表 1-9。

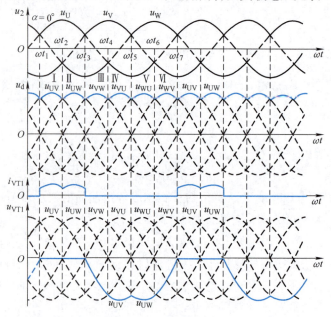

图 1-56 三相桥式全控整流电路 $\alpha = 0°$ 时的波形

表 1-9 导通晶闸管及负载电压

导通期间	$\omega t_1 \sim \omega t_2$	$\omega t_2 \sim \omega t_3$	$\omega t_3 \sim \omega t_4$	$\omega t_4 \sim \omega t_5$	$\omega t_5 \sim \omega t_6$	$\omega t_6 \sim \omega t_7$
导通 VTH	VTH_6，VTH_1	VTH_1，VTH_2	VTH_2，VTH_3	VTH_3，VTH_4	VTH_4，VTH_5	VTH_5，VTH_6
共阴极电压	U 相	U 相	V 相	V 相	W 相	W 相

共阳极电压	V 相	W 相	W 相	U 相	U 相	V 相
负载电压	线电压 u_{UV}	线电压 u_{UW}	线电压 u_{VW}	线电压 u_{VU}	线电压 u_{WU}	线电压 u_{WV}

3）三相桥式全控整流电路的特点：

① 必须有两个晶闸管同时导通才可能形成供电回路，其中共阴极组和共阳极组各一个，且不能为同一相的器件。

② 对触发脉冲的要求。按 $VTH_1 - VTH_2 - VTH_3 - VTH_4 - VTH_5 - VTH_6$ 的顺序，相位依次差 60°，共阴极组 VTH_1、VTH_3、VTH_5 的脉冲依次差 120°，共阳极组 VTH_4、VTH_6、VTH_2 的脉冲也依次差 120°。同一相的上下两个晶闸管，即 VTH_1 与 VTH_4，VTH_3 与 VTH_6，VTH_5 与 VTH_2，脉冲相差 180°。

4）为了可靠触发导通晶闸管，触发脉冲要有足够的宽度，通常采用单宽脉冲或双窄脉冲触发。但实际应用中，为了减少脉冲变压器的铁心损耗，大多采用双窄脉冲。

5）不同触发延迟角时的波形分析：

① α = 30°时的工作情况，波形如图 1-57 所示。

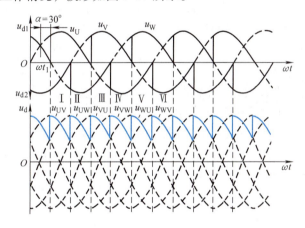

图 1-57　三相桥式全控整流电路 α = 30°的波形

与 α = 0°时的区别在于晶闸管起始导通时刻推迟了 30°，组成 u_d 的每一段线电压因此推迟 30°，从 ωt_1 开始把一周期等分为 6 段，u_d 波形仍由 6 段线电压构成，每一段导通晶闸管的编号等仍符合表 1-9 的规律。变压器二次电流 i_a 波形的特点：在 VTH_1 处于通态的 120°期间，i_a 为正，i_a 波形的形状与同时段的 u_d 波形相同，在 VTH_4 处于通态的 120°期间，i_a 波形的形状也与同时段的 u_d 波形相同，但为负值。

② α = 60°时的工作情况，波形如图 1-58 所示。

此时 u_d 的波形中每段线电压的波形继续后移，u_d 平均值继续降低。α = 60°时 u_d 出现为零的点，这种情况即为输出电压 u_d 为连续和断续的分界点。

③ α = 90°时的工作情况，波形如图 1-59 所示。

此时 u_d 的波形中每段线电压的波形继续后移，u_d 平均值继续降低。α = 90°时 u_d 波形断续，每个晶闸管的导通角小于 120°。

小结：

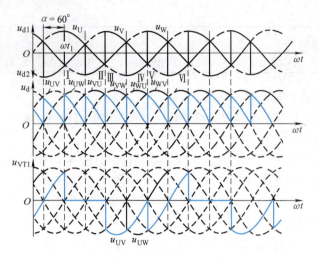

图 1-58 三相桥式全控整流电路 $\alpha=60°$ 的波形

当 $\alpha \leq 60°$ 时,u_d 波形均连续,对于电阻性负载,i_d 波形与 u_d 波形形状一样,也连续。

当 $\alpha > 60°$ 时,u_d 波形每 $60°$ 中有一段为零,u_d 波形不能出现负值,带电阻性负载时三相桥式全控整流电路 α 的移相范围是 $0° \sim 120°$。

(2)电感性负载

电路工作原理如下:

① $\alpha \leq 60°$ 时,u_d 波形连续,工作情况与带电阻性负载时十分相似,各晶闸管的通断情况、输出整流电压 u_d 波形、晶闸管承受的电压波形等都一样。

两种负载时的区别在于:由于负载不同,同样的整流输出电压加到负载上,得到的负载电流 i_d 波形不同。阻感负载时,由于电感的作用,使得负载电流波形变得平直,当电感足够大的时候,负载电流的波形可近似为一条水平线。$\alpha=0°$ 和 $\alpha=30°$ 的波形如图 1-60 和图 1-61 所示。

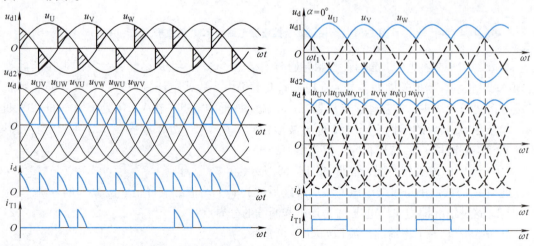

图 1-59 三相桥式全控整流电路 $\alpha=90°$ 的波形　　图 1-60 三相桥式全控整流电路大电感负载 $\alpha=0°$ 的波形

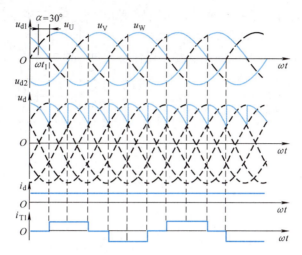

图 1-61 三相桥式全控整流电路大电感负载 $\alpha=30°$ 的波形

② $\alpha>60°$ 时。阻感负载时的工作情况与电阻性负载时不同,电阻性负载时 u_d 波形不会出现负的部分,而阻感负载时,由于电感 L 的作用,u_d 波形会出现负的部分,$\alpha=90°$ 时波形如图 1-62 所示。可见带阻感负载时,三相桥式全控整流电路 α 的移相范围为 $0°\sim90°$。

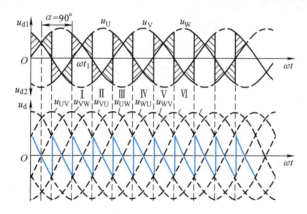

图 1-62 三相桥式全控整流电路大电感负载 $\alpha=90°$ 的波形

(3) 基本的物理量计算

1) 整流电路输出直流平均电压:

① 当整流输出电压连续时(带阻感负载时,或带电阻性负载 $\alpha\leq60°$ 时)的平均值为

$$U_d = \frac{1}{\frac{\pi}{3}}\int_{\frac{\pi}{3}+\alpha}^{\frac{2\pi}{3}+\alpha}\sqrt{6}U_2\sin\omega t\,d(\omega t) = 2.34U_2\cos\alpha \tag{1-43}$$

② 带电阻性负载且 $\alpha>60°$ 时,整流电压平均值为

$$U_d = \frac{3}{\pi}\int_{\frac{\pi}{3}+\alpha}^{\pi}\sqrt{6}U_2\sin\omega t\,d(\omega t) = 2.34U_2\left[1+\cos\left(\frac{\pi}{3}+\alpha\right)\right] \tag{1-44}$$

2) 输出电流平均值为

$$I_d = U_d/R \tag{1-45}$$

3）当整流变压器为采用星形联结，带阻感负载时，变压器二次电流波形如图 1-61 所示，为正负半周各宽 120°、前沿相差 180°的矩形波，其有效值为

$$I_2 = \sqrt{\frac{1}{2\pi}\left[I_d^2 \times \frac{2}{3}\pi + (-I_d)^2 \times \frac{2}{3}\pi\right]}$$

$$= \sqrt{\frac{2}{3}}I_d = 0.816I_d \qquad (1\text{-}46)$$

晶闸管电压、电流等的定量分析与三相半波时一致。

四、实践指导

1. 三相半波可控整流电路带电阻性负载测试

按图 1-63 接线，将电阻器放在最大阻值处，按下"起动"按钮，"给定"从零开始，慢慢增加移相电压，使 α 能从 30°~180°范围内调节，用示波器观察并记录三相电路中 α = 30°、60°、90°、120°、150°时整流输出电压 U_d 和晶闸管两端电压 U_T 的波形，并记录相应的电源电压 U_2 及 U_d 的数值于表 1-10 中。

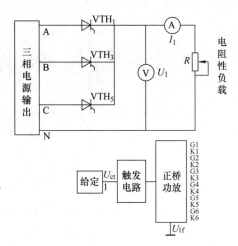

图 1-63 三相半波可控整流电路带电阻性负载

表 1-10 三相半波可控整流电路带电阻性负载数据测试

α	30°	60°	90°	120°	150°
U_2					
U_d（记录值）					
U_d（计算值）					

2. 三相桥式全控整流电路带电阻性负载测试

按图 1-64 接线，将电阻器放在最大阻值处，按下"起动"按钮，"给定"从零开始，慢慢增加移相电压，使 α 能从 30°~180°范围内调节，用示波器观察整流输出电压 U_d 和晶闸管两端电压 U_T 的波形。

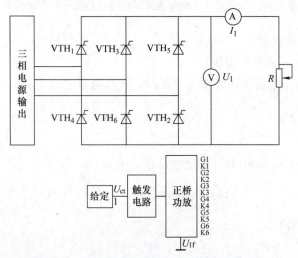

图 1-64 三相桥式全控整流电路带电阻性负载

五、思考与习题

1. 三相半波可控整流电路，大电感负载，电感内阻为 2Ω，直接由 220V 交流电源供电，触发延迟角 α 为 $60°$，计算负载平均电压 U_d、流过晶闸管的电流的平均值 I_{dT} 与有效值 I_T。

2. 用红笔或用阴影面积在图 1-65 中标出三相桥式全控电路在 $\alpha = 30°$ 时，电阻性负载的直流输出电压的波形图，同时要对应画出其所用的双窄脉冲（$\alpha = 30°$），并标出序号。如 $U_2 = 220V$，计算此时的直流输出电压 U_d 的值。

3. 有一个三相桥式全控整流电路如图 1-66 所示。已知电感负载 $L = 0.4H$，$\alpha = 30°$，$R = 2\Omega$，变压器二次相电压 $U_2 = 220V$。

（1）试画出 U_d 的波形。

（2）计算负载的平均整流电压 U_d 和负载电流 I_d。

（3）计算晶闸管电压、电流值（安全裕量为 2 倍），选择晶闸管型号。

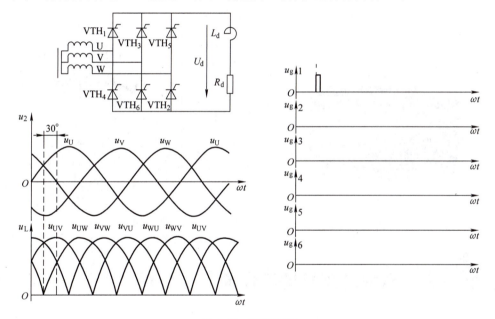

图 1-65 习题 2 图

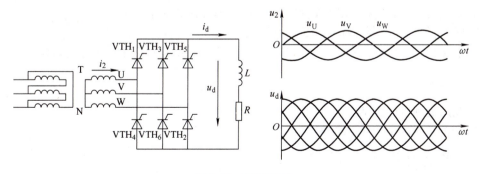

图 1-66 习题 3 图

项目二

温度控制器电路的分析

图 2-1 是一个三相自动控温电热炉控制器及其电路,它采用双向晶闸管作为功率开关,与 KT 温控仪配合,实现三相电热炉的温度自动控制。从其电路图(图 2-1b)中可以看出,它是由双向晶闸管 $VTH_1 \sim VTH_3$ 控制 R_L 与电源的通断来控制温度的。类似的应用有三相异步电动机的软起动器等,下面对各部分电路进行分析。

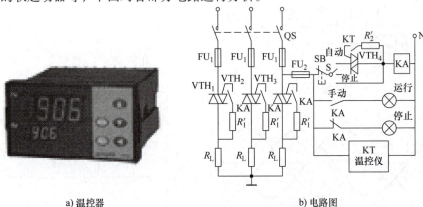

a) 温控器 　　　　　　　　　　b) 电路图

图 2-1　三相自动控温电热炉控制器及其电路

任务一　双向晶闸管的工作原理及控制

一、学习目标

1. 知识目标:掌握双向晶闸管的工作原理;理解其触发电路原理。
2. 能力目标:能判断双向晶闸管的极性及好坏。
3. 素质目标:培养认真、严谨、科学的工作作风;培养对应用技术分析探究的习惯。

二、工作任务

1. 双向晶闸管的测试。
2. 分析双向晶闸管触发电路。

三、相关知识

1. 双向晶闸管的结构

双向晶闸管的外形与普通晶闸管类似,有塑封式、螺栓式、平板式,但其内部是一种

NPNPN 五层结构的三端器件。它有两个主电极 T_1、T_2 和一个门极 G，其外形如图 2-2 所示。

图 2-2 双向晶闸管的外形

双向晶闸管的内部结构、等效电路及图形符号如图 2-3 所示。

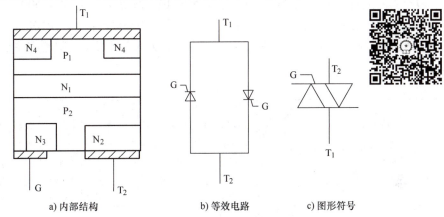

a) 内部结构　　　　b) 等效电路　　　　c) 图形符号

图 2-3 双向晶闸管的内部结构、等效电路及图形符号

从图 2-3 可见，双向晶闸管相当于两个晶闸管反并联（$P_1N_1P_2N_2$ 和 $P_2N_1P_1N_4$），不过它只有一个门极 G，由于 N_3 区的存在，使得门极 G 相对于 T_1 端无论是正的或是负的都能触发，而且 T_1 相对于 T_2 既可以是正，也可以是负。

常见的双向晶闸管管脚排列如图 2-4 所示。

2. 双向晶闸管的特性与参数

双向晶闸管有正反向对称的伏安特性曲线。正向部分位于第Ⅰ象限，反向部分位于第Ⅲ象限，如图 2-5 所示。

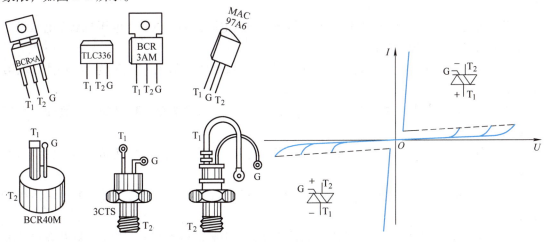

图 2-4 常见的双向晶闸管管脚排列　　　　图 2-5 双向晶闸管的伏安特性

双向晶闸管的主要参数中只有额定电流与普通晶闸管有所不同，其他参数定义相似。由于双向晶闸管工作在交流电路中，正反向电流都可以流过，所以它的额定电流不用平均值而是用有效值来表示。定义为：在标准散热条件下，当器件的单向导通角大于170°时，允许流过器件的最大交流正弦电流的有效值，用 $I_{T(RMS)}$ 表示。

双向晶闸管额定电流与普通晶闸管额定电流之间的换算关系式为

$$I_{T(AV)} = \frac{\sqrt{2}}{\pi} I_{T(RMS)} = 0.45 I_{T(RMS)} \tag{2-1}$$

以此推算，一个100A的双向晶闸管与两个反并联45A的普通晶闸管电流容量相等。

国产双向晶闸管用 KS 表示。如型号 KS50-10-21 表示额定电流50A，额定电压10级（1000V），断态电压临界上升率 du/dt 为2级（不小于200V/μs），换向电流临界下降率 di/dt 为1级（不小于1% $I_{T(RMS)}$）的双向晶闸管。有关 KS 型双向晶闸管的主要参数和分级的规定见表2-1。

表2-1 双向晶闸管的主要参数

系列	额定通态电流（有效值）$I_{T(RMS)}$/A	断态重复峰值电压（额定电压）U_{DRM}/V	断态重复峰值电流 I_{DRM}/mA	额定结温 T_{jm}/℃	断态电压临界上升率 du/dt/(V/μs)	通态电流临界上升率 di/dt/(A/μs)	换向电流临界下降率 (di/dt)/(A/μs)	门极触发电流 I_{GT}/mA	门极触发电压 U_{GT}/V	门极峰值电流 I_{GM}/A	门极峰值电压 U_{GM}/V	维持电流 I_H/mA	通态平均电压 $U_{T(AV)}$/V
KS1	1	100~200	<1	115	≥20	—	≥0.2% $I_{T(RMS)}$	3~100	≤2	0.3	10	实测值	上限值各厂由浪涌电流和结温的合格形式试验决定并满足 | U_{T1} - U_{T2} | ≤ 0.5V
KS10	10		<10	115	≥20	—		5~100	≤3	2	10		
KS20	20		<10	115	≥20	—		5~200	≤3	2	10		
KS50	50		<15	115	≥20	10		8~200	≤4	3	10		
KS100	100		<20	115	≥50	10		10~300	≤4	4	12		
KS200	200		<20	115	≥50	15		10~400	≤4	4	12		
KS400	400		<25	115	≥50	30		20~400	≤4	4	12		
KS500	500		<25	115	≥50	30		20~400	≤4	4	12		

3. 双向晶闸管的触发方式

双向晶闸管正反两个方向都能导通，门极加正负电压都能触发。主电压与触发电压相互配合，可以得到四种触发方式：

(1) Ⅰ$_+$ 触发方式　主极 T_1 为正，T_2 为负；门极电压 G 为正，T_2 为负。特性曲线在第Ⅰ象限。

(2) Ⅰ$_-$ 触发方式　主极 T_1 为正，T_2 为负；门极电压 G 为负，T_2 为正。特性曲线在第Ⅰ象限。

(3) Ⅲ$_+$ 触发方式　主极 T_1 为负，T_2 为正；门极电压 G 为正，T_2 为负。特性曲线在第Ⅲ象限。

(4) Ⅲ$_-$ 触发方式　主极 T_1 为负，T_2 为正；门极电压 G 为负，T_2 为正。特性曲线在第Ⅲ象限。

由于双向晶闸管的内部结构原因，四种触发方式中灵敏度不相同，以Ⅲ$_+$ 触发方式灵敏度最低，使用时要尽量避开，常采用的触发方式为Ⅰ$_+$和Ⅲ$_-$。

例 2-1 图 2-6 为采用双向晶闸管的单相电源漏电检测原理图，试分析其工作原理。

解：三相插座漏电，双向晶闸管触发导通，继电器线圈得电，J–1, 2 常开触点闭合，常闭触点断开，切断插座电源；同时 J–1, 4 常开触点闭合，常闭触点断开，晶闸管门极接通电源；双向晶闸管导通使指示灯亮，提示插座漏电。

正常工作时，双向晶闸管门极无触发信号，不导通，继电器线圈不得电，三相插座带电，指示灯不亮，提示正常工作。

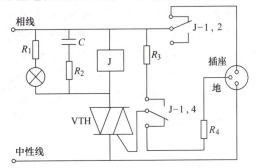

图 2-6 采用双向晶闸管的单相电源漏电检测原理图

4. 简易触发电路

图 2-7 为双向晶闸管简易触发电路。图 2-7a 中当开关 S 拨至 "2" 时，双向晶闸管 VTH 只在 I_+ 触发，负载 R_L 上仅得到正半周电压；当 S 拨至 "3" 时，VTH 在正、负半周分别在 I_+、III_- 触发，R_L 上得到正、负两个半周的电压，因而比置 "2" 时电压大。图 2-7c、d 中均引入了具有对称击穿性的触发二极管 VD，这种二极管两端电压达到击穿电压数值（通常为 30V 左右，不分极性）时被击穿导通，晶闸管便也触发导通。调节电位器 RP 改变触发延迟角 α，实现调压。图 2-7c 与图 2-7b 的不同点在于图 2-7c 中增设了 R_1、R_2、C_2。在图 2-7b 中，当工作于较大的 α 时，因 RP 阻值较大，使 C_1 充电缓慢，到 α 时电源电压已经过峰值并降得过低，则 C_1 上充电电压过小不足以击穿双向触发二极管 VD；而图 2-7c 在 α 较大时，C_2 上可获得滞后的电压 u_{c2}，给电容 C_1 增加一个充电电路，保证在 α 较大时 VTH 能可靠触发。

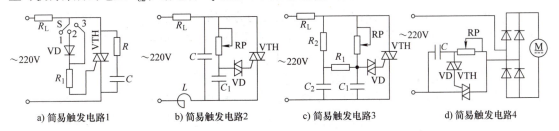

图 2-7 双向晶闸管简易触发电路

5. 单结晶体管触发电路

图 2-8 为单结晶体管触发的交流调压电路，调节 RP 的阻值可改变负载 R_L 上电压的大小。工作原理请自行分析。

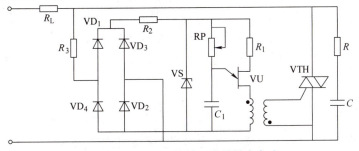

图 2-8 用单结晶体管组成的触发电路

6. 集成触发器

图 2-9 所示为 KC06 组成的双向晶闸管移相交流调压电路。该电路主要适用于交流直接供电的双向晶闸管或反并联普通晶闸管的交流移相控制。RP_1 用于调节触发电路锯齿波斜率，R_4、C_3 用于调节脉冲宽度，RP_2 为移相控制电位器，用于调节输出电压的大小。

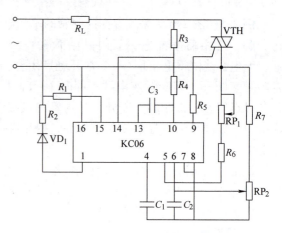

图 2-9 KC06 集成触发器电路图

四、实践指导

1. 双向晶闸管的极性识别与测试

如何测试双向晶闸管的好坏：用万用表测试双向晶闸管的好坏，首先要分清双向晶闸管的门极 G 和主电极 T_1 和 T_2。把万用表拨在 $R\times1$ 或 $R\times10$ 档，黑表笔接 T_2，红表笔接 T_1，然后将 T_2 与 G 瞬间短路一下，立即离开，此时若表针有较大幅度的偏转，并停留在某一位置上，说明 T_1 与 T_2 已触发导通；把红、黑表笔调换后再重复上述操作，如果 T_1、T_2 仍维持导通，说明这只双向晶闸管是好的，反之则是坏的。

2. 如何用万用表测出双向晶闸管的三个极？

判定 T2 极：G 极与 T_1 极靠近，距 T_2 极较远。因此，G - T_1 之间的正、反向电阻都很小。在用 $R\times1$ 档测任意两脚之间的电阻时，只有在 G - T_1 之间呈现低阻，正、反向电阻仅几十欧，而 T_2 - G、T_2 - T_1 之间的正、反向电阻均为无穷大。这表明，如果测出某脚和其他两脚都不通，就肯定是 T_2 极。另外，采用 TO - 220 封装的双向晶闸管，T_2 极通常与小散热板连通，据此亦可确定 T_2 极。区分 G 极和 T_1 极：

1) 找出 T_2 极之后，首先假定剩下两脚中某一脚为 T_1 极，另一脚为 G 极。

2) 把黑表笔接 T_1 极，红表笔接 T_2 极，电阻为无穷大。接着用红表笔尖把 T_2 与 G 短路，给 G 极加上负触发信号，电阻值应为 10Ω 左右，证明管子已经导通，导通方向为 T_1 - T_2。再将红表笔尖与 G 极脱开（但仍接 T_2），若电阻值保持不变，证明管子在触发之后能维持导通状态。

3) 把红表笔接 T_1 极，黑表笔接 T_2 极，然后使 T_2 与 G 短路，给 G 极加上正触发信号，电阻值仍为 10Ω 左右，与 G 极脱开后若阻值不变，则说明管子经触发后，在 T_2 - T_1 方向上也能维持导通状态，因此具有双向触发性质。由此证明上述假定正确。否则是假定与实际不符，需再做出假定，重复以上测量。显见，在识别 G、T_1 的过程中，也就检查了双向晶闸管的触发能力。如果按哪种假定去测量，都不能使双向晶闸管触发导通，证明管子已损坏。对于 1A 的管子，亦可用 $R\times10$ 档检测，对于 3A 及 3A 以上的管子，应选 $R\times1$ 档，否则难以维持导通状态。

五、思考与习题

1. 双向晶闸管额定电流的定义和普通晶闸管额定电流的定义有何不同？额定电流为 100A 的两只普通晶闸管反并联可以用额定电流为多少的双向晶闸管代替？

2. 双向晶闸管有哪几种触发方式？一般选用哪几种？

3. 试分析图 2-10 所示电路，当开关 S 置于位置 1、2、3 时电路的工作情况，指出双向晶闸管的触发方式，并画出负载上得到的电压波形。

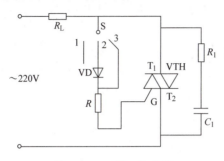

图 2-10　习题 3 电路图

任务二　温度控制器电路的原理分析

一、学习目标

1. 学习目标：掌握单相交流调压电路的工作原理。
2. 能力目标：会对单相交流调压电路进行调试；能分析双向晶闸管控制电路。
3. 素质目标：培养对应用技术分析探究的习惯；培养团结互助、团队合作精神。

二、工作任务

1. 双向晶闸管移相触发电路调试。
2. 分析温度控制器电路的原理。

三、相关知识

1. 单相交流调压电路带电阻性负载

图 2-11a 所示为一双向晶闸管与电阻负载 R_L 组成的交流调压主电路，图中双向晶闸管也可改用两只反并联的普通晶闸管，但需要两组独立的触发电路分别控制两只晶闸管。

在电源正半周 $\omega t = \alpha$ 时触发 VTH 导通，有正向电流流过 R_L，负载端电压 u_R 为正值，电流过零时 VTH 自行关断；在电源负半周 $\omega t = \pi + \alpha$ 时，再触发 VTH 导通，有反向电流流过 R_L，其端电压 u_R 为负值，到电流过零时 VTH 再次自行关断。然后重复上述过程。改变 α 即可调节负载两端的输出电压值，达到交流调压的目的，图 2-11b 所示为单相交流调压电路电阻性负载电路波形。电阻性负载上交流电压有效值为

$$U_R = \sqrt{\frac{1}{\pi}\int_\alpha^\pi (\sqrt{2}U_2\sin\omega t)^2 d(\omega t)} = U_2\sqrt{\frac{1}{2\pi}\sin2\alpha + \frac{\pi-\alpha}{\pi}} \quad (2\text{-}2)$$

电流有效值为

$$I = \frac{U_R}{R} = \frac{U_2}{R}\sqrt{\frac{1}{2\pi}\sin2\alpha + \frac{\pi-\alpha}{\pi}} \quad (2\text{-}3)$$

电路功率因数为

$$\cos\varphi = \frac{P}{S} = \frac{U_R I}{U_2 I} = \sqrt{\frac{1}{2\pi}\sin 2\alpha + \frac{\pi-\alpha}{\pi}} \qquad (2\text{-}4)$$

电路的移相范围为 0°~180°。

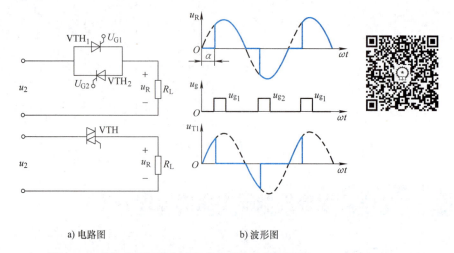

a) 电路图　　　　　　　b) 波形图

图 2-11　单相交流调压电路带电阻性负载电路及波形

通过改变 α 可得到不同的输出电压有效值，从而达到交流调压的目的。由双向晶闸管组成的电路，只要在正负半周对称的相应时刻（α、π+α）给触发脉冲，则和反并联电路一样可得到同样的可调交流电压。

交流调压电路的触发电路完全可以套用整流移相触发电路，但是脉冲的输出必须通过脉冲变压器，其两个二次线圈之间要有足够的绝缘。

2. 单相交流调压电路带电感性负载

图 2-12 所示为电感性负载的交流调压电路。由于电感的作用，在电源电压由正向负过零时，负载中电流要滞后一定 φ 角度才能到零，即管子要继续导通到电源电压的负半周才能关断。晶闸管的导通角 θ 不仅与触发延迟角 α 有关，而且与负载的功率因数角 φ 有关。触发延迟角越小则导通角越大，负载的功率因数角 φ 越大，表明负载感抗大，自感电动势使电流过零的时间越长，因而导通角 θ 越大。

下面分三种情况加以讨论。

（1）α>φ　由图 2-12 可见，当 α>φ 时，θ<180°，即正负半周电流断续，且 α 越大，θ 越小。可见，α 在 φ~180°范围内，交流电压连续可调。电流、电压波形如图 2-13a 所示。

（2）α=φ　由图 2-12 可知，当 α=φ 时，θ=180°，即正负半周电流临界连续。相当于晶闸管失去控制，电流、电压波形如图 2-13b 所示。

（3）α<φ　此种情况若开始给 VTH$_1$ 以触发脉冲，VTH$_1$ 导通，而且 θ>180°。如果触发脉冲为窄脉冲，当 u_{g2} 出现时，VTH$_1$ 的电流还未到零，VTH$_1$ 关不断，VTH$_2$ 不能导通。当 VTH$_1$ 电流到零关断时，u_{g2} 脉冲已消失，此时 VTH$_2$ 虽已受正压，但也无法导通。到第三个半波时，u_{g1} 又触发 VTH$_1$ 导通。这样负载电流只有正半波部分，出现很大直流分量，电路不能正常工作。因而电感性负载时，晶闸管不能用窄脉冲触发，可采用宽脉冲或脉冲列触发。

综上所述，单相交流调压有如下特点：

1) 电阻性负载时，负载电流波形与单相桥式可控整流电路交流侧电流一致。改变触发延迟角 α 可以连续改变负载电压有效值，达到交流调压的目的。

2) 电感性负载时，不能用窄脉冲触发。否则当 α<φ 时，会出现一个晶闸管无法导通，产生很大直流分量电流，烧毁熔断器或晶闸管。

3) 电感性负载时，最小触发延迟角 $α_{min}$ = φ（阻抗角），所以 α 的移相范围为 φ ~ 180°，电阻负载时移相范围为 0° ~ 180°。

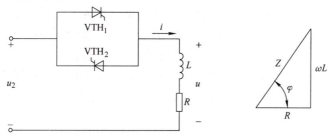

图 2-12 单相交流调压电路带电感负载电路图

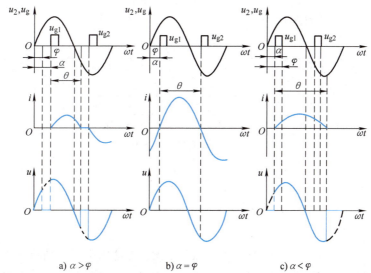

a) α > φ   b) α = φ   c) α < φ

图 2-13 单相交流调压电路带电感负载波形图

例 2-2 一台 220V/10kW 的电炉，采用单相交流调压电路，现使其工作在功率为 5kW 的电路中，试求电路的触发延迟角 α、工作电流以及电源侧功率因数。

解：电炉是电阻性负载。220V、10kW 的电炉其电流有效值应为

$$I = \frac{10000}{220}\text{A} = 45.5\text{A}$$

要求输出功率减半，即 I^2 值减小一半，故工作电流应为

$$I = \frac{45.5}{\sqrt{2}}\text{A} = 32.1\text{A}$$

输出功率减半，即 U^2 值减小一半，则 α = 90°。

功率因数 $\cos\phi = 0.707$。

3. 自动控温电热炉电路的工作原理

图 2-1 是一个三相自动控温电热炉电路，它采用双向晶闸管作为功率开关，与 KT 温控仪配合，实现三相电热炉的温度自动控制。控制开关 S 有三个档位：自动、手动、停止。当 S 拨至"手动"位置时，中间继电器 KA 得电，主电路中三个本相强触发电路工作，$VTH_1 \sim VTH_3$ 导通，电路一直处于加热状态，须由人工控制按钮 SB 来调节温度。当 S 拨至"自动"位置时，温控仪 KT 自动控制晶闸管的通断，使炉温自动保持在设定温度上。若炉温低于设定温度，温控仪 KT（调节式毫伏温度计）常开触点闭合，晶闸管 VTH_4 被触发，KA 得电，使 $VTH_1 \sim VTH_3$ 导通，R_L 发热使炉温升高。炉温升至设定温度时，温控仪控制触点 KT 断开，KA 失电，$VTH_1 \sim VTH_3$ 关断，停止加热。待炉温降至设定温度以下时，再次加热。如此反复，则炉温被控制在设定温度附近的小范围内。由于继电器线圈 KA 导通电流不大，故 VTH_4 采用小容量的双向晶闸管即可。各双向晶闸管的门极限流电阻（R_1'、R_2'）可由实验确定，其值以使双向晶闸管两端交流电压减到 $2 \sim 5V$ 为宜，通常为 $30\Omega \sim 3k\Omega$。

四、实践指导

单相交流调压电路实验

（1）实验所需挂件及附件（见表 2-2）

表 2-2　实验设备表

序号	型　号	备　　注
1	DJK01 电源控制屏	该控制屏包含"三相电源输出"以及"励磁电源"等几个模块
2	DJK02 三相变流桥路	该挂件包含"晶闸管"以及"电感"等模块
3	DJK03 晶闸管触发电路	该挂件包含"单相调压触发电路"等模块
4	DK04 滑线变阻器	串联形式：0.65A，1.8kΩ 并联形式：1.3A，450Ω
5	双踪示波器	自备
6	万用表	自备

（2）实验电路及原理

本实验采用 KC06 晶闸管集成移相触发器。该触发器适用于双向晶闸管或两个反向并联晶闸管电路的交流相位控制，具有锯齿波线性好、移相范围宽、控制方式简单、易于集中控制、有失交保护、输出电流大等优点。

单相晶闸管交流调压器的主电路由两个反向并联的晶闸管组成，如图 2-14 所示。

图中电阻 R 用 DK04 滑线变阻器，接成并联接法，晶闸管则利用 DJK02 上的反桥元件，交流电压、电流表由 DJK01 控制屏上得到，电抗器 L_d 从 DJK02 上得到，用 700mH。

（3）实验方法

1）KC06 集成晶闸管移相触发电路调试。将 DJK01 电源控制屏的电源选择开关打到"直流调速"侧使输出线电压为 200V，用两根导线将 200V 交流电压接到 DJK03 的"外接 220V"端，按下"起动"按钮，打开 DJK03 电源开关，用示波器观察"1"～"5"端及脉冲输出的波形。调节电位器 RP_1，观察锯齿波斜率是否变化，调节 RP_2，观察输出脉冲的移相范围如何变化，移相能否达到 170°，记录上述过程中观察到的各点电压波形。

项目二 温度控制器电路的分析

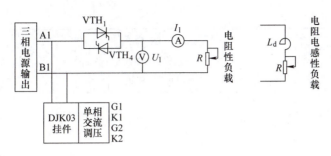

图 2-14 单相晶闸管交流调压器主电路原理图

2）单相交流调压带电阻性负载。将 DJK02 面板上的两个晶闸管反向并联而构成交流调压器，将触发器的输出脉冲端"G1""K1""G2"和"K2"分别接至主电路相应晶闸管的门极和阴极。接上电阻性负载，用示波器观察负载电压、晶闸管两端电压 U_T 的波形。调节"单相调压触发电路"上的电位器 RP_2，观察在不同 α 时各点波形的变化，并记录 α = 30°、60°、90°、120°时的波形。

3）单相交流调压接电阻电感性负载。切断电源，将 L_d 与 R 串联，改接为电阻电感性负载。按下"起动"按钮，用双踪示波器同时观察负载电压 U_1 和负载电流 I_1 的波形。调节 R 的数值，使阻抗角为一定值，观察在不同 α 时波形的变化情况，记录 α > φ、α = φ、α < φ 三种情况下负载两端的电压 U_1 和流过负载的电流 I_1 的波形。

五、拓展知识

下面介绍三相交流调压电路。

单相交流调压适用于单相容量小的负载，当交流功率调节容量较大时通常采用三相交流调压电路，如三相电热器、电解与电镀等设备。三相交流调压电路有多种形式，负载可连接成△或Y。三相交流调压电路的接线方式及性能特点见表 2-3。

表 2-3 三相交流调压电路的接线方式及性能特点

电路名称	电路图	晶闸管工作电压（峰值）	晶闸管工作电流（峰值）	移相范围	线路性能特点
星形带中性线的三相交流调压		$\sqrt{\dfrac{2}{3}}U$	$0.45I_1$	0°~180°	1. 是三个单相电路的组合 2. 输出电压、电流波形对称 3. 因有中性线可流过谐波电流，特别是三次谐波电流 4. 适用于中小容量可接中性线的各种负载

(续)

电路名称	电路图	晶闸管工作电压（峰值）	晶闸管工作电流（峰值）	移相范围	线路性能特点
晶闸管与负载连接成内三角形的三相交流调压		$\sqrt{2}U_1$	$0.26I_1$	$0°\sim150°$	1. 是三个单相电路的组合 2. 输出电压、电流波形对称 3. 与Y联结比较，在同容量时，此电路可选电流小、耐压高的晶闸管 4. 此种接法实际应用较少
三相三线交流调压		$\sqrt{2}U_1$	$0.45I_1$	$0°\sim150°$	1. 负载对称，且三相皆有电流时，如同三个单相电路的组合 2. 应采用双窄脉冲或大于60°的宽脉冲触发 3. 不存在三次谐波电流 4. 适用于各种负载
控制负载中性点的三相交流调压		$\sqrt{2}U_1$	$0.68I_1$	$0°\sim210°$	1. 线路简单，成本低 2. 适用于三相负载Y联结，且中性点能拆开的场合 3. 因线间只有一个晶闸管，属于不对称控制

1）用三对反并联晶闸管连接成三相三线交流调压电路对触发脉冲电路的要求是：

① 三相正（或负）触发脉冲依次间隔120°，而每一相正、负触发脉冲间隔180°。

② 为了保证电路起始工作时能两相同时导通，以及在感性负载和触发延迟角较大时，仍能保持两相同时导通，与三相全控整流桥一样，要求采用双脉冲或宽脉冲触发。

③ 为了保证输出电压对称可调，应保持触发脉冲与电源电压同步。

2）三相调压电路在纯电阻性负载时的工作情况，电路图如图2-15所示。

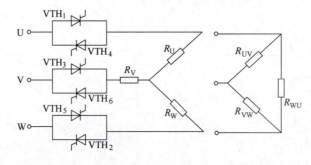

图2-15 三相三线交流调压电路电阻性负载

① $\alpha=0°$。由于各相在整个正半周正向晶闸管导通，而负半周反向晶闸管导通，所以负

载上获得的调压电压仍为完整的正弦波(见图 2-16)。α=0°时如果忽略晶闸管的管压降，此时调压电路相当于一般的三相交流电路，加到其负载上的电压是额定电源电压。图 2-16 为 U 相负载电压波形。归纳 α=0°时的导通特点如下：每管持续导通 180°；每 60°区间有三个晶闸管同时导通。

② α=30°。各相电压过零后 30°触发相应晶闸管。以 U 相为例，u_U 过零变正 30°后发出 VTH_1 的触发脉冲 u_{g1}，u_U 过零变负 30°后发出 VTH_4 的触发脉冲 u_{g2}。

归纳 α=30°时的导通特点如下：每管持续导通 150°；有的区间由两个晶闸管同时导通构成两相流通回路，也有的区间三个晶闸管同时导通构成三相流通回路。波形如图 2-17 所示。

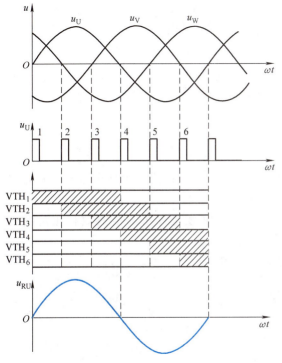
图 2-16 三相全波星形无中性线调
压电路 α=0°时的波形

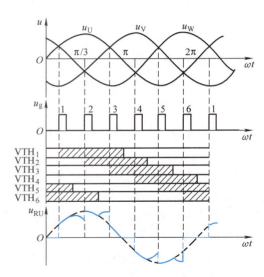
图 2-17 三相全波星形无中性线调
压电路 α=30°时的波形

③ α=60°，具体分析与 α=30°相似。这里给出 α=60°时的脉冲分配图、导通区间和 U 相负载电压波形如图 2-18 所示。归纳 α=60°时的导通特点如下：每个晶闸管导通 120°；每个区间由两个晶闸管导通构成回路。

④ α=90°。认为正半周或负半周结束就意味着相应晶闸管的关断是错误的。首先假设触发脉冲有大于 60°的脉宽。则在触发 VTH_1 时，VTH_6 还有触发脉冲，由于此时 $u_U > u_V$，VTH_1 和 VTH_6 承受正压 u_{UV} 而导通，电流流过 VTH_1、U 相负载、V 相负载、VTH_6，一直到 $u_U = u_W$，使得 VTH_2 和 VTH_1 承受正压 u_{UW} 一起导通，构成 UW 相回路。每个晶闸管导通 120°，各区间有两个管子导通。

⑤ α=120°。每个晶闸管触发后通 30°，断 30°，再触发导通 30°；各区间要么由两个管子导通构成回路，要么没有管子导通。

⑥ $\alpha \geq 150°$。$\alpha \geq 150°$以后，负载上没有交流电压输出。

因此，$\alpha = 0°$时输出全电压，α增大则输出电压减小，$\alpha = 150°$时输出电压为零。每相负载上的电压已不是正弦波，但正、负半周对称。因此，输出电压中只有奇次谐波，以三次谐波所占比重最大。但由于这种线路没有中性线，故无三次谐波通路，减少了三次谐波对电源的影响。

3）三相调压电路带电感性负载时的工作情况。三相交流调压电路在电感性负载下的情况要比单相电路复杂得多，很难用数学表达式进行描述。从实验可知，当三相交流调压电路带电感性负载时，同样要求触发脉冲为宽脉冲，而脉冲移相范围为$0° \leq \alpha \leq 150°$。随着α增大，输出电压减小。

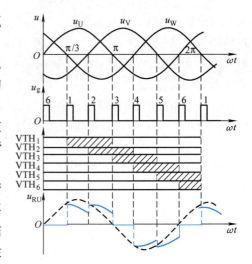

图 2-18　三相全波星形无中性线调压电路 $\alpha = 60°$ 时的波形

六、思考与习题

1. 在交流调压电路中，采用相位控制和通断控制各有何优缺点？为什么通断控制适用于大惯性负载？

2. 某单相交流调压电路中，负载阻抗角为30°，问触发延迟角α的有效移相范围有多大？

3. 单相交流调压主电路中，对于电阻电感性负载，为什么晶闸管的触发脉冲要用宽脉冲或脉冲列？

4. 图 2-19 所示单相交流调压电路中，$U_2 = 220$V，$L = 5.516$mH，$R = 1\Omega$，试求：

1）触发延迟角α的移相范围。
2）负载电流最大有效值。
3）最大输出功率和功率因数。

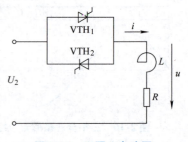

图 2-19　习题 4 电路图

项目三

PC主机开关电源电路

开关电源是利用现代电力电子技术，控制开关管开通和关断的时间比率，改变输出电压的一种电源，是电子设备的主流电源。开关电源产品广泛应用于工业自动化控制、军工设备、科研设备、LED照明、工控设备、通信设备、电力设备、仪器仪表、医疗设备、半导体制冷制热、空气净化器、电子冰箱、液晶显示器、视听产品和安防监控等领域。

图3-1是常见的PC主机开关电源。图3-2是开关电源内部结构。PC主机开关电源的基本作用就是将交流电网的电能转换为适合各个配件使用的低压直流电源供给整机使用。它一般有四路输出，分别是5V、-5V、12V、-12V。

现代开关电源有两种：一种是直流开关电源；另一种是交流开关电源。这里主要介绍的是直流开关电源，其功能是将电能质量较差的原生态电源（粗电），如市电电源或蓄电池电源，转换成满足设备要求的质量较高的直流电压（精电）。直流开关电源的核心是DC/DC转换器。

电路的原理框图如图3-3所示，输入电压为AC 220V、50Hz的交流电，经过滤波，再由整流电路整流后变为300V左右的高压直流电，然后通过功率开关管的导通与截止将直流电压变成连续的脉冲，再经变压器隔离降压及输出滤波后变为低压的直流电。开关管的导通与截止由PWM（脉冲宽度调制）控制电路发出的驱动信号控制。

PWM驱动电路在提供开关管驱动信号的同时，还要实现输出电压稳定的调节、对电源

图3-1　PC主机开关电源

图 3-2 开关电源内部结构

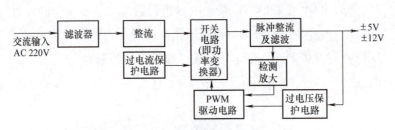

图 3-3 开关电源的原理框图

负载提供保护的功能，为此设有检测放大电路、过电流保护及过电压保护等环节。通过调节开关管导通时间的比例（占空比）来实现由高压直流到低压多路直流的电路变换（DC/DC），是开关电源的核心技术。

本项目通过对开关管、DC/DC 变换电路的分析使学生能够理解开关电源的工作原理，进而掌握开关器件和 DC/DC 变换电路的原理及其在其他方面的应用。图 3-4 为 PC 主机开关电源电路原理图。

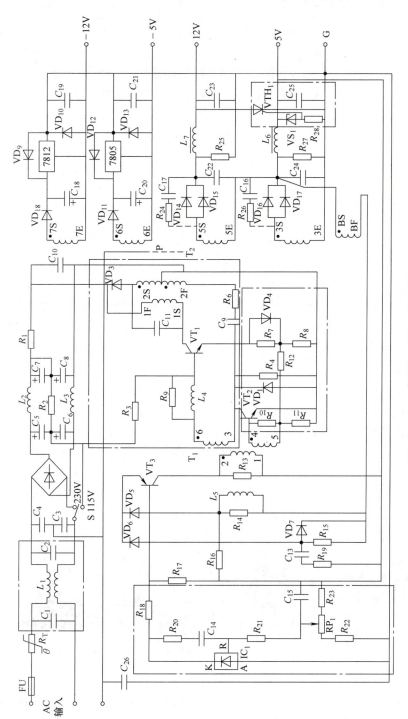

图 3-4 PC 主机开关电源电路原理图

任务一　全控型电力电子器件的应用

一、学习目标

1. 知识目标：掌握 GTR、MOSFET 和 IGBT 的外形结构及工作原理。
2. 能力目标：会测试 GTR、MOSFET 和 IGBT，并能判别器件的端子和好坏；会选用常用全控型电力电子器件。
3. 素质目标：培养认真、严谨、科学的工作作风；培养对应用技术分析探究的习惯。

二、工作任务

1. 认识 GTR、MOSFET 和 IGBT 的外形结构、端子和型号。
2. 用万用表及实验装置进行器件的测试。
3. 器件的选用。

三、相关知识

开关电源是通过控制功率开关管的导通与截止，将直流电压变成连续的脉冲，再经变压器隔离降压及输出滤波后变为低压的直流电。那么，常用的开关器件有哪些，这些开关管在什么条件下导通，在什么情况下截止，它们的导通和截止是如何控制的，有哪些需要注意的问题，下面介绍相关知识点。

1. 大功率晶体管（GTR）

大功率晶体管（Giant Transistor，GTR）直译为巨型晶体管，也叫电力晶体管，是一种耐高电压、大电流的双极结型晶体管（Bipolar Junction Transistor，BJT），有时也称为 Power BJT，在电力电子技术的范围内，GTR 与 BJT 这两个名称等效应用。具有耐压高、电流大、开关特性好、饱和压降低、开关时间短、开关损耗小等特点，在电源、电机控制、通用逆变器等中等容量、中等频率电路中广泛应用。20 世纪 80 年代以来，在中、小功率范围内取代晶闸管，但由于其驱动电流较大、耐浪涌电流能力差、易受二次击穿而损坏的缺点，正逐步被电力 MOSFET 和 IGBT 所代替，其外形如图 3-5 所示。

图 3-5　大功率晶体管（GTR）的实物

由图可见，大功率晶体管的外形除体积比较大外，其外壳上都有安装孔或安装螺钉，便于将晶体管安装在外加的散热器上。因为对大功率晶体管来讲，单靠外壳散热是远远不够的。例如，50W 的硅低频大功率晶体管，如果不加散热器工作，其最大允许耗散功率仅为 2~3W。

（1）GTR 的基本结构　通常把集电极最大允许耗散功率在 1W 以上，或最大集电极电流在 1A 以上的晶体管称为大功率晶体管，其结构和工作原理与普通的双极结型晶体管基本原理是一样的。GTR 为三层两结结构，有 PNP 和 NPN 两种结构。

对 GTR 来说，最主要的特性是耐压高、电流大、开关特性好，而不像小功率的用于信息处理的双极结型晶体管那样注重单管电流放大系数、线性度、频率响应以及噪声和温漂等性能参数。因此，GTR 通常采用至少由两个晶体管按达林顿接法组成的单元结构，同 GTO 一样采用集成电路工艺将许多这种单元并联而成：单管的 GTR 结构与普通的双极结型晶体管是类似的。GTR 是由三层半导体（分别引出集电极、基极和发射极）形成的两个 PN 结（集电结和发射结）构成的，多采用 NPN 型结构。图 3-6a 是 NPN 型 GTR 的内部结构，电气图形符号如图 3-6b 所示。

可以看出，与信息电子电路中的普通双极结型晶体管相比，GTR 多了一个 N^- 漂移区（低掺杂 N 区）。这与电力二极管中低掺杂 N 区的作用一样，是用来承受高电压的。而且，GTR 导通时也是靠从 P 区向 N^- 漂移区注入大量的少子形成的电导调制效应来减小通态电压和损耗的。

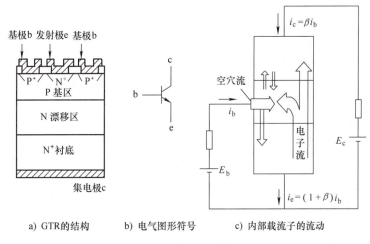

a) GTR 的结构　　b) 电气图形符号　　c) 内部载流子的流动

图 3-6　GTR 的结构、电气图形符号和内部载流子流动

应用中，GTR 一般采用共发射极接法，图 3-6c 给出了在此接法下 GTR 内部主要载流子流动情况示意图。集电极电流 i_c 与基极电流 i_b 之比为

$$\beta = \frac{i_c}{i_b} \tag{3-1}$$

β 称为 GTR 的电流放大系数，它反映了基极电流对集电极电流的控制能力。当考虑到集电极和发射极间的漏电流 I_{ceo} 时，i_c 和 i_b 的关系为

$$i_c = \beta i_b + I_{ceo} \tag{3-2}$$

GTR 的产品说明书中通常给出的是直流电流增益 h_{FE}，它是在直流工作的情况下，集电极电流与基极电流之比。一般可认为 $\beta \approx h_{FE}$。单管 GTR 的 β 值比处理信息用的小功率晶体管小得多，通常为 10 左右，采用达林顿接法可以有效地增大电流增益。

（2）GTR 的工作原理　在电力电子技术中，GTR 主要工作在开关状态。晶体管通常连接成共发射极电路，NPN 型 GTR 通常工作在正偏（$I_B > 0$）时大电流导通；反偏（$I_B < 0$）时处于截止的开关工作状态。

（3）GTR 的基本特性

1）静态特性。图 3-7 给出了共发射极接法时的典型输出特性，明显地分为我们所熟悉的截止区、放大区和饱和区 3 个区域。在电力电子电路中，GTR 工作在开关状态，即工作在截止区和饱和区，但在开关过程中，即在截止区和饱和区之间过渡时，一般要经过放大区。

2）动态特性。GTR 是用基极电流来控制集电极电流的，图 3-8 给出了 GTR 开通和关断过程中基极、集电极电流的波形关系。

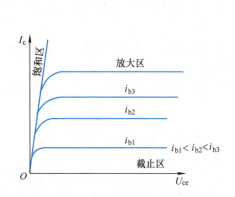

图 3-7 共发射极接法时 GTR 的输出特性

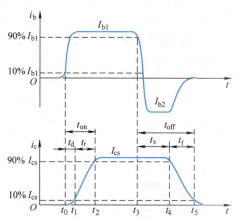

图 3-8 开关过程中 i_b 和 i_c 的波形

GTR 开通时需要经过延迟时间 t_d 和上升时间 t_r，两者之和为开通时间 t_{on}，即 $t_{on} = t_d + t_r$；关断时需要经过储存时间 t_s 和下降时间 t_f，两者之和为关断时间 t_{off}，即 $t_{off} = t_s + t_f$。延迟时间主要是由发射结势垒电容和集电结势垒电容充电产生的。增大基极驱动电流 i_b 的幅值并增大 $\dfrac{di_b}{dt}$，可以缩短延迟时间，同时也可以缩短上升时间，从而加快开通过程。储存时间是用来除去饱和导通时存储在基区的载流子的，是关断时间的主要部分。减少导通时的饱和深度以减少储存的载流子，或者增大基极抽取负电流 i_{b2} 的幅值和负偏压，可以缩短储存时间，从而加快关断速度。当然，减小导通时的饱和深度的负作用是会使集电极和发射极间的饱和导通压降 U_{ces} 增加，从而增大通态损耗，这是一对矛盾。

（4）GTR 的主要参数　除了前面述及的一些参数，如电流放大倍数 β、直流电流增益 h_{FE}、集电极与发射极间漏电流 I_{ceo}、集电极和发射极间的饱和压降 U_{ces}、开通时间 t_{on} 和关断时间 t_{off} 以外，对 GRT 主要关心的参数还包括：

1）最高工作电压。GTR 上所施加的电压超过规定值时，就会发生击穿。击穿电压不仅和晶体管本身特性有关，还与外电路接法有关。

U_{cbo}：发射极开路时，集电极和基极间的反向击穿电压。

U_{ceo}：基极开路时，集电极和发射极之间的击穿电压。

U_{cer} 和 U_{ces}：GTR 的发射极和基极之间用电阻 R 连接或短路连接时集电极和发射极之间的击穿电压。

U_{cex}：发射结反向偏置时集电极和发射极之间的击穿电压。

这些击穿电压间的关系为：$U_{cbo} > U_{cex} > U_{ces} > U_{cer} > U_{ceo}$，实际使用时，为确保安全，最高工作电压要比 U_{ceo} 低得多。

2）集电极最大允许电流 I_{cM}。GTR 流过的电流过大，会使 GTR 参数劣化，性能将变得不稳定，尤其是发射极的集边效应可能导致 GTR 损坏。因此，必须规定集电极最大允许电流值。通常规定直流电流增益 h_{FE} 下降到规定值的 1/3～1/2 时，所对应的电流 I_c 为集电极最大允许电流，实际使用时还要留有较大的安全裕量，一般只能用到 I_{cM} 的一半或稍多一点。

3）集电极最大耗散功率 P_{cM}。这是指最高工作温度下允许的耗散功率，用 P_{cM} 表示。它是 GTR 容量的重要标志。产品说明书中在给出 P_{cM} 时总是同时给出壳温 T_C，间接表示了最高工作温度。

（5）GTR 的二次击穿现象和安全工作区　当 GTR 的集电极电压升高到前面所述的击穿电压时，集电极电流迅速增大，这时首先出现的击穿是雪崩击穿，被称为一次击穿。出现一次击穿后，只要 I_c 不超过与最大允许耗散功率相对应的限度，GTR 一般不会损坏，工作特性也不会有什么变化。但是实际应用中常常发现一次击穿发生时如不有效地限制电流，I_c 增大到某个临界点时会突然急剧上升，同时伴随着电压的陡然下降，这种现象称为二次击穿。二次击穿常常立即导致器件的永久损坏，或者工作特性明显衰变，因而对 GTR 危害极大。

将不同基极电流下二次击穿的临界点连接起来，就构成了二次击穿临界线，临界线上的点反映了二次击穿功率 P_{SB}。这样，GTR 工作时不仅不能超过最高电压 U_{ceM}、集电极最大电流 I_{cM} 和最大耗散功率 P_{cM}，也不能超过二次击穿临界线。这些限制条件就规定了 GTR 的安全工作区，如图 3-9 的阴影区所示。二次击穿的持续时间在纳秒到微秒之间完成，由于管子的材料、工艺等因素的分散性，二次击穿难以计算和预测。防止二次击穿的办法是：①应使实际使用的工作电压比反向击穿电压低得多；②必须有电压电流缓冲保护措施。

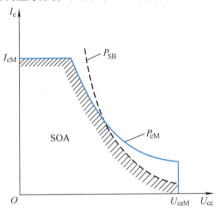

图 3-9　GTR 安全工作区

（6）GTR 的驱动与保护

1）GTR 基极驱动电路。

① 对基极驱动电路的要求。由于 GTR 主电路电压较高，控制电路电压较低，所以应实现主电路与控制电路间的电隔离。

在使 GTR 导通时，基极正向驱动电流应有足够陡的前沿，并有一定幅度的强制电流，以加速开通过程，减小开通损耗，如图 3-10 所示。

GTR 导通期间，在任何负载下，基极电流都应使 GTR 处在临界饱和状态，这样既可降低导通饱和压降，又可缩短关断时间。

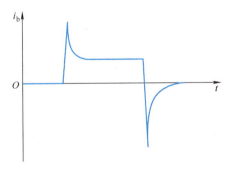

图 3-10　GTR 基极驱动电流波形

在使 GTR 关断时，应向基极提供足够大的反向基极电流（如图 3-10 波形所示），以加快关断速度，减小关断损耗。

应有较强的抗干扰能力，并有一定的保护功能。

② 基极驱动电路。图 3-11 是一个简单实用的 GTR 驱动电路。该电路采用正、负双电源

供电。当输入信号为高电平时，晶体管 VT_1、VT_2 和 VT_3 导通，而 VT_4 截止，这时 VT_5 就导通。二极管 VD_3 可以保证 GTR 导通时工作在临界饱和状态。流过二极管 VD_3 的电流随 GTR 的临界饱和程度而改变，自动调节基极电流。

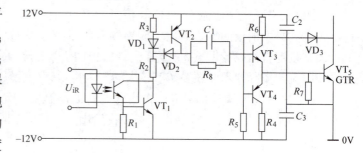

图 3-11 实用的 GTR 驱动电路

当输入低电平时，VT_1、VT_2、VT_3 截止，而 VT_4 导通，这就给 GTR 的基极一个负电流，使 GTR 截止。在 VT_4 导通期间，GTR 的基极 – 发射极一直处于负偏置状态，这就避免了反向电流的通过，从而防止同一桥臂另一个 GTR 导通产生过电流。

③ 集成化驱动。集成化驱动电路克服了一般电路元件多、电路复杂、稳定性差和使用不便的缺点，还增加了保护功能。如法国 THOMSON 公司为 GTR 专门设计的基极驱动芯片 UAA4002。采用此芯片可以简化基极驱动电路，提高基极驱动电路的集成度、可靠性、快速性。它把对 GTR 的完整保护和最优驱动结合起来，使 GTR 运行于自身可保护的准饱和最佳状态。

2）GTR 的保护电路。为了使 GTR 在厂家规定的安全工作区内可靠地工作，必须对其采用必要的保护措施。而对 GTR 的保护相对来说比较复杂，因为它的开关频率较高，采用快熔保护是无效的。一般采用缓冲电路。主要有 RC 缓冲电路、充放电型 $R-C-VD$ 缓冲电路和阻止放电型 $R-C-VD$ 缓冲电路三种形式，如图 3-12 所示。

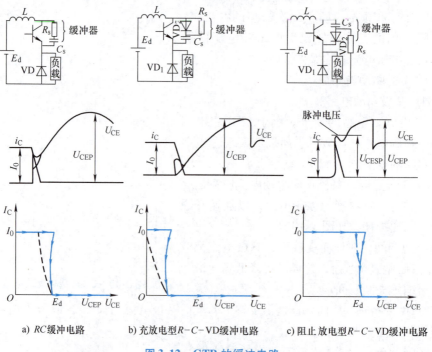

a）RC 缓冲电路 b）充放电型 $R-C-VD$ 缓冲电路 c）阻止放电型 $R-C-VD$ 缓冲电路

图 3-12 GTR 的缓冲电路

RC 缓冲电路简单,对关断时集电极—发射极间电压上升有抑制作用。这种电路只适用于小容量的 GTR(电流 10A 以下)。

充放电型 $R-C-VD$ 缓冲电路增加了缓冲二极管 VD_2,可以用于大容量的 GTR。但它的损耗(在缓冲电路的电阻上产生的)较大,不适合用于高频开关电路。

阻止放电型 $R-C-VD$ 缓冲电路,较常用于大容量 GTR 和高频开关电路的缓冲器。它的最大优点是缓冲产生的损耗小。

为了使 GTR 正常可靠地工作,除采用缓冲电路之外,还应设计最佳驱动电路,并使 GTR 工作于准饱和状态。另外,采用电流检测环节,在故障时封锁 GTR 的控制脉冲,使其及时关断,保证 GTR 电控装置安全可靠地工作;在 GTR 电控系统中设置过电压、欠电压和过热保护单元,以保证安全可靠地工作。

2. 电力场效应晶体管

电力场效应晶体管有两种类型,即结型和绝缘栅型,但通常指绝缘栅型中的 MOS 型(Metal Oxide Semiconductor Field Effect Transistor),简称电力 MOSFET,或者简称 MOS 管,如图 3-13 所示。至于结型电力场效应晶体管一般称为静电感应晶体管(SIT),这里主要讲电力 MOSFET。

电力 MOSFET 是用栅极电压来控制漏极电流的,因此它的第一个显著特点是驱动电路简单,需要的驱动功率小;第二个显著特点是开关速度快、工作频率高。另外,电力 MOSFET 的热稳定性优于 GTR。但是电力 MOSFET 电流容量小、耐压低,多用于功率不超过 10kW 的电力电子装置。

图 3-13 功率场效应晶体管实物

(1) 电力 MOSFET 的结构 MOSFET 种类和结构繁多,按导电沟道可分为 P 沟道和 N 沟道。N 沟道中多数载流子是电子,P 沟道中多数载流子是空穴。其中每一类又可分为增强型和耗尽型两种,耗尽型就是当栅源间电压 $U_{GS}=0$ 时,漏源极之间就存在导电沟道;增强型就是当 $U_{GS}>0$(N 沟道)或 $U_{GS}<0$(P 沟道)时才存在导电沟道,电力 MOSFET 绝大多数是 N 沟道增强型。这是因为电子作用比空穴大得多。N 沟道和 P 沟道 MOSFET 的电气图形符号如图 3-14 所示。

它的三个极分别是栅极 G、源极 S、漏极 D。

电力 MOSFET 在导通时只有一种极性的载流子(多子)参与导电,是单极型器件。其导电机理与小功率 MOS 管相同,但结构上有较大区别。小功率 MOS 管是一次扩散形成的器件,其导

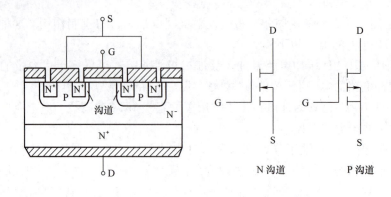

a) 电力MOSFET的结构　　　　　　b) 电气图形符号

图 3-14　电力 MOSFET 的结构和电气图形符号

电沟道平行于芯片表面，是横向导电器件。而目前电力 MOSFET 大都采用了垂直导电结构，所以又称为 VMOSFET。这大大提高了 MOSFET 器件的耐压和耐电流能力。按垂直导电结构的差异，电力 MOSFET 又分为利用 V 形槽实现垂直导电的 VVMOSFET（Vertical V–groove MOSFET）和具有垂直导电双扩散 MOS 结构的 VDMOSFET（Vertical Double–diffused MOSFET）。

（2）工作原理　当 D、S 间加正电压（漏极为正，源极为负），$U_{GS}=0$ 时，P 基区和 N 漏区的 PN 结 J_1 反偏，D、S 之间无电流通过；如果在 G、S 之间加一正电压 U_{GS}，由于栅极是绝缘的，所以不会有电流流过，但栅极的正电压会将其下面 P 区中的空穴推开，而将 P 区中的少子——电子吸引到栅极下面的 P 区表面。当 U_{GS} 大于某一电压 U_T 时，栅极下 P 区表面的电子浓度将超过空穴浓度，从而使 P 型半导体反型成 N 型半导体而成为反型层，该反型层形成 N 沟道而使 PN 结 J_1 消失，漏极和源极导电。电压 U_T 称开启电压或阈值电压，U_{GS} 超过 U_T 越多，导电能力越强，漏极电流 I_D 越大。

（3）电力 MOSFET 的基本特性

1）静态特性。I_D 和 U_{GS} 的关系曲线反映了输入电压和输出电流的关系，称为 MOSFET 的转移特性，如图 3-15a 所示。

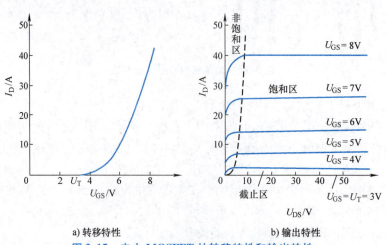

a) 转移特性　　　　　　b) 输出特性

图 3-15　电力 MOSFET 的转移特性和输出特性

从图中可知，I_D 较大时，I_D 与 U_{GS} 的关系近似线性，曲线的斜率被定义为 MOSFET 的跨导 G_{fs}，即

$$G_{fs} = \frac{dI_D}{dU_{GS}} \tag{3-3}$$

MOSFET 是电压控制型器件，其输入阻抗极高，输入电流非常小。

图 3-15b 是 MOSFET 的漏极伏安特性，即输出特性。从图中可以看出，MOSFET 有三个工作区：

截止区：$U_{GS} \leq U_T$，$I_D = 0$，这和电力晶体管的截止区相对应。

饱和区：$U_{GS} > U_T$，$U_{DS} \geq U_{GS} - U_T$，当 U_{GS} 不变时，I_D 几乎不随 U_{DS} 的增加而增加，近似为一常数，故称饱和区。

非饱和区：$U_{GS} > U_T$，$U_{DS} < U_{GS} - U_T$，漏源电压 U_{DS} 和漏极电流 I_D 之比近似为常数。该区对应于电力晶体管的饱和区。当 MOSFET 作开关应用而导通时即工作在该区。

这里的饱和与非饱和的概念和 GTR 不同。饱和是指漏源电压增加时漏极电流不再增加，非饱和是指漏源电压增加时漏极电流相应增加。MOSFET 工作在开关状态，即在截止区和非饱和区之间来回切换。

在制造电力 MOSFET 时，为提高跨导并减少导通电阻，在保证所需耐压的条件下，应尽量减小沟道长度。因此，MOSFET 采用多元集成结构，每个 MOSFET 元都要做得很小，每个元能通过的电流也很小。

2）动态特性。图 3-16a 是用来测试 MOSFET 开关特性的电路。图中 u_p 为矩形脉冲电压信号源，波形如图 3-16b 所示，R_S 为信号源内阻，R_G 为栅极电阻，R_L 为漏极负载电阻，R_F 用于检测漏极电流。

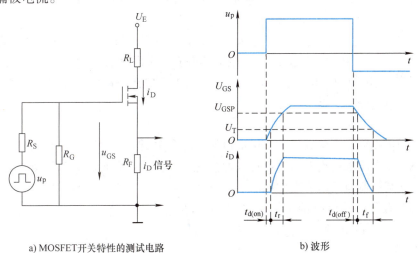

a）MOSFET开关特性的测试电路　　b）波形

图 3-16　电力 MOSFET 的开关过程

因为 MOSFET 存在输入电容 C_{in}，所以当脉冲电压 u_p 的前沿到来时，C_{in} 有充电过程，栅极电压 U_{GS} 呈指数曲线上升，如图 3-16b 所示。当 U_{GS} 上升到开启电压 U_T 时开始出现漏极电流 i_D。从 u_p 的前沿时刻到 $u_{GS} = U_T$ 的时刻，这段时间称为开通延迟时间 $t_{d(on)}$。此后，i_D 随 U_{GS} 的上升而上升。u_{GS} 从开启电压上升到 MOSFET 进入非饱和区的栅压 U_{GSP} 这段时间称为上升时间 t_r，这时相当于电力晶体管的临界饱和，漏极电流 i_D 也达到稳态值。i_D 的稳态值由

漏极电压和漏极负载电阻所决定，U_{GSP} 的大小和 i_D 的稳态值有关。u_{GS} 的值达 U_{GSP} 后，在脉冲信号源 u_p 的作用下继续升高直至到达稳态值，但 i_D 已不再变化，相当于电力晶体管处于饱和。MOSFET 的开通时间 t_{on} 为开通延迟时间 $t_{d(on)}$ 与上升时间 t_r 之和，即

$$t_{on} = t_{d(on)} + t_r \tag{3-4}$$

当脉冲电压 u_p 下降到零时，栅极输入电容 C_{in} 通过信号源内阻 R_S 和栅极电阻 R_G（≥R_S）开始放电，栅极电压 u_{GS} 按指数曲线下降，当下降到 U_{GSP} 时，漏极电流 i_D 才开始减小，这段时间称为关断延迟时间 $t_{d(off)}$。此后，C_{in} 继续放电，u_{GS} 从 U_{GSP} 继续下降，i_D 减小，到 u_{GS} 小于 U_T 时沟道消失，i_D 下降到零。这段时间称为下降时间 t_f。关断延迟时间 $t_{d(off)}$ 和下降时间 t_f 之和为关断时间 t_{off}，即

$$t_{off} = t_{d(off)} + t_f \tag{3-5}$$

从上面的分析可以看出，MOSFET 的开关速度和其输入电容的充放电有很大关系。使用者虽然无法降低其 C_{in} 值，但可以降低栅极驱动回路信号源内阻 R_S 的值，从而减小栅极回路的充放电时间常数，加快开关速度。MOSFET 的工作频率可达 100kHz 以上。

MOSFET 是场控型器件，在静态时几乎不需要输入电流。但是在开关过程中需要对输入电容充放电，仍需要一定的驱动功率。开关频率越高，所需要的驱动功率越大。

（4）电力 MOSFET 的主要参数 除前面已涉及的跨导 G_{fs}、开启电压 U_T 以及开关过程中的各时间参数外，电力 MOSFET 还有以下主要参数：

1）漏极电压 U_{DS}。它就是 MOSFET 的额定电压，选用时必须留有较大安全裕量。

2）漏极直流电流 I_D 和最大允许电流 I_{DM}。它就是 MOSFET 的额定电流，其大小主要受管子的温升限制。

3）栅源电压 U_{GS}。栅极与源极之间的绝缘层很薄，承受电压很低，一般 |U_{GS}| >20V 将导致绝缘层击穿，使用中应加以注意。

漏源极间的耐压、漏极最大允许电流和最大耗散功率决定了电力 MOSFET 的安全工作区，一般来说，电力 MOSFET 不存在二次击穿问题，这是它的一大优点。在实际应用中，为了安全可靠，在选用 MOSFET 时，对电压、电流的额定等级都应留有较大裕量。

（5）电力 MOSFET 的驱动

1）对栅极驱动电路的要求：

① 能向栅极提供需要的栅压，以保证可靠开通和关断 MOSFET。

② 减小驱动电路的输出电阻，以提高栅极充放电速度，从而提高 MOSFET 的开关速度。

③ 主电路与控制电路需要电的隔离。

④ 应具有较强的抗干扰能力，这是由于 MOSFET 通常工作频率高、输入电阻大、易被干扰的缘故。

理想的栅极控制电压波形如图 3-17 所示。提高正栅压上升率可缩短开通时间，但也不宜过高，以免 MOSFET 开通瞬间承受过高的电流冲击。正负栅压幅值要小于所规定的允许值。

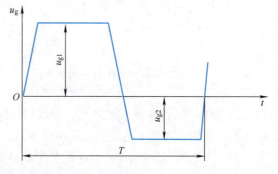

图 3-17　理想的栅极控制电压波形

2）栅极驱动电路举例。图 3-18 是电力 MOSFET 的一种驱动电路，它由隔离电路与放

大电路两部分组成。隔离电路的作用是将控制电路和功率电路隔离开来；放大电路是将控制信号进行功率放大后驱动电力 MOSFET，推挽输出级的目的是进行功率放大和降低驱动源内阻，以减小电力 MOSFET 的开关时间和降低其开关损耗。

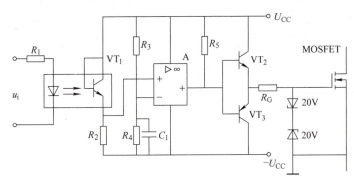

图 3-18　电力 MOSFET 的一种驱动电路

驱动电路的工作原理是：当无控制信号输入（u_i = "0"）时，放大器 A 输出低电平，VT_3 导通，输出负驱动电压，MOSFET 关断；当有控制信号输入（u_i = "1"）时，放大器 A 输出高电平，VT_2 导通，输出正驱动电压，MOSFET 导通。

实际应用中，电力 MOSFET 多采用集成驱动电路，如日本三菱公司专为 MOSFET 设计的专用集成驱动电路 M57918L，其输入电流幅值为 16mA，输出最大脉冲电流为 2A 和 -3A，输出驱动电压为 15V 和 -10V。

(6) MOSFET 的保护电路　电力 MOSFET 的薄弱之处是栅极绝缘层易被击穿损坏。一般认为绝缘栅场效应晶体管易受各种静电感应而击穿栅极绝缘层，实际上这种损坏的可能性还与器件的大小有关，管芯尺寸大，栅极输入电容也大，受静电电荷充电而使栅源间电压超过 ±20V 而击穿的可能性相对小些。此外，栅极输入电容可能经受多次静电电荷充电，电荷积累使栅极电压超过 ±20V 而击穿的可能性也是实际存在的，为此在使用时必须采取若干保护措施。

1) 防止静电击穿。电力 MOSFET 的最大优点是具有极高的输入阻抗，因此在静电较强的场合难于泄放电荷，容易引起静电击穿。防止静电击穿应注意以下事项。

① 在测试和接入电路之前器件应存放在静电包装袋、导电材料或金属容器中，不能放在塑料盒或塑料袋中。取用时应拿管壳部分而不是引线部分。工作人员需通过腕带良好接地。

② 将器件接入电路时，工作台和电烙铁都必须良好接地，焊接时电烙铁应断电。

③ 在测试器件时，测量仪器和工作台都必须良好接地。器件的三个电极未全部接入测试仪器或电路前不要施加电压。改换测试范围时，电压和电流都必须先恢复到零。

④ 注意栅极电压不要过限。

2) 防止偶然性振荡损坏器件。电力 MOSFET 与测试仪器、接插盒等的输入电容、输入电阻匹配不当时可能出现偶然性振荡，造成器件损坏。因此在用图示仪等仪器测试时，在器件的栅极端子处外接 10kΩ 串联电阻，也可在栅极与源极之间外接大约 0.5μF 的电容器。

3) 防止过电压。首先是栅源间的过电压保护。如果栅源间的阻抗过高，则漏源间电压的突变会通过极间电容耦合到栅极而产生相当高的 U_{GS} 电压，这一电压会引起栅极氧化层永久性损坏,如果是正方向的 U_{GS} 瞬态电压还会导致器件的误导通。为此要适当降低栅极驱动电压的阻抗,在栅源之间并接阻尼电阻或约 20V 的稳压管。特别要防止栅极开路工作。

其次是漏源间的过电压保护。如果电路中有电感性负载,则当器件关断时,漏极电流的突变会产生比电源电压还高得多的漏极电压,导致器件的损坏。应采取稳压管箝位、二极管 - RC 箝位或 RC 抑制电路等保护措施。

4) 防止过电流。若干负载的接入或切除都可能产生很高的冲击电流,以致超过电流极限值,此时必须用控制电路使器件与电路迅速断开。

5) 消除寄生晶体管和二极管的影响。由于电力 MOSFET 内部构成寄生晶体管和二极管,通常若短接该寄生晶体管的基极和发射极就会造成二次击穿。另外寄生二极管的恢复时间为 150ns,而当耐压为 450V 时恢复时间为 500 ~ 1000ns。因此,在桥式开关电路中电力 MOSFET 应外接快速恢复的并联二极管,以免发生桥臂直通短路故障。

3. 绝缘栅双极晶体管(IGBT)

GTR 和 GTO 是双极型电流驱动器件,由于具有电导调制效应,其通流能力很强,但开关速度较慢,所需驱动功率大,驱动电路复杂。而电力 MOSFET 是单极型电压驱动器件,开关速度快,输入阻抗高,热稳定性好,所需驱动功率小而且驱动电路简单。将这两类器件相互取长补短适当结合而成的复合器件,通常称为 Bi - MOS 器件。绝缘栅双极晶体管(Insulated - gate Bipolar Transistor, IGBT 或 IGT)综合了 GTR 和 MOSFET 的优点,因而具有良好的特性。因此,自从其 1986 年开始投入市场,就迅速扩展了其应用领域,目前已取代了原来 GTR 和 GTO 的市场,成为中、大功率电力电子设备的主导器件。IGBT 的外形如图 3-19 所示。

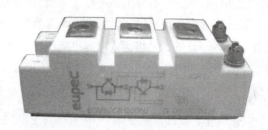

图 3-19 绝缘栅双极晶体管(IGBT)的外形

(1) IGBT 的基本结构 IGBT 也是三端器件,具有栅极 G、集电极 C 和发射极 E。图 3-20 给出了一种由 N 沟道 VDMOSFET 与双极型晶体管组合而成的 IGBT 的基本结构。与图 3-14 对照可以看出,IGBT 比 VDMOSFET 多一层 P^+ 注入区,因而形成了一个大面积的 P^+N^+ 结 J_1,这样使得 IGBT 导通时由 P^+ 注入区向 N 基区发射少数载流子,从而对漂移区电导率进行调制,使得 IGBT 具有很强的通流能力。IGBT 的简化等效电路如图 3-20b 所示。可见,IGBT 是以 GTR 为主导器件,MOSFET 为驱动器件的复合管,图中 R_N 为晶体管基区内的调制电阻。图 3-20c 为 IGBT 的电气图形符号。

(2) IGBT 的工作原理 IGBT 的驱动原理与电力 MOSFET 基本相同,是一种场控器件。它的开通和关断是由栅极和发射极间的电压 u_{GE} 决定的,当 u_{GE} 为正且大于开启电压 $U_{GE(th)}$ 时,MOSFET 内形成沟道,并为晶体管提供基极电流进而使 IGBT 导通。当栅极与发射极之间加反向电压或不加电压时,MOSFET 内的沟道消失,晶体管无基极电流,IGBT 关断。

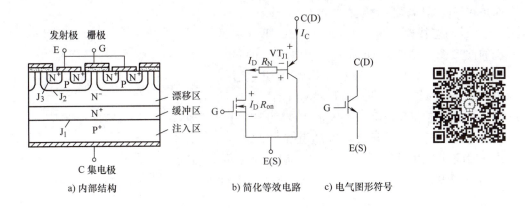

a) 内部结构　　b) 简化等效电路　　c) 电气图形符号

图 3-20　IGBT 的结构、简化等效电路和电气图形符号

上面介绍的 PNP 晶体管与 N 沟道 MOSFET 组合而成的 IGBT 称为 N 沟道 IGBT，记为 N – IGBT，其电气图形符号如图 3-20c 所示。对应的还有 P 沟道 IGBT，记为 P – IGBT。N – IGBT 和 P – IGBT 统称为 IGBT。由于实际应用中以 N 沟道 IGBT 为多，因此下面仍以 N 沟道 IGBT 为例进行介绍。

(3) IGBT 的基本特性

1) 静态特性。与电力 MOSFET 相似，IGBT 的转移特性和输出特性分别描述器件的控制能力和工作状态。图 3-21a 为 IGBT 的转移特性，它描述的是集电极电流 I_C 与栅射电压 U_{GE} 之间的关系，与电力 MOSFET 的转移特性相似。开启电压 $U_{GE(th)}$ 是 IGBT 能实现电导调制而导通的最低栅射电压。$U_{GE(th)}$ 随温度升高而略有下降，温度升高1℃，其值下降5mV 左右。在25℃时，$U_{GE(th)}$ 的值一般为 2~6V。

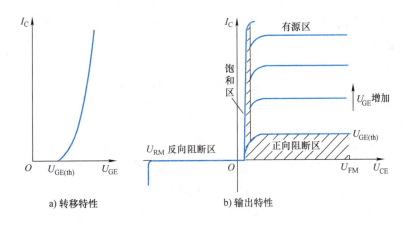

a) 转移特性　　b) 输出特性

图 3-21　IGBT 的转移特性和输出特性

图 3-21b 为 IGBT 的输出特性，也称伏安特性，它描述的是以栅射电压为参考变量时，集电极电流 I_C 与集射极间电压 U_{CE} 之间的关系。此特性与 GTR 的输出特性相似，不同的是参考变量，IGBT 为栅射电压 U_{GE}，GTR 为基极电流 I_B。IGBT 的输出特性也分为 3 个区域：正向阻断区、有源区和饱和区。这分别与 GTR 的截止区、放大区和饱和区相对应。此外，当 $u_{CE} < 0$ 时，IGBT 为反向阻断工作状态。在电力电子电路中，IGBT 工作在开关状态，因

而是在正向阻断区和饱和区之间来回转换。

2）动态特性。图3-22给出了IGBT开关过程的波形图。IGBT的开通过程与电力MOSFET的开通过程很相似，这是因为IGBT在开通过程中大部分时间是作为MOSFET来运行的。从驱动电压u_{GE}的前沿上升至其幅度的10%的时刻起，到集电极电流i_C上升至其幅度的10%的时刻止，这段时间称为开通延迟时间$t_{d(on)}$。而i_C从10% I_{CM}上升至90% I_{CM}所需要的时间为电流上升时间t_r。同样，开通时间t_{on}为开通延迟时间$t_{d(on)}$与上升时间t_r之和。开通时，集射电压u_{CE}的下降过程分为t_{fv1}和t_{fv2}两段。前者为IGBT中MOSFET单独工作的电压下降过程；后者为MOSFET和PNP晶体管同时工作的电压下降过程。由于u_{CE}下降时IGBT中MOSFET的栅漏电容增加，而且

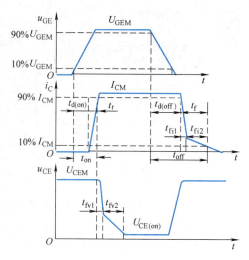

图3-22　IGBT的开关过程

IGBT中的PNP晶体管由放大状态转入饱和状态也需要一个过程，因此t_{fv2}段电压下降过程变缓。只有在t_{fv2}段结束时，IGBT才完全进入饱和状态。

IGBT关断时，从驱动电压u_{GE}的脉冲后沿下降到其幅值的90%的时刻起，到集电极电流下降至90% I_{CM}止，这段时间称为关断延迟时间$t_{d(off)}$。集电极电流从90% I_{CM}下降至10% I_{CM}的这段时间为电流下降时间t_f。二者之和为关断时间t_{off}。电流下降时间可分为t_{fi1}和t_{fi2}两段。其中t_{fi1}对应IGBT内部的MOSFET的关断过程，这段时间集电极电流i_C下降较快；t_{fi2}对应IGBT内部的PNP晶体管的关断过程，这段时间内MOSFET已经关断，IGBT又无反向电压，所以N基区内的少子复合缓慢，造成i_C下降较慢。由于此时集射电压已经建立，因此较长的电流下降时间会产生较大的关断损耗。为解决这一问题，可以与GTR一样通过减轻饱和程度来缩短电流下降时间。

可以看出，IGBT中双极型PNP晶体管的存在，虽然带来了电导调制效应的好处，但也引入了少数载流子储存现象，因而IGBT的开关速度要低于电力MOSFET。

(4) IGBT的主要参数

1）集电极-发射极额定电压U_{CES}：这个电压值是厂家根据器件的雪崩击穿电压而规定的，是栅极-发射极短路时IGBT能承受的耐压值，即U_{CES}值小于等于雪崩击穿电压。

2）栅极-发射极额定电压U_{GES}：IGBT是电压控制器件，靠加到栅极的电压信号控制IGBT的导通和关断，而U_{GES}就是栅极控制信号的电压额定值。目前，IGBT的U_{GES}值大部分为20V，使用中不能超过该值。

3）额定集电极电流I_C：该参数给出了IGBT在导通时能流过管子的持续最大电流。

(5) IGBT的擎住效应和安全工作区　从图3-20 IGBT的结构可以发现，在IGBT内部寄生着一个NPN晶体管和作为主开关器件的PNP晶体管组成的寄生晶闸管。其中NPN晶体管基极与发射极之间存在体区短路电阻，P区的横向空穴电流会在该电阻上产生压降，相当于对J_3结施加一个正偏压，在额定集电极电流范围内，这个偏压很小，不足以使J_3开通，然而一旦J_3开通，栅极就会失去对集电极电流的控制作用，导致集电极电流增大，造成器件

功耗过高而损坏。这种电流失控的现象,就像普通晶闸管被触发以后,即使撤消触发信号晶闸管仍然因进入正反馈过程而维持导通的机理一样,因此被称为擎住效应或自锁效应。引发擎住效应的原因,可能是集电极电流过大(静态擎住效应),也可能是最大允许电压上升率 du_{CE}/dt 过大(动态擎住效应),温度升高也会加重发生擎住效应的危险。

动态擎住效应比静态擎住效应所允许的集电极电流小,因此所允许的最大集电极电流实际上是根据动态擎住效应而确定的。

根据最大集电极电流、最大集射极间电压和最大集电极功耗可以确定 IGBT 在导通工作状态的参数极限范围,即正向偏置安全工作电压(FBSOA);根据最大集电极电流、最大集射极间电压和最大允许电压上升率可以确定 IGBT 在阻断工作状态下的参数极限范围,即反向偏置安全工作电压(RBSOA)。

擎住效应曾经是限制 IGBT 电流容量进一步提高的主要因素之一,但经过多年的努力,自 20 世纪 90 年代中后期开始,这个问题已得到了极大的改善,促进了 IGBT 研究和制造水平的迅速提高。

此外,为满足实际电路中的要求,IGBT 往往与反并联的快速二极管封装在一起制成模块,成为逆导器件,选用时应加以注意。

(6) IGBT 的驱动电路

1)对驱动电路的要求:

① IGBT 是电压驱动的,具有一个 2.5 ~ 5.0V 的阈值电压,有一个容性输入阻抗,因此 IGBT 对栅极电荷非常敏感,故驱动电路必须很可靠,保证有一条低阻抗值的放电回路,即驱动电路与 IGBT 的连线要尽量短。

② 用内阻小的驱动源对栅极电容充放电,以保证栅极控制电压 U_{GE} 有足够陡的前后沿,使 IGBT 的开关损耗尽量小。另外,IGBT 开通后,栅极驱动源应能提供足够的功率,使 IGBT 不退出饱和而损坏。

③ 驱动电路中的正偏压应为 12 ~ 15V,负偏压应为 -10 ~ -2V。

④ IGBT 多用于高压场合,故驱动电路应与控制电路在电位上严格隔离。

⑤ 驱动电路应尽可能简单实用,具有对 IGBT 的自保护功能,并有较强的抗干扰能力。

⑥ 若为大电感负载,IGBT 的关断时间不宜过短,以限制 di/dt 所形成的尖峰电压,保证 IGBT 的安全。

2)驱动电路。因为 IGBT 的输入特性几乎与 MOSFET 相同,所以用于 MOSFET 的驱动电路同样可以用于 IGBT。

在用于驱动电动机的逆变器电路中,为使 IGBT 能够稳定工作,要求 IGBT 的驱动电路采用正负偏压双电源的工作方式。为了使驱动电路与信号电路隔离,应采用抗噪声能力强、信号传输时间短的光耦合器件。栅极和发射极的引线应尽量短,栅极驱动电路的输入线应为绞合线,其具体电路如图 3-23 所示。为抑制输入信号的振荡现象,在图 3-23a 中的栅极和发射极并联一阻尼网络。

图 3-23b 为采用光耦合器使信号电路与驱动电路进行隔离。驱动电路的输出级采用互补电路的形式以降低驱动源的内阻,同时加速 IGBT 的关断过程。

3)集成化驱动电路。大多数 IGBT 生产厂家为了解决 IGBT 的可靠性问题,都生产与其配套的集成驱动电路。这些专用驱动电路抗干扰能力强,集成化程度高,速度快,保护功能

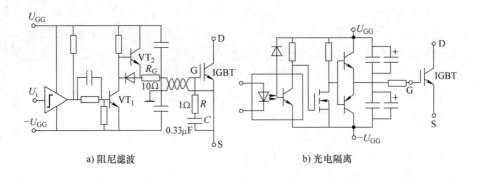

a) 阻尼滤波　　　　　　　　　b) 光电隔离

图 3-23　IGBT 栅极驱动电路

完善，可实现 IGBT 的最优驱动。目前，国内市场应用最多的 IGBT 驱动模块是富士公司开发的 EXB 系列，它包括标准型和高速型。EXB 系列驱动模块可以驱动全部的 IGBT 产品范围，特点是驱动模块内部装有 2500V 的高隔离电压的光耦合器，有过电流保护电路和过电流保护输出端子，另外，可以单电源供电。标准型的驱动电路信号延迟最大为 4μs，高速型的驱动电路信号延迟最大为 1.5μs。

（7）IGBT 的保护电路　因为 IGBT 是由 MOSFET 和 GTR 复合而成的，所以 IGBT 的保护可按 GTR、MOSFET 保护电路来考虑，主要是栅源过电压保护、静电保护、采用 $R-C-VD$ 缓冲电路等。另外，也应在 IGBT 电控系统中设置过电压、欠电压、过电流和过热保护单元，以保证安全可靠工作。应该指出，必须保证 IGBT 不发生擎住效应；具体做法是，实际中 IGBT 使用的最大电流不超过其额定电流。

1）缓冲电路。图 3-24 给出了几种用于 IGBT 桥臂的典型缓冲电路。其中图 3-24a 是最简单的单电容电路，适用于 50A 以下的小容量 IGBT 模块，由于电路无阻尼组件，易产生 LC 振荡，故应选择无感电容或串入阻尼电阻 R_S；图 3-24b 是将 $R-C-VD$ 缓冲电路用于双桥臂的 IGBT 模块上，适用于 200A 以下的中等容量 IGBT；在图 3-24c 中，将两个 $R-C-VD$ 缓冲电路分别用在两个桥臂上，该电路将电容上过冲的能量部分送回电源，因此损耗较小，广泛应用于 200A 以上的大容量 IGBT。

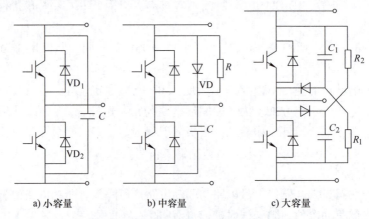

a) 小容量　　　　b) 中容量　　　　c) 大容量

图 3-24　IGBT 桥臂的典型缓冲电路

2）IGBT 的保护。IGBT 的过电压保护措施已在前面的缓冲电路部分做了介绍，这里只讨论 IGBT 的过电流保护措施。过电流保护措施主要是检测出过电流信号后迅速切断栅极控制信号来关断 IGBT。实际使用中，当出现负载电路接地、输出短路、桥臂某组件损坏、驱动电路故障等情况时，都可能使一桥臂的两个 IGBT 同时导通，使主电路短路，集电极电流过大，器件功耗增大。为此，就要求在检测到过电流后，通过控制电路产生负的栅极驱动信号来关断 IGBT。尽管检测和切断过电流需要一定的时间延迟，但只要 IGBT 的额定参数选择合理，10μs 内的过电流一般不会使之损坏。

图 3-25 为采用集电极电压识别方法的过电流保护电路。IGBT 的集电极通态饱和压降 U_{CES} 与集电极电流 I_C 呈近似线性关系，I_C 越大，U_{CES} 越高，因此，可通过检测 U_{CES} 的大小来判断 I_C 的大小。图中，脉冲变压器的①、②端输入开通驱动脉冲，③、④端输入关断信号脉冲。IGBT 正常导通时，U_{CE} 低，C 点电位低，VD 导通并将 M 点电位钳位于低电平，晶体管 VT 处于截止状态。若 I_C 出现过电流，则 U_{CE} 升高，C 点电位升高，VD 反向关断，M 点电位便随电容 C_M 充电电压上升，很快达到稳压管 VS_1 阈值使 VS_1 导通，进而使 VT 导通，封锁栅极驱动信号，同时光耦合器 VLC 也发生过电流信号。

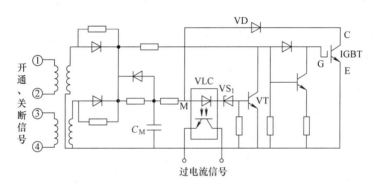

图 3-25 集电极电压识别方法的过电流保护电路

为了避免 IGBT 过电流的时间超过允许的短路过电流时间，保护电路应当采用快速光耦合器等快速传送组件及电路。不过，切断很大的 IGBT 集电极过电流时，速度不能过快，否则会由于 di/dt 值过大，在主电路分布电感中产生过高的感应电动势，损坏 IGBT。为此，应当在允许的短路时间之内，采取低速切断措施将 IGBT 集电极电流切断。

图 3-26 为检测发射极电流过电流的保护电路。在 IGBT 的发射极电流未超过限流阈值时，比较器 LM311 的同相端电位低于反相端电位，其输出为低电平，VT 截止，VD_1 导通，将 VF_2 关断。此时，IGBT 的导通与关断仅受驱动信号控制：当驱动信号为高电平时，VF_1 导通，驱动信号使 IGBT 导通；当驱动信号变为低电平时，VF_1 的寄生二极管导通，驱动信号将 IGBT 关断。

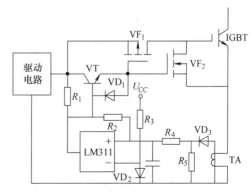

图 3-26 检测发射极电流过电流的保护电路

在 IGBT 的发射极电流超过限流阈值时，电流互感器 TA 二次侧在电阻 R_5 上产生的电压降经 R_4 送到比较器 LM311 的同相端，使该端电位高于反相端，比较器输出翻转为高电平。VD_1 截止，VT 导通。一方面，导通的 VT 迅速泄放掉 VF_1 上的栅极电荷，使 VF_1 迅速关断，驱动信号不能传送到 IGBT 的栅极；另一方面，导通的 VT 还驱动 VF_2 迅速导通，将 IGBT 的栅极电荷迅速泄放，使 IGBT 关断。为了确保关断的 IGBT 在本次开关周期内不再导通，比较器加有正反馈电阻 R_2，这样，在 IGBT 的过电流被关断后比较器仍保持输出高电平。然后，当驱动信号由高变低时，比较器输出端随之变低，同相端电位亦随之下降并低于反相端电位。此时整个过电流保护电路已重新复位，IGBT 又仅受驱动信号控制。驱动信号再次变高（或变低）时，仍可驱动 IGBT 导通（或关断）。如果 IGBT 射极电流未超限值，过电流保护电路不动作；如果超了限值，过电流保护电路再次关断 IGBT。可见，过电流保护电路实施的是逐个脉冲电流限制。实施了逐个脉冲电流限制，可将电流限值设置在最大工作电流以上，这样，既可保证在任何负载状态甚至是短路状态下都将电流限制在允许值之内，又不会影响电路的正常工作。电流限值可通过调整电阻 R_5 来设置。

四、实践指导

1. 器件 GTR、MOSFET 和 IGBT 的认识

（1）使用器材

1）电力电子器件若干，每组一套。

2）MF47 型万用表，每组一只。

3）十字螺钉旋具和一字螺钉旋具，每组各一把。

（2）GTR 型号说明

1）国产晶体管的型号及命名通常由以下 4 部分组成。

第一部分，用 3 表示晶体管的电极数目。

第二部分，用 A、B、C、D 表示晶体管的材料和极性。其中 A 表示晶体管为 PNP 型锗管，B 表示晶体管为 NPN 型锗管，C 表示晶体管为 PNP 型硅管，D 表示晶体管为 NPN 型硅管。

第三部分，用字母表示晶体管的类型。X 表示低频小功率管，G 表示高频小功率管，D 表示低频大功率管，A 表示高频大功率管。

第四部分，用数字和字母表示晶体管的序号和档级，用于区别同类晶体管器件的某项参数的不同。现举例说明如下。

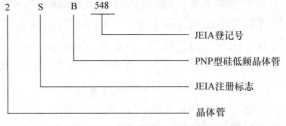

图 3-27 日产半导体分立器件型号组成

3DD102B - NPN 低频大功率硅晶体管；3AD30C - PNP 低频大功率锗晶体管；3AA1 - PNP 高频大功率锗晶体管。

2）日本半导体分立器件型号命名方法。日本生产的半导体分立器件，由五至七部分组成如图 3-27 所示。通常只用到前五部分，其各部分的符号含义见表 3-1。

3）美国半导体分立器件型号命名方法。美国晶体管或其他半导体器件的命名法较混乱。美国电子工业协会半导体分立器件型号命名方法见表 3-2。

表 3-1　日产半导体分立器件型号各部分的符号含义

第一部分	第二部分	第三部分	第四部分	第五部分
2 表示三极或具有 2 个 PN 结的其他器件	S 表示已在日本电子工业协会 JEIA 注册登记的半导体分立器件	A 表示 PNP 型高频管 B 表示 PNP 型低频管 C 表示 NPN 型高频管 D 表示 NPN 型低频管	用数字表示在日本电子工业协会 JEIA 登记的顺序号	A、B、C、D、E、F 表示这一器件是原型号产品的改进产品

表 3-2　美国电子工业协会半导体分立器件型号命名方法

第一部分	第二部分	第三部分	第四部分	第五部分
用符号表示器件用途的类型。JAN 表示军级、JANTX 表示特军级、JANTXV 表示超特军级、JANS 表示宇航级、（无）表示非军用品	2 表示晶体管	N 表示该器件已在美国电子工业协会（EIA）注册登记	美国电子工业协会登记顺序号	用字母表示器件分档

4）国际电子联合会半导体器件型号命名方法。德国、法国、意大利、荷兰、比利时、匈牙利、罗马尼亚、南斯拉夫、波兰等欧洲国家，大都采用国际电子联合会半导体分立器件型号命名方法。这种命名方法由 4 个基本部分组成，各部分的符号及含义见表 3-3。

表 3-3　国际电子联合会半导体器件型号命名方法

第一部分	第二部分	第三部分	第四部分
A 表示锗材料 B 表示硅材料	C 表示低频小功率晶体管 D 表示低频大功率晶体管 F 表示高频小功率晶体管 L 表示高频大功率晶体管 S 表示小功率开关管 U 表示大功率开关管	用数字或字母加数字表示登记号	A、B、C、D、E 表示同一型号的器件按某一参数进行分档的标志

如：BDX51 表示 NPN 硅低频大功率晶体管。

（3）电力 MOSFET 型号的含义

1）国产场效应晶体管的型号及命名。国产场效应晶体管的第一种命名方法与晶体管相同，第一位数字表示电极数目。第二位字母代表材料（D 表示 P 型硅，反型层是 N 沟道。C 表示 N 型硅 P 沟道）。第三位字母 J 代表结型场效应晶体管，O 代表绝缘栅场效应晶体管。例如 3DJ6D 是结型 N 沟道场效应晶体管，3D06C 是绝缘栅型 N 沟道场效应晶体管。第二种命名方法是 CS××#，CS 代表场效应晶体管，××以数字代表型号的序号，后缀字母代表同一型号中的不同规格。例如 CS14A、CS45G 等。

2）美国晶体管型号命名法。美国晶体管型号命名法规定较早，又未做过改进，型号内容很不完备。对于材料、极性、主要特性和类型，在型号中不能反映出来。例如，2N 开头的既可能是一般晶体管，也可能是场效应晶体管。因此，仍有一些厂家按自己规定的型号命名法命名。

① 组成型号的第一部分是前缀，第五部分是后缀，中间的三部分为型号的基本部分。

② 除去前缀以外，凡型号以 1N、2N 或 3NLL 开头的晶体管分立器件，大都是美国制造的，或按美国专利在其他国家制造的产品。

③ 第四部分数字只表示登记序号,而不含其他意义。因此,序号相邻的两器件可能特性相差很大。例如,2N3464 为硅 NPN,高频大功率管,而 2N3465 为 N 沟道场效应晶体管。

④ 不同厂家生产的性能基本一致的器件,都使用同一个登记号。同一型号中某些参数的差异常用后缀字母表示。因此,型号相同的器件可以通用。

⑤ 登记序号数大的通常是近期产品。

(4) 认识器件

1) 观察 GTR。观察 GTR 及其模块外形结构,认真查看器件上的信息,记录器件上的标识。

相关要求:画出 GTR 外形结构图,并对引脚的名称用字母进行标注;说明器件的散热及安装方式;整理 GTR 标识记录,对照《电力电子器件技术手册》确认器件的名称、型号及参数并填写表 3-4。

表 3-4　GTR 及模块记录表

器件	型　号	结构类型	额定电压	额定电流	外形
1 号器件					
2 号器件					
…					

2) 观察 MOSFET。观察 Power MOSFET 及其模块外形结构,比较 GTO 模块与 MOSFET 模块在外形结构上有何异同。认真查看器件上的信息,记录器件上的标识。

相关要求:画出 MOSFET 外形结构图,并对引脚的名称用字母进行标注;说明器件的散热及安装方式;整理 Power MOSFET 标识记录,对照《电力电子器件技术手册》确认器件的名称、型号及参数并填写表 3-5。

表 3-5　MOSFET 及模块记录表

器件	型　号	结构类型	U_{DS}	I_{DM}	P_{DM}	R_{DM}	外形
1 号器件							
2 号器件							
…							

3) 观察 IGBT。观察 IGBT 及其模块外形结构,比较 IGBT 模块与 MOSFET 模块在外形结构上有何异同。认真查看器件上的信息,记录器件上的标识。

相关要求:画出 IGBT 外形结构图,并对引脚的名称用字母进行标注;说明器件的散热及安装方式;整理 IGBT 标识记录,对照《电力电子器件技术手册》确认器件的名称、型号及参数并填写表 3-6。

表 3-6　IGBT 及模块记录表

器件	型　号	结构类型	外形
1 号器件			
2 号器件			
…			

2. 器件 GTR、MOSFET 和 IGBT 的检测

用万用表认真测量各器件，判断器件的电极及好坏。

（1）GTR 的检测方法

1）用万用表判别 GTR 的电极和类型。假若不知道管子的管脚排列，则可用万用表通过测量电阻的方法做出判别。

① 判定基极。大功率晶体管的漏电流一般都比较大，所以用万用表来测量其极间电阻时，应采用满度电流比较大的低电阻档为宜。

测量时将万用表置于 $R\times 1$ 档或 $R\times 10$ 档，一表笔固定接在管子的任一电极，用另一表笔分别接触其他 2 个电极，如果万用表读数均为小阻值或均为大阻值，则固定接触的那个电极即为基极。如果按上述方法做一次测试判定不了基极，则可换一个电极再试，最多 3 次即做出判定。

② 判别类型。确定基极之后，设接基极的是黑表笔，而用红表笔分别接触另外 2 个电极时如果电阻读数均较小，则可认为该管为 NPN 型。如果接基极的是红表笔，用黑表笔分别接触其余 2 个电极时测出的阻值均较小，则该晶体管为 PNP 型。

③ 判定集电极和发射极。在确定基极之后，再通过测量基极对另外 2 个电极之间的阻值大小比较，可以区别发射极和集电极。对于 PNP 型晶体管，红表笔固定接基极，黑表笔分别接触另外 2 个电极时测出 2 个大小不等的阻值，以阻值较小的接法为准，黑表笔所接的是发射极。而对于 NPN 型晶体管，黑表笔固定接基极，用红表笔分别接触另外 2 个电极进行测量，以阻值较小的这次测量为准，红表笔所接的是发射极。

2）通过测量极间电阻判断 GTR 的好坏。将万用表置于 $R\times 1$ 档或 $R\times 10$ 档，测量管子 3 个极间的正反向电阻便可以判断管子性能好坏。实测几种大功率晶体管极间电阻见表 3-7。

表 3-7 实测几种大功率晶体管极间电阻

晶体管型号	接法	R_{EB}/Ω	R_{CB}/Ω	R_{CE}/Ω	万用表型号	档 位
3AD6B	正	24	22	∞	108－1T	$R\times 10$
	反	∞	∞	∞		
3AD6C	正	26	26	1400	500	$R\times 10$
	反	∞	∞	∞		
3AD30C	正	19	18	30k	108－1T	$R\times 10$
	反	∞	∞	∞		
3DD12B	正	130	120	∞	500	$R\times 10$
	反	64k	∞	72k		$R\times 10k$

3）检测 GTR 放大能力的简单方法。测试电路如图 3-28 所示。将万用表置于 $R\times 1$ 档，并准备好一只 500Ω～1kΩ 之间的小功率电阻器 R_b。测试时先不接入 R_b，即在基极为开路的情况下测量集电极和发射极之间的电阻，此时万用表的指示值应为无穷大或接近无穷大位置（锗管的阻值稍小一些）。如果此时阻值很小甚至接近于零，说明被测大功率晶体管穿透电流太大或已击穿损坏，应将其剔除。然后将电阻 R_b 接在被测管的基极和集电极之间，此时万用表指针将向右偏转，偏转角度越大，说明被测管的放大能力越强。

如果接入 R_b 与不接入 R_b 时比较，万用表指针偏转大小差不多，则说明被测管的放大能

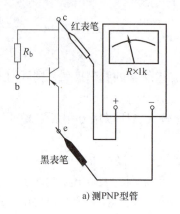
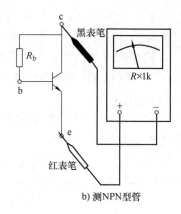

图 3-28 检测 GTR 的放大能力

力很小,甚至无放大能力,这样的晶体管不能使用。

① 检测 GTR 的穿透电流 I_{CEO},GTR 的穿透电流 I_{CEO} 测量电路如图 3-29 所示。

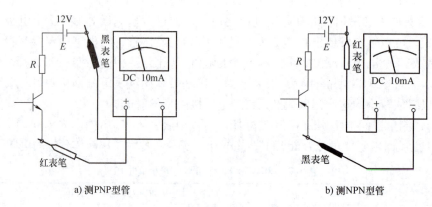

图 3-29 GTR 的穿透电流 I_{CEO} 测量电路

图中 12V 直流电源可采用干电池组或直流稳压电源,其输出电压事先用万用表 DC 50V 档测定。进行 I_{CEO} 测量时,将万用表置于 DC 10mA 档,电路接通后,万用表指示的电流即为 I_{CEO}。

② 测量共发射极直流电流放大系数 h_{FE}。GTR 的 h_{FE} 测量电路如图 3-30 所示。这里要求 12V 的直流稳压电源额定输出电流大于 600mA;限流电阻约为 20Ω(±5%),功率≥5W;二极管 VD 选用 2CP 或 2CK 型硅二极管。基极电流用万用表的 DC 100mA 档测量。此测量电路能基本上满足的测试条件为 $U_{CE} \approx 1.5 \sim 2V$; $I_C \approx 500mA$。

操作方法。先不接万用表,按图 3-30 所示电路连接好后合上开关 S。然后用万用表的红、黑表笔去接触 A、B 端,即可读出基极电流 I_B。于是 h_{FE} 可按下式算出:

$$h_{FE} = \frac{I_C}{I_B}$$

式中,I_B 单位为 mA;I_C 为 500mA(测试条件)。例如,测得 $I_B = 20mA$,可算出 $h_{FE} = \frac{500}{20} = 25$。

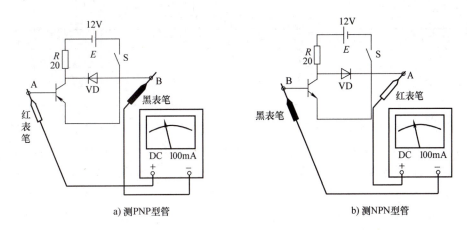

a) 测PNP型管　　　　　　　　b) 测NPN型管

图 3-30　GTR 的 h_{FE} 测量电路

③ 测量饱和压降 U_{CES} 及 U_{BES}。GTR 的饱和压降 U_{CES} 及 U_{BES} 测量电路如图 3-31 所示。图中 12V 直流稳压源额定输出电流最好不小于 1A，至少应≥0.6A；限流电阻 R_1、R_2 的标称值分别为 20Ω/5W、200Ω/0.25W。于是电路所建立的测试条件为 $I_C \approx 600mA$；$I_B \approx 60mA$。

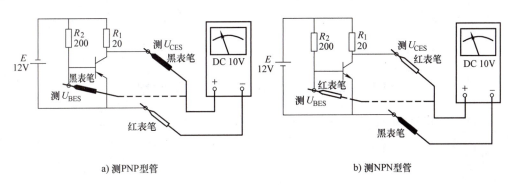

a) 测PNP型管　　　　　　　　b) 测NPN型管

图 3-31　GTR 的 U_{CES} 及 U_{BES} 测量电路

操作方法。将万用表置于 DC 10V 档，测出集电极 c 和发射极 e 之间的电压即为 U_{CES}，测出基极 b 和发射极 e 之间的电压即为 U_{BES}。

4）GTR 测试记录表。

① GTR 测试电阻记录表（见表 3-8）。

表 3-8　GTR 测试电阻记录表

被测晶体管	R_{BE}	R_{EB}	R_{BC}	R_{CB}	R_{CE}	R_{EC}	结　论
VT_1							
VT_2							
…							

② GTR 电流测试记录表（见表 3-9）。

表 3-9 GTR 电流测试记录表

被测晶体管	I_{CEO}	U_{CES}	U_{BES}	I_C	I_B	h_{FE}	放大能力
VT_1							
VT_2							
…							

(2) 电力 MOSFET 的检测方法

1) 结型场效应晶体管的检测。将万用表置于 $R \times 1k$ 档或 $R \times 100$ 档,对场效应晶体管的 3 个引脚进行两两测量(正向和反向都要测量),如果只有两只引脚导通(正向和反向测量都导通),而另一引脚和这两只引脚只能单向导通,说明该管是结型场效应晶体管,相互导通的两只引脚是源极 S 和漏极 D(至于谁是 S 谁是 D 则无需区分,因为 D、S 可以互换),另一引脚就是栅极 G,如图 3-32 所示。

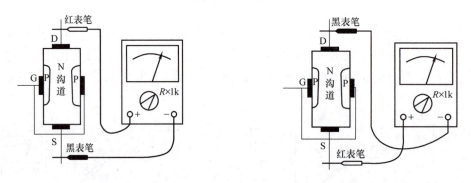

图 3-32 识别结型 MOSFET 的电极(交换表笔测量)

根据栅极 G 与其他两极的单向导通情况可以判断沟道,将黑表笔接 G,红表笔分别接 D 和 S,若导通,则为 N 沟道;将红表笔接 G,黑表笔接 D 和 S,若导通,则为 P 沟道,如图 3-33 所示。

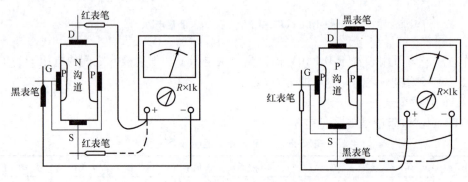

图 3-33 识别电力 MOSFET 的沟道

2) 绝缘栅 MOSFET 电极的检测。在实际应用中,增强型 MOS 管较多,而耗散型 MOS 管较少,这里主要介绍增强型 MOS 管的检测。

将万用表置于 $R \times 1k$ 档或 $R \times 100$ 档,对场效应晶体管的 3 个管脚进行两两测量(正向和反向都要测量),如果某一管脚(设该管脚为①号脚)与另两只管脚之间无论正向测量还是反向测量都不导通,而另两只管脚之间无此特点,说明该管是绝缘栅场效应晶体管(MOS管),且①号管脚为栅极G,另两只管脚是源极S和漏极D,如图3-34所示。

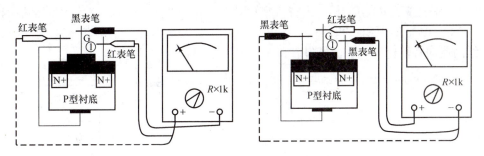

图3-34 识别MOS管G极

识别出G极后,D、S极的识别十分简单,对于N沟道增强型MOS管来说,正向测量D−S时,应不通,反向测量时,应导通,如图3-35a所示,对于P沟道增强型MOS管来说,正向测量D−S时,应导通,反向测量时,应不通,如图3-35b所示。

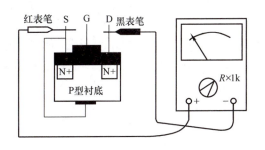

a) NMOS管D、S极的测量

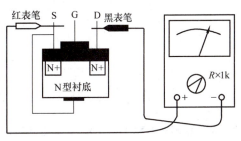

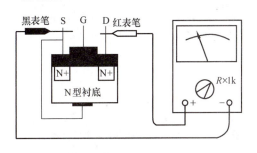

b) PMOS管D、S极的测量

图3-35 MOS管D−S极的测量

3)判别电力MOSFET好坏的简单方法。对于内部无保护二极管的电力场效应晶体管,可用万用表的$R\times10k$档,测量G与D间、G与S间的电阻应均为无穷大。否则,说明被测管性能不合格,甚至已经损坏。

下述检测方法则不论内部有无保护二极管的管子均适用。具体操作(以N沟道场效应晶体管为例)如下。

① 将万用表置于 $R\times 1k$ 档，再将被测管 G 与 S 短接一下，然后红表笔接被测管的 D，黑表笔接 S，此时所测电阻应为数千欧，如图 3-36 所示。如果阻值为 0 或 ∞，说明管子已坏。

② 将万用表置于 $R\times 10k$ 档，再将被测管 G 与 S 用导线短接好，然后红表笔接被测管的 S，黑表笔接 D，此时万用表指示应接近无穷大，如图 3-36 所示，否则说明被测 MOS 管内部 PN 结的反向特性比较差。如果阻值为 0，说明被测管已经损坏。

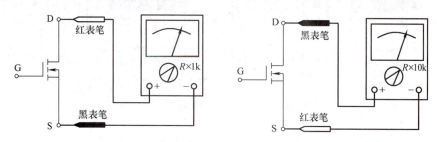

图 3-36　检测电力 MOSFET D、S 正反向电阻图

4）简单测试放大能力。紧接上述测量后将 G、S 间短路线拿掉，表笔位置保持原来不动，然后将 D 与 G 短接一下再脱开，相当于给 G 充电，此时万用表指示的阻值应大幅度减小并稳定在某一阻值，如图 3-37 所示。此阻值越小说明管子的放大能力越强。如果万用表指针向右摆动幅度很小，说明被测管放大能力较差。对于性能正常的管子在紧接上述操作后，保持表笔原来位置不动，指针将维持在某一数值，然后将 G 与 S 短接一下，即给栅极放电，于是万用表指示值立即向左偏转至无穷大位置，如图 3-38 所示（若被测管为 P 沟道管，则上述测量中应将表笔位置对换）。

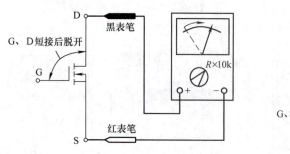

图 3-37　检测电力 MOSFET 的放大能力　　图 3-38　检测电力 MOSFET S、D 电阻返回至无穷大

5）电力 MOSFET 的测试记录。将万用表置于 $R\times 1k$ 档，分别测量 3 个引脚之间的电阻判别所测管子的电极和类型。用万用表的 $R\times 10k$ 档，测量 G 与 D 间、G 与 S 间的电阻，并将所测数据填入表 3-10，以判断被测管子性能好坏。

表 3-10　电力 MOSFET 的测试记录

被测管子	R_{GD}	R_{DG}	R_{GS}	R_{SG}	结论
VF_1					
VF_2					
…					

(3) IGBT 的检测

1) IGBT 管脚判别。将万用表拨在 $R\times 1k$ 档,用万用表测量时,若某一极与其他两极阻值为无穷大,调换表笔后该极与其他两极的阻值仍为无穷大,则判断此极为栅极（G）。其余两极再用万用表测量,若测得阻值为无穷大,调换表笔后测量阻值较小。在测量阻值较小的一次中,红表笔接的为 C；黑表笔接的为 E。

2) IGBT 好坏测试。判断好坏用万用表的 $R\times 10k$ 档,将黑表笔接 IGBT 的 C,红表笔接 IGBT 的 E,此时万用表的指针在零位。用手指同时触及一下 G 和 C,这时 IGBT 被触发导通,万用表的指针摆向阻值较小的方向,并能指示在某一位置。然后再用手指同时触及一下 G 和 E,这时 IGBT 被阻断,万用表的指针回零。此时即可判断 IGBT 是好的。

3) IGBT 测试记录。测试 2 只 IGBT 管 3 个引脚之间的电阻,将所测数据填入表 3-11,并判断被测管子的好坏。

表 3-11 IGBT 测试记录

被测 IGBT	R_{GD}	IGBT 触发后 R_{CE}	IGBT 阻断后 R_{CE}	结 论
VF_1				
VF_2				
…				

五、思考与习题

1. GTR 的基本特性是什么？
2. GTR 有哪些参数？
3. 什么是 GTR 的二次击穿？有什么后果？
4. 可能导致 GTR 二次击穿的因素有哪些？可采取什么措施加以防范？
5. 说明 MOSFET 的开通和关断原理及其优缺点。
6. 电力场效应晶体管有哪些参数？
7. 使用电力场效应晶体管时要采取哪些保护措施？
8. 简述 IGBT 的结构与工作原理。
9. IGBT 的专用驱动电路有哪些？列举 3 种。
10. IGBT 与 GTR 比较,主要有哪些优缺点？
11. IGBT 的参数有哪些？

任务二 DC/DC 变换电路的工作原理分析

一、学习目标

1. 知识目标：掌握常用 DC/DC 变换电路的工作原理。
2. 能力目标：会分析测试常用 DC/DC 变换电路。
3. 素质目标：培养认真、严谨、科学的工作作风；培养团结互助、团队合作精神。

二、工作任务

1. 能够区分直流斩波器种类，会分析其工作原理。
2. 能够简单分析脉宽调制（PWM）控制技术及其应用。

三、相关知识

开关电源的核心技术就是 DC/DC 变换电路。DC/DC 变换电路就是将直流电压变换成另一固定电压或可调的直流电，包括直接直流变流电路和间接直流变流电路。直接直流变流电路亦称直流斩波电路，一般指直接将直流电变为另一种直流电，输入、输出之间不隔离。间接直流变流电路是指在直流变流电路中增加了交流环节，交流环节中通常采用变压器实现输入、输出间的隔离，因此也称直-交-直电路，实际上 DC/DC 变换电路包括以上两种情况，且甚至更多地指向后一种情况。

直流斩波电路根据电路形式的不同可以分为降压型电路、升压型电路、升降压电路、库克式斩波电路和全桥式斩波电路。其中降压式和升压式斩波电路是基本形式，升降压式和库克式是它们的组合，而全桥式则属于降压式类型。下面重点介绍斩波电路的工作原理、升压及降压斩波电路。

1. 基本斩波器的工作原理

最基本的直流斩波电路如图 3-39a 所示，负载为纯电阻 R。当开关 S 闭合时，负载电压 $u_o = U_d$，并持续时间 T_{on}；当开关 S 断开时，负载上电压 $u_o = 0V$，并持续时间 T_{off}。则 $T = T_{on} + T_{off}$ 为斩波电路的工作周期，斩波器的输出电压波形如图 3-39b 所示。若定义斩波器的占空比 $k = \dfrac{T_{on}}{T}$，则由波形图上可得输出电压的平均值为

$$U_o = \frac{T_{on}}{T_{on} + T_{off}} U_d = \frac{T_{on}}{T} U_d = k U_d$$

其中，k 叫作占空比。只要调节 k，即可调节负载的平均电压 U_o。

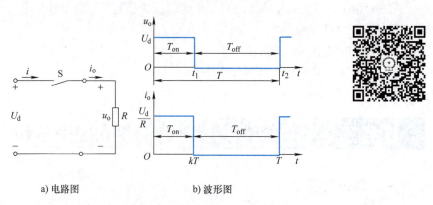

a) 电路图 b) 波形图

图 3-39　直流斩波电路原理及其波形图

占空比 k 的改变可以通过改变 T_{on} 或 T_{off} 来实现，通常斩波器的工作方式有如下三种。

1) 维持开关周期 T 不变，改变开关导通时间 T_{on}，称为脉宽调制工作方式。

2）维持 T_{on} 不变，改变 T，称为频率调制工作方式。

3）T_{on} 和 T 都可调，使占空比改变，称为混合型工作方式。

脉宽调制工作方式应用最多，因为采用频率调制工作方式容易产生谐波干扰而且滤波器设计也比较困难。

2. 降压斩波电路

降压斩波电路的原理图及工作波形如图 3-40 所示。该电路使用一个全控型器件 VT，U 为固定电压的直流电源，L、R 和电动机为负载，在 VT 关闭时为了给负载中电感电流提供通道，设立了续流二极管 VD。斩波电路主要用于电子电路的供电电源，也可拖动直流电动机或带蓄电池负载等，后两种情况下，负载中均会出现反电动势，如图中 E_M 所示。若负载中无反电动势时，只需令 $E_M = 0$。

分析如下：

$t = 0$ 时刻，驱动 VT 导通，电源 U 向负载供电，忽略 VT 的导通压降，负载电压 $u_o = U$，负载电流 i_o 按指数规律上升。

$t = t_1$ 时刻，撤去 VT 的驱动使其关断，因感性负载电流不能突变，负载电流通过续流二极管 VD 续流，忽略 VD 导通压降，负载电压 $u_o = 0$，负载电流 i_o 按指数规律下降。为使负载电流 i_o 连续且脉动小，一般需串联较大的电感 L，L 也称为平波电感。

$t = t_2$ 时刻，再次驱动 VT 导通，重复上述工作过程。

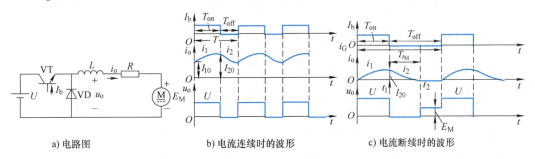

a）电路图　　　　b）电流连续时的波形　　　　c）电流断续时的波形

图 3-40　降压斩波电路的原理图及工作波形

由前面的分析知，这个电路的输出电压平均值为

$$U_o = \frac{T_{on}}{T_{on} + T_{off}} U = \frac{T_{on}}{T} U = kU$$

由于 $k < 1$，所以 $U_o < U$，即斩波器输出电压平均值小于输入电压，故称为**降压斩波电路**，也称为 **Buck 变换器**。而负载平均电流为

$$I_o = \frac{U_o - U}{R}$$

当平波电感 L 较小时，在 VT 关断后，未到 t_2 时刻，负载电流已下降到零，负载电流发生断续。负载电流断续时，其波形如图 3-40c 所示。由图可见，负载电流断续期间，负载电压 $u_o = E_M$。因此，负载电流断续时，负载平均电压 U_o 升高，带直流电动机负载时，特性变软，是我们所不希望的。所以在选择平波电感 L 时，要确保电流断续点不在电动机的正常工作区域。

3. 升压斩波电路

升压斩波电路的原理图及工作波形如图 3-41 所示。

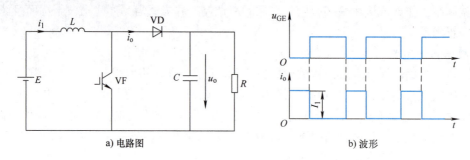

图 3-41　升压斩波电路的原理图及工作波形

分析升压斩波电路的工作原理时，首先假设电路中电感 L 值很大，电容 C 值也很大。当 VF 导通时（T_{on}），电源 E 向电感 L 充电，充电电流基本恒定为 I_1，由于 VD 截止，电容 C 上的电压向负载 R 供电。因 C 值很大，基本保持输出电压 u_o 为恒值，记为 U_o。在 T_{off} 期间，VF 截止，储存在 L 中的能量通过 VD 传送到负载 R 和 C，其电压的极性与 E 相同，且与 E 相串联，起到升压作用。

如果忽略损耗和开关器件上的电压降，则有

$$U_o = \frac{T_{on}+T_{off}}{T_{off}} E = \frac{T}{T_{off}} E = \frac{1}{1-k} E$$

式中，$T/T_{off} \geq 1$，所以，输出电压高于电源电压，故称该电路为**升压斩波电路**，又称为 **Boost 变换器**。式中 T/T_{off} 表示升压比，调节其大小，即可改变输出电压 U_o 的大小。

4. 开关状态控制电路

开关电源中，开关器件开关状态的控制方式主要有占空比控制和幅度控制两大类。

（1）占空比控制方式　占空比控制又包括脉冲宽度控制和脉冲频率控制两大类。

1）脉冲宽度控制。脉冲宽度控制是指开关工作频率（开关周期 T）固定的情况下直接通过改变导通时间（T_{on}）来控制输出电压 U_o 大小的一种方式。因为改变开关导通时间 T_{on} 就是改变开关控制电压的脉冲宽度，因此又称脉冲宽度调制（PWM）控制。

PWM 控制方式的优点是，采用了固定的开关频率，因此，设计滤波电路时简单方便；其缺点是，受功率开关管最小导通时间的限制，对输出电压不能做宽范围的调节，此外，为防止空载时输出电压升高，输出端一般要接假负载（预负载）。

目前，集成开关电源大多采用 PWM 控制方式。

2）脉冲频率控制。脉冲频率控制是指开关控制电压 U_C 的脉冲宽度（T_{on}）不变的情况下，通过改变开关工作频率（改变单位时间的脉冲数，即改变 T）而达到控制输出电压 U_o 大小的一种方式，又称脉冲频率调制（PFM）控制。

（2）幅度控制方式　即通过改变开关的输入电压 U_s 的幅值而控制输出电压 U_o 大小的控制方式，但要配以滑动调节器。

（3）PWM 控制电路的基本构成和原理　PWM 控制电路的基本组成和工作波形如图 3-42 所示。

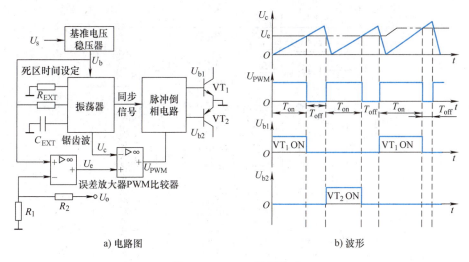

a) 电路图   b) 波形

图 3-42 PWM 控制电路

PWM 控制电路由以下几部分组成：

① 基准电压稳压器：提供一个供输出电压进行比较的稳定电压和一个内部 IC 电路的电源。

② 振荡器：为 PWM 比较器提供一锯齿波和与该锯齿波同步的驱动脉冲控制电路的输出。

③ 误差放大器：电源输出电压与基准电压进行比较。

④ 以正确的时序使输出开关管导通的脉冲倒相电路。

其基本工作过程如下：输出开关管在锯齿波的起始点被导通。由于锯齿波电压比误差放大器的输出电压低，所以 PWM 比较器的输出较高，因为同步信号已在斜坡电压的起始点使倒相电路工作，所以脉冲倒相电路将这个高电位输出使 VT_1 导通，当斜坡电压比误差放大器的输出高时，PWM 比较器的输出电压下降，通过脉冲倒相电路使 VT_1 截止，下一个斜坡周期则重复这个过程。

（4）PWM 控制器集成芯片介绍

1）SG1524/2524/3524 系列 PWM 控制器。SG1524 是双列直插式集成芯片，其结构框图如图 3-43 所示。它包括基准电源、锯齿波振荡器、电压比较器、逻辑输出、误差放大器以及检测和保护等部分。SG2524 和 SG3524 也属这个系列，内部结构及功能相同，仅工作电压及工作温度有差异。

基准电源由 15 端输入 8~30V 的不稳定直流电压，经稳压输出 5V 基准电压，供片内所有电路使用，并由 16 端输出 5V 的参考电压供外部电路使用，其最大电流可达 100mA。

振荡器通过 7 端和 6 端分别对地接上一个电容 C_T 和电阻 R_T 后，在 C_T 上输出频率为 $f_{osc} = \dfrac{1}{R_T C_T}$ 的锯齿波。比较器反相输入端输入直流控制电压 U_e；同相输入端输入锯齿波电压 U_{sa}。当改变直流控制电压大小时，比较器输出端电压 U_A 即为宽度可变的脉冲电压，送至两个或非门组成的逻辑电路。

每个或非门有 3 个输入端，其中：一个输入为宽度可变的脉冲电压 U_A；一个输入分别

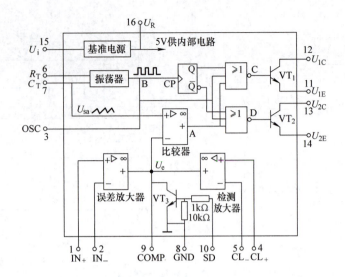

图 3-43 SG1524 结构框图

来自触发器输出的 Q 和 $\overline{Q}$ 端（它们是锯齿波电压分频后的方波）；再一个输入（B 点）为锯齿波同频的窄脉冲。在不考虑第 3 个输入窄脉冲时，两个或非门输出（C、D 点）分别经晶体管 VT_1、VT_2 放大后的波形 T_1、T_2 如图 3-44 所示。它们的脉冲宽度由 U_e 控制，周期比 U_{sa} 大一倍，且两个波形的相位差为 180°。这样的波形适用于可逆 PWM 电路。或非门第 3 个输入端的窄脉冲使这期间两个晶体管同时截止，以保证两个晶体管的导通有一短时间隔，可作为上、下两管的死区。当用于不可逆 PWM 时，可将两个晶体管并联使用。

误差放大器在构成闭环控制时，可作为运算放大器接成调节器使用。如将 1 端和 9 端短接，该放大器作为一个电压跟随器使用，由 2 端输入给定电压来控制 SG1524 输出脉冲宽度的变化。

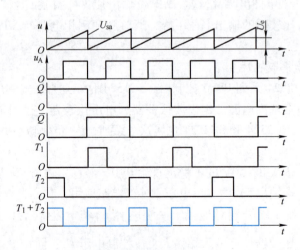

图 3-44 SG1524 工作波形

当保护输入端 10 的输入达一定值时，晶体管 VT_3 导通，使比较器的反相端为零，A 端一直为高电平，VT_1、VT_2 均截止，以达到保护的目的。检测放大器的输入可检测出较小的信号，当 4、5 端输入信号达到一定值时，同样可使比较器的反相输入端为零，亦起保护作用。使用中可利用上述功能来检测需要限制的信号（如电流）对主电路实现保护。

表 3-12 是 SG3524 的引脚连接。

表 3-12　SG3524 的引脚连接

引脚号	功　　能	引脚号	功　　能
1	IN_-—误差放大器反相输入	9	COMP—频率补偿
2	IN_+—误差放大器同相输入	10	SD—关断控制
3	OSC—振荡器输出	11	U_{1C}—输出晶体管 VT_1 的集电极
4	CL_+—限流比较器的同相输入	12	U_{1E}—输出晶体管 VT_1 的发射极
5	CL_-—限流比较器的反相输入	13	U_{2C}—输出晶体管 VT_2 的集电极
6	R_T—定时电阻	14	U_{2E}—输出晶体管 VT_2 的发射极
7	C_T—定时电容器	15	U_i—输入电压
8	GND—地	16	U_R—基准电压

2）SG3525A　PWM 控制器。SG3525A 是 SG3524 的改进型，凡是利用 SG1524/SG2524/SG3524 的开关电源电路都可以用 SG3525A 来代替。应用时应注意两者引脚连接的不同。

图 3-45 是 SG3525A 系列产品的内部原理图。

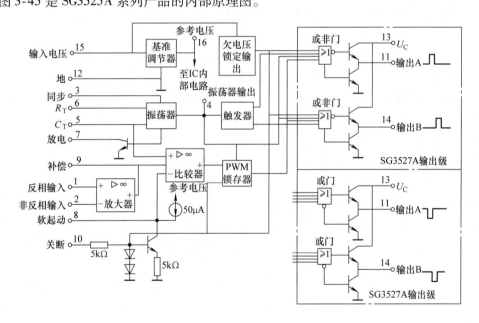

图 3-45　SG3525A 的内部原理图

图 3-45 的右下角是 SG3527A 的输出级。除输出级以外，SG3527A 与 SG3525A 完全相同。SG3525A 的输出是正脉冲，而 SG3527A 的输出是负脉冲。

表 3-13 是 SG3525A 的引脚连接。

表 3-13　SG3525A 的引脚连接

引脚号	功　　能	引脚号	功　　能
1	IN_-—误差放大器反相输入	9	COMP—频率补偿
2	IN_+—误差放大器同相输入	10	SD—关断控制
3	SYNC—同步	11	OUT_A—输出 A
4	OUT_{osc}—振荡器输出	12	GND—地
5	C_T—定时电容器	13	U_C—集电极电压
6	R_T—定时电阻	14	OUT_B—输出 B
7	DIS—放电	15	U_i—输入电压
8	SS—软起动	16	U_{REF}—基准电压

与 SG1524/SG2524/SG3524 相比较，SG3525A 的改进之处如下：

① 芯片内部增加了欠电压锁定器和软起动电路。

② SG1524/SG2524/SG3524 没有限流电路，而是采用关断控制电路对逐个脉冲电流和直流输出电流进行限流控制。

③ SG3525A 内设有高精度基准电压源，精度为 5.1V（±1%），优于 SG1524/SG2524/SG3524 的基准电源。

④ 误差放大器的供电由输入电压 U_i 来提供，从而扩大了误差放大器的共模电压输入范围。

⑤ 脉宽调制比较器增加了一个反相输入端，误差放大器和关断电路送到比较器的信号具有不同的输入端，这就避免了关断电路对误差放大器的影响。

⑥ PWM 锁存器由关断置位，由振荡器来的时钟脉冲复位。这可保证在每个周期内只有比较器送来的单脉冲。关断信号使输出关断，即使关断信号消失，也只有下一个周期的时钟脉冲使锁存器复位，才能恢复输出。这就保证了关断电路能有效地控制输出关断。

⑦ SG3525A 的最大改进是输出级的结构。它是双路吸收/流出输出驱动器。它具有较高的关断速率，适合于驱动功率 MOS 器件。

3）SG3525A 的典型应用电路。

① SG3525A 驱动 MOSFET 管的推挽式驱动电路如图 3-46 所示。它的输出幅度和拉灌电流能力都适合于驱动电力 MOSFET 管。SG3525A 的两个输出端交替输出驱动脉冲，控制两个 MOSFET 管交替导通。

② SG3525A 驱动 MOS 管的半桥式驱动电路如图 3-47 所示。SG3525A 的两个输出端接脉冲变压器 T_1 的一次绕组，串入一个小电阻（10Ω）是为了防止振荡。T_1 的两个二次绕组因同名端相反，以相位相反的两个信号驱动半桥上、下臂的两个 MOSFET。脉冲变压器 T_2 的二次侧接后续的整流滤波电路，便可得到平滑的直流输出。

5. 其他电路

（1）过电压保护电路　过电压保护是一种对输出端子间过大电压进行负载保护的功能。一般方式是采用稳压管，图 3-48 是过电压保护电路的典型实例。

当输出电压超过设定的最大值时，稳压管击穿导通，使晶闸管导通，电源停止工作，起到过电压保护作用。

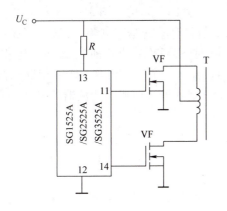 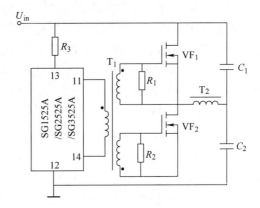

图 3-46 SG3525A 驱动 MOSFET 管的推挽式驱动电路　　**图 3-47** SG3525A 驱动 MOS 管的半桥式驱动电路

（2）过电流保护电路　过电流保护是一种电源负载保护功能，以避免发生包括输出端子上的短路在内的过负载输出电流对电源和负载的损坏。图 3-49 是典型的过电流保护电路。电路中，电阻 R_1 和 R_2 对 U 进行分压，电阻 R_2 上分得的电压 $U_{R2} = \dfrac{R_2}{R_1 + R_2}U$，负载电流 I_o 在检测电阻 R_D 上的电压 $U_{RD} = R_D I_o$，电压 U_{RD} 和 U_{R2} 进行比较，如果 $U_{RD} > U_{R2}$，A 输出控制信号，这个控制信号使脉宽变窄，输出电压下降，从而使输出电流减小。

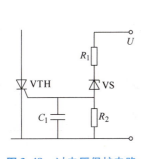 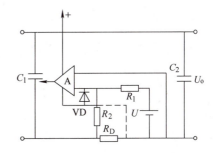

图 3-48 过电压保护电路　　**图 3-49** 过电流保护电路

（3）软起动电路　开关电源的输入电路一般采用整流和电容滤波电路。输入电源未接通时，滤波电容器上的初始电压为零。在输入电源接通的瞬间，滤波电容器快速充电，产生一个较大的冲击电流。在大功率开关电源中，输入滤波电容器的容量很大，冲击电流可达 100A 以上，如此大的冲击电流会造成电网电闸的跳闸或者击穿整流二极管。为防止这种情况的发生，在开关电源的输入电路中增加软起动电路，以防止冲击电流的产生，保证电源正常地进入工作状态。

四、实践指导

1. 认识 DC/DC 变换电路

（1）主电路　降压斩波电路的原理图及工作波形如图 3-40 所示。图中 VT 为全控型器件，选用 IGBT。VD 为续流二极管。升压斩波电路的原理图及工作波形如图 3-41 所示。

PWM 控制电路的原理图及工作波形如图 3-42 所示。

（2）控制电路　控制电路以 SG3525A 为核心构成，其内部结构如图 3-45 所示。各引脚功能见表 3-13。它采用恒频脉宽调制控制方案，内部包含有精密基准电源、锯齿波振荡器、误差放大器、比较器和保护电路等。构成斩波电路时 SG3525A 芯片所需的外部组件如图 3-50 所示。调节 U_r 的大小，在 11 脚和 14 脚两端可输出 2 个幅度相等、频率相等、相位有相差、占空比可调的矩形波（PWM 信号）。它适合于各种开关电源、斩波器的控制。

2. 控制电路调试

起动实验装置电源，开启 DJK20 控制电路电源开关。

调节 PWM 脉宽调节电位器，用双踪示波器分别观察 SG3525A 的第 11 脚与第 14 脚的波形，观察输出 PWM 信号的变化情况，并填入表 3-14 中。

用示波器分别观察 A、B 和 PWM 信号的波形，记录其波形、频率和幅值，并填入表 3-15 中。

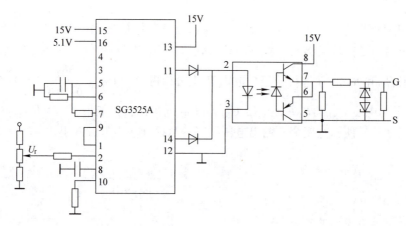

图 3-50　SG3525A 芯片所需的外部组件

表 3-14　PWM 输出信号变化记录表

U_r/V	1.4	1.6	1.8	2.0	2.2	2.4	2.5
11（A）占空比（%）							
14（B）占空比（%）							
PWM 占空比（%）							

表 3-15　信号波形记录表

观测点	A（11 脚）	B（14 脚）	PWM
波形类型			
幅值/V			
频率/Hz			

用双踪示波器的 2 个探头同时观测 11 脚和 14 脚的输出波形，调节 PWM 脉宽调节电位器，观测两路输出的 PWM 信号，测出两路信号的相位差，并测出两路 PWM 信号之间的"死区"时间。

3. DC/DC 变换电路接线

按图 3-51 利用面板上的元器件连接好相应的线路，并接上电阻负载，负载电流最大值限制在 200mA 以内。输入直流电压 U_i 由三相调压器输出的单相交流电经 DJK20 挂件上的单相桥式整流及电容滤波后得到。将控制与驱动电路的输出 V – G，V – E 分别接至 VF 的 G 和 E 端。

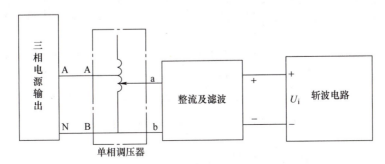

图 3-51　DC/DC 变换电路接线图

4. DC/DC 变换电路调试

使用一个探头观测波形。

接通交流电源，观测 U_i 波形，记录其平均值（注意，本装置限定直流输出最大值为 50V，输入交流电压的大小由调压器调节输出）。

用示波器观测 PWM 信号的波形、U_{GE} 的电压波形、U_{CE} 的电压波形及输出电压 U_o 和二极管两端电压 U_D 的波形，注意各波形间的相位关系。

调节 PWM 脉宽调节电位器 U_r，观测在不同占空比时，记录 U_i、U_o 和 k 的数值，并填入表 3-16 中，从而画出 $U_o = f(k)$ 的关系曲线。

表 3-16　数据记录结果

U_r/V	1.4	1.6	1.8	2.0	2.2	2.4	2.5
占空比 k（%）							
U_i/V							
U_o/V							

五、拓展知识

1. 升降压斩波电路

升降压斩波电路原理图如图 3-52 所示，该电路中电感 L 值很大，电容 C 值也很大。使电感电流 i_L 和电容电压及负载电压 u_o 基本为恒值。

基本原理分析如下：

VF 处于通态时，电源 E 经 VF 向 L 供电使其储能，此时二极管 VD 反偏，流过 VF 的电流为 i_1。由于 VD 反偏截止，电容 C 向负载 R 提供能量并维持输出电压 u_o 基本恒定，负载 R 及电容 C 上的电压极性为上负下正，与电源极性相反。

VF 处于断态时，电感 L 极性变反，VD 正偏导通，L 中储存的能量通过 VD 向负载释放,电流为 i_2,同时电容 C 被充电储能。负载电压极性为上负下正,与电源电压极性相反,与前面介绍的降压斩波电路和升压斩波电路的情况正好相反,因此该电路也称作**反极性斩波电路**。

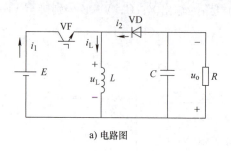
a) 电路图

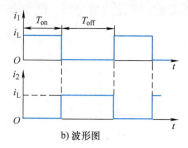
b) 波形图

图 3-52 升降压斩波电路及其工作波形

稳态时,一个周期 T 内电感 L 两端电压 u_L 对时间的积分为零,即

$$\int_0^T u_L \mathrm{d}t = 0$$

当 VF 处于通态期间,$u_L = E$;而当 VF 处于断态期间,$u_L = -u_o$。于是有

$$E T_{on} = U_o T_{off}$$

所以输出电压为

$$U_o = \frac{T_{on}}{T_{off}} E = \frac{T_{on}}{T - T_{on}} E = \frac{k}{1-k} E$$

式中,若改变占空比 k,则输出电压既可高于电源电压,也可能低于电源电压。

由此可知,当 $0 < k < 1/2$ 时,斩波器输出电压低于直流电源输入,此时为降压斩波器;当 $1/2 < k < 1$ 时,斩波器输出电压高于直流电源输入,此时为升压斩波器。

2. Cuk 斩波电路

Cuk 斩波电路如图 3-53a 所示。图 3-53b 为其等效电路。

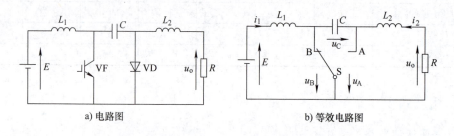

图 3-53 Cuk 斩波电路原理图及其等效电路图

当 VF 处于通态时,$E - L_1 - $ VF 回路和 $R - L_2 - C - $ VF 回路分别流过电流。当 VF 处于断态时,$E - L_1 - C - $ VD 回路和 $R - L_2 - $ VD 回路分别流过电流。输出电压的极性与电源电压极性相反。该电路的等效电路如图 3-53b 所示,相当于开关 S 在 A、B 两点之间交替切换。

在该电路中,稳态时电容 C 的电流在一周期内的平均值应为零,也就是其对时间的积

分为零，即

$$\int_0^T i_C \, dt = 0$$

在图 3-53b 的等效电路中，开关 S 合向 B 点的时间即 VF 处于通态的时间为 T_{on}，则电容电流和时间的乘积为 $I_2 T_{on}$。开关 S 合向 A 点的时间为 VF 处于断态的时间 T_{off}，则电容电流和时间的乘积为 $I_1 T_{off}$，由此可得

$$I_2 T_{on} = I_1 T_{off}$$

从而得到

$$\frac{I_2}{I_1} = \frac{T_{off}}{T_{on}} = \frac{T - T_{on}}{T_{on}} = \frac{1-k}{k}$$

当电容 C 值很大使电容电压 u_C 的脉动足够小时，输出电压 U_o 与输入电压 E 的关系可用以下方法求出。

当开关 S 合到 B 点时，B 点电压 $u_B = 0$，A 点电压 $u_A = -u_C$；相反，当 S 合到 A 点时，$u_B = u_C$，$u_A = 0$。因此，B 点电压 u_B 的平均值为 $U_B = \frac{T_{off}}{T} U_C$（$U_C$ 为电容电压 u_C 的平均值），又因电感 L_1 的电压平均值为零，所以 $E = U_B = \frac{T_{off}}{T} U_C$。另一方面，A 点的电压平均值 $U_A = -\frac{T_{on}}{T} U_C$，且 L_2 的电压平均值为零，按图 3-53b 中输出电压 U_o 的极性，有 $U_o = \frac{T_{on}}{T} U_C$。于是可得出输出电压 U_o 与电源电压 E 的关系为

$$U_o = \frac{k}{1-k} E$$

这一输入输出关系与升降压斩波电路时的情况相同。

与升降压斩波电路相比，Cuk 斩波电路有一个明显的优点，其输入电源电流和输出负载电流都是连续的，没有阶跃变化，有利于对输入、输出进行滤波。

3. Sepic 斩波电路和 Zeta 斩波电路

Sepic 斩波电路和 Zeta 斩波电路如图 3-54 所示。

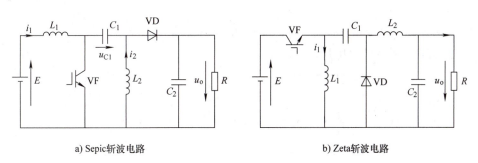

a) Sepic 斩波电路 b) Zeta 斩波电路

图 3-54 Sepic 斩波电路和 Zeta 斩波电路原理图

Sepic 斩波电路的基本工作原理是：当 VF 处于通态时，$E - L_1 - \text{VF}$ 回路和 $C_1 - \text{VF} - L_2$ 回路同时导通，L_1 和 L_2 储能；VF 处于断态时，$E - L_1 - C_1 - \text{VD} -$ 负载（C_2 和 R）回路及

L_2 – VD – 负载回路同时导通,此阶段 E 和 L_1 既向负载供电,同时也向 C_1 充电,C_1 储存的能量在 V 处于通态时向 L_2 转移。

Sepic 斩波电路的输入输出关系由下式给出:

$$U_o = \frac{T_{on}}{T_{off}}E = \frac{T_{on}}{T - T_{on}}E = \frac{k}{1-k}E$$

Zeta 斩波电路的基本工作原理是:在 VF 处于通态期间,电源 E 经开关 VF 向电感 L_1 储能。同时,E 和 C_1 共同经 L_2 向负载供电。待 VF 关断后,L_1 经 VD 向 C_1 充电,其储存的能量转移至 C_1,同时 L_2 的电流则经 VD 续流。

Zeta 斩波电路的输入输出关系为

$$U_o = \frac{k}{1-k}E$$

上述两种电路相比,具有相同的输入输出关系。Sepic 电路中,电源电流连续但负载电流是脉冲波形,有利于输入滤波;反之,Zeta 电路的电源电流是脉动波形而负载电流连续。这两种电路输出电压均为正极性,且输入输出关系相同。

六、思考与习题

1. 试述直流斩波电路的主要应用领域。

2. 简述图 3-40a 所示的降压斩波电路的工作原理。

3. 图 3-40a 所示的斩波电路中,$U = 220V$,$R = 10\Omega$,L 足够大,当要求 $U_o = 400V$ 时,占空比 $k = ?$

4. 简述图 3-41a 所示升压斩波电路的基本工作原理。

5. 在图 3-41a 所示升压斩波电路中,已知 $E = 50V$,$R = 20\Omega$,L、C 足够大,采用脉宽控制方式,当 $T = 40ms$,$t_{on} = 25ms$ 时,计算输出电压平均值 U_o 和输出电流平均值 I_o。

6. 试比较几种隔离型 DC/DC 电路的优缺点。

7. 已知图 3-55 所示的 DC/DC 变换电路,如要求输出电压为 24V,负载电阻为 $R = 0.4\Omega$,晶闸管和二极管通态压降分别 1.2V 和 1V,占空比为 0.5,匝数比 $N_2/N_1 = 0.5$,求:

(1) 平均输入电流 I_i。

(2) 流过开关管的平均电流、峰值电流、电流有效值。

(3) 开关管承受的峰值电压。

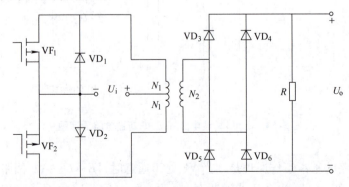

图 3-55 习题 7 图

任务三 PC主机开关电源电路典型故障分析与维修

一、学习目标

1. 知识目标：了解PC主机开关电源电路的工作原理。
2. 能力目标：会对PC主机开关电源电路典型故障进行分析与维修。
3. 素质目标：培养认真、严谨、科学的工作作风；培养知识与应用相结合、解决实际技术问题的能力。

二、工作任务

1. PC主机开关电源电路分析。
2. PC主机开关电源电路典型故障分析与维修。

三、相关知识

图3-4是IBM PC/XT系列PC主机的开关电源电路，它是自激式开关稳压电源，主要由交流输入与整流滤波电路、自激开关振荡电路、稳压调控电路及自动保护电路等部分组成。

IBM PC/XT系列PC主机开关电源电路的工作原理：

当接通电源时，110V或220V交流电压经熔断器FU、热敏电阻R_T后，送至由C_1、L_1、C_2组成的交流抗干扰滤波电路，将交流供电网中的高频杂波滤除后，再进入桥堆进行倍压整流或桥式整流（根据输入电压是110V还是220V，由电源盒后面的开关S人工控制），并经C_5、C_6滤波后得到约300V的峰值直流电压。

由整流滤波输送来的300V峰值电压分两路给开关电路：一路经R_1及开关变压器T_2的1F−1S绕组加到开关管VT_1的C极；另一路经R_2、R_3降压提供VT_1的B极的导通电压，使VT_1导通，因此VT_1的C极有电流通过，T_2的1F−1S绕组有电流通过即产生感应电压耦合给二次侧。二次侧2S−2F绕组又把感应电压经R_6、C_9控制变压器T_1的3−6绕组、R_9、L_4正反馈到开关管VT_1的B极，使VT_1的B极电流保持不变，开关变压器T_2上各绕组感应电压消失，正反馈停止，VT_1退出饱和进入放大，此时VT_1的C极电流瞬间大大地减小，开关变压器T_2的1F−1S绕组中的电流不能突变产生很强的反向感应电压耦合给二次侧，二次侧正反馈绕组的反向感应电压使VT_1反偏截止。同时C_9通过VT_1获得充电，VT_1截止后，T_2的1F−1S绕组无电流通过，感应电压消失。C_9通过控制变压器T_1的3−6绕组、L_4、VT_1的E极、R_7、R_8、T_2的2S−2F绕组、R_6形成回路放电，使VT_1获得放电电流重新导通，并重复以上过程。如此循环便形成了自激开关过程。T_2的二次侧便得到了所需的脉冲电压，经整流滤波、稳压后送给负载。其中开关变压器T_2的7S−7E绕组中的脉冲经VD_{18}整流、C_{18}滤波，再由三端稳压器7812稳压后输出−12V电压；T_2的5S−5E绕组中的脉冲经VD_{14}和VD_{15}整流、C_{22}滤波后输出12V电压；T_2的3S−3E绕组中的脉冲经VD_{16}和VD_{17}整流、C_{24}滤波后输出5V电压。

稳压控制电路由R_{22}、R_{23}、RP_1、IC_1（TL430）、VT_3、控制变压器T_1等部分组成。

当某种原因使输出电压升高时，5V电压升高，经取样电路R_{23}、RP_1、R_{22}提供的取样电压升高,加到 IC_1R 端的电压升高,IC_1 的 K、A 端的电流增大,VT_3 导通,控制变压器 T_1 的 2—1 绕组的电流增大,4—5 绕组的感应电压增大,VT_2 导通。因 T_1 的 4—5 绕组为 50 匝,2—1 绕组也为 50 匝,而 3—6 绕组为 4 匝,所以 3—6 绕组的感应电压很小,对开关管 VT_1 基本不产生影响,而 VT_2 导通使 VT_1 提前截止,导通时间缩短,输出电压下降直至稳压输出。

开关管的限流保护电路由 R_8、VT_2 为核心组成。当 VT_1 的发射极脉冲电流增大时,R_8 上的感应电压升高,VT_2 导通程度增大,对 VT_1 的基极分流增大,使 VT_1 的 C 极电流减少,达到限流保护目的。

5V 的过电压保护电路由稳压管 VS_1、晶闸管 VTH_1 组成。当 5V 电压超过设定的最大值时,稳压管 VS_1 击穿导通,晶闸管 VTH_1 导通,使 12V 对地短路,电源停止工作,起到过电压保护作用。

四、实践指导

下面介绍典型故障现象及检修方法。

1. 通电后无任何反应

(1)故障现象 PC 系统通电后,主机指示灯不亮,显示器屏幕无光栅,整个系统无任何反应。

(2)检修方法 通电后无任何反应,是 PC 主机电源最常见的故障,对此首先应采用直观法察看电源盒有无烧坏元器件,接着采用万用表电阻档检测法逐个单元地进行静态电阻检测,看有无明显短路。若无明显元件烧坏,也没有明显过电流,则可通电采用动态电压对电源中各关键点的电压进行检修。

2. 一通电就熔断交流熔断器

(1)故障现象 接通电源开关后,电源盒内发出"叭"的一声,交流熔断器随即熔断。

(2)检修方法 一通电就熔断交流熔断器,说明电源盒内有严重过电流元件,除短路之外,故障部位一般在高频开关变压器一次绕组之前,通常有以下三种情况:

1)输入桥式整流二极管中的某个二极管被击穿。由于 PC 电源的高压滤波电容一般都是 $220\mu F$ 左右的大容量电解电容,瞬间工作充电电源达 20A 以上,所以瞬间大容量的浪涌电流将会造成桥堆中某个质量较差的整流管过电流工作,尽管有限流电阻限流,但也会发生一些整流管被击穿的现象,从而烧毁熔丝。

2)高压滤波电解电容 C_5、C_6 被击穿,甚至发生爆裂现象。由于大容量的电解电容工作电压一般均接近 200V,而实际工作电压均已接近额定值。因此当输入电压产生波动时,或某些电解电容质量较差时,就极容易发生电容被击穿现象。更换电容最好选择耐压高些的,如 $300\mu F/450V$ 的电解电容。

3)开关管 VT_1、VT_2 损坏。由于高压整流后的输出电压一般达 300V 左右,逆变功率开关管的负载又是感性负载,漏感所形成的电压尖峰将有可能使功率开关管的 U_{CEO} 的值接近于 600V,而 VT_1、VT_2 的 2SC3039 所标 U_{CEO} 只有 400V 左右。因此当输入电压偏高时,某些质量较差的开关管将会发生 E—C 之间击穿现象,从而烧毁熔丝。在选择逆变功率开关管时,对单管自激式电路中的 VT_1,要求 U_{CEO} 必须大于 800V,最好 1000V 以上,而且截止频率越高越好。另外,要注意的是,由于某些开关功率管是与激励推挽管直接耦合的,故往往是变压器一次侧电路中的大、小晶体管同时击穿。因此,在检修这种电源时应将前级的激励管一同进行检测。

3. 熔断器完好,但各路直流电压均为零

(1) 故障现象　故障现象接通电源开关后,主机不起动,用万用表测 ±5V、±12V 均没有输出。

(2) 检修方法　主机电源直流输出的四组电压:5V、-5V、12V、-12V,其中 5V 电源输出功率最大(满载时达 20A),故障率最高,一旦 5V 电路有故障时,整个电源电路往往自动保护,其他几路也无输出,因此,5V 形成及输出电路应重点检查。

当电源在有负载情况下测量不出各输出端的直流电压时即认为电源无输出。这时应先打开电源检查熔丝,如果熔丝完好,应检查电源中是否有开路、短路现象,过电压、过电流保护电路是否发生误动作等。这类故障常见的有以下三种情况:

1) 限流电阻 R_1、R_2 开路。开关电源采用电容输入式滤波电路,当接通交流电压时,会有较大的合闸浪涌电流(电容充电电流),而且由于输出保持能力等的需要,输入滤波电容也较大,因而合闸浪涌电流比一般稳压电源要高得多,电流的持续时间也长。这样大的浪涌电流不仅会使限流电阻或输入熔丝熔断,还会因为虚焊或焊点不饱满、有空隙而引起长时间的放电电流,导致焊点脱落,使电源无法输出,一般扼流圈引脚因清漆不净,常会发生该类故障,发生这种故障时重焊即可。

2) 12V 整流半桥块击穿。12V 整流二极管采用快速恢复二极管 FRD,而 5V 整流二极管采用肖基特二极管 SBD。由于 FRD 的正向压降要比 SBD 大,当输出电流增大时,正向压降引起的功耗也大,所以 12V 整流二极管的故障率较高,选择整流二极管时,应尽可能选用正向压降低的整流器件。

3) 晶闸管坏。在检查中发现开关振荡电路丝毫没有振荡现象。从电路上分析能够影响振荡电路的只有 5V 和 12V,它是通过发光二极管来控制振荡电路的,如果发光二极管不工作,那么光耦合器将处于截止,开关晶体管因无触发信号始终处于截止状态,影响发光二极管不能工作的最常见元件就是晶闸管 VTH1 损坏。

4. 起动电源时发出"滴嗒"声

(1) 故障现象　开启主机电源开关后,主机不起动,电源盒内发出"滴嗒"的怪声响。

(2) 检修方法　这种故障一般是输入的电压过高或某处的短路造成的大电流使 5V 处输出电压过高,这样引起过电压保护动作,晶闸管也随之截止,短路消失,使电源重新起动供电。如此周而复始地循环,将会使电源发生"滴嗒滴嗒"的开关声,此时应关闭电源进行仔细检查,找出短路故障处,从而修复整个电源。

另一种原因是控制集成电路的定时元件发生了变化或内部不良。用示波器测量,其工作频率只有 8kHz 左右,而正常工作时近 20kHz 左右。经检查发现定时元件电容器的容量变大,导致集成控制器定时振荡频率变低,使电源产生重复性"滴嗒"声,整个电源不能正常工作,只要更换定时电容后即可恢复正常。

5. 某一路无直流输出

(1) 故障现象　开机后,主机不起动,用万用表检测 ±5V、±12V,其中一路无输出。

(2) 检修方法　在主机电源中,±5V 和 ±12V 四组直流电源,若有一路或一路以上因故障无电压输出时,整个电源将因断相而进入保护状态。这时,可用万用表测量各输出端,开启

电源,观察在起动瞬间哪一路电源无输出,则故障就出在这一路电压形成或输出电路上。

6. 电源负载能力差

(1) 故障现象　主机电源如果仅向主机板和软驱供电,显示正常,但当电源增接上硬盘或扩满内存情况下,屏幕将变白或根本不工作。

(2) 检修方法　在不配硬盘或未扩满内存等轻负载情况下能工作,说明主机电源无本质性故障,主要是工作点未选择好。当振荡放大环节中增益偏低,检测放大电路处于非线性工作状态时,均会产生此故障。解决此故障的办法可适当调换振荡电路中的各晶体管,使其增益提高,或调整各放大晶体管的工作特点,使它们都工作于线性区,从而提高电源的负载能力。

极端的情况是,即使不接硬盘,电源也不能正常地工作下去。这类故障常见的有以下三种情况:

1) 电源开机正常,工作一段时间后电源保护。这种现象大都发生在 5V 输出端有晶闸管或稳压管作过电压保护的电路。其中原因是晶闸管或稳压管漏电太大,工作一段时间后,晶闸管或稳压管发热,漏电急剧增加而导通造成。需要更换晶闸管或稳压管。

2) 带负载后各档电压稍下降,开关变压器发出轻微的"吱吱"声。这种现象大都是滤波电容器 (300μF/200V) 坏了一个。原因是漏电流大,导致了这种现象的发生。更换滤波器电容时应注意两只电容容量和耐压值必须一致。

3) 电源开机正常,当主机读软盘后电源保护。这种现象大都是 12V 整流二极管 FRD 性能变劣,调换同样型号的二极管即可恢复正常。

7. 直流电压偏离正常值

(1) 故障现象　开机后,四组电压均有输出,或高或低的偏离 ±5V、±12V 很多。

(2) 检修方法　直流输出电压偏离正常值,一般可通过调节检测电路中的基准电压调节电位器 RP_1 都能使 5V 等各档电压调至标准值。如果调节失灵或调不到标准值,则一般是检测晶闸管 VTH_1 或基准电压可调稳压管 VS_1 损坏,换上相同或适当的器件,一般均能正常工作。

如果只有一档电压偏高太大,而其他各档电压均正常,则是该档电压的集成稳压器或整流二极管损坏。检查方法是用电压表接 -5V 或 -12V 的输出端进行监测。开启电源时,哪路输出电压无反应,则哪路集成稳压器可能损坏,若集成稳压器是好的,则整流二极管损坏的可能性最大,其原因是输出负载可能太重,另外负载电流也较大,故在 PC 主机电源电路中 5V 档采用带肖特基特性的高频整流二极管 SBD,其余各档也采用快恢复特性的高频整流二极管 FRD。所以更换时要尽可能找到相同类型的整流二极管,以免再次损坏。

8. 直流输出不稳定

(1) 故障现象　刚开机时,整个系统工作正常,但工作一段时间后,输出电压下降,甚至无输出,或时好时坏。

(2) 检修方法　主机电源四组输出均时好时坏,这一般是电源电路中由于元器件虚焊、接插件接触不良、或大功率元件热稳定性差、电容漏电等原因而造成的。

9. 风扇转动异常

(1) 故障现象　风扇不转动,或虽能旋转,但发出尖叫声。

(2) 检修方法　PC 主机电源风扇的连接及供电有两种情况:一种是直接使用市电供电交流电风扇;另一种是接在 12V 直流输出端的直流风扇。如果发现电源输入输出一切正常,而风扇不转,就要立即停机检查。这类故障大都是由风扇电动机线圈烧断而引起的,这时必须更换新的风扇。如果发出响声，其原因之一是由于机器长期运转或传输过程中的激烈振动而引起风扇的四只固定螺钉松动。这时只要紧固其螺钉就行。如果是由于风扇内部灰尘太多或含油轴承缺油而引起的，只要清理或经常用高级润滑油补充，故障就可排除。

五、拓展知识

1. 电动车控制器简介

电动自行车、电动摩托车大都使用直流电动机，对直流电动机调速的控制器有很多种。按功率大小可分为大功率、中功率、小功率三类，电动自行车使用小功率的，货运三轮车和电动摩托车要使用中、大功率的；从控制电动机分，可分为有刷、无刷控制器，无刷电动机是目前最普及的电动车动力源，相对于有刷电动机，因其具有寿命长、免维护等优点而得到广泛应用。然而由于其使用直流电而无换向电刷，其换向控制相对有刷电动机要复杂得多，同时由于电动车负载极不稳定，又使用电池作电源，因此控制器自身的保护、对电动机和电源的保护均对控制器提出更多要求。电动车控制器核心是脉宽调制（PWM）器，而一款完善的控制器，还应具有电源欠电压保护、电动机过电流保护、制动断电、电量显示等功能。

自电动车无刷电动机问世以来，其控制器发展分两个阶段：第一阶段为使用专用无刷电动机控制芯片为主组成的纯硬件电路控制器，这种电路较为简单，其中控制芯片的代表是摩托罗拉的 MC33035；第二阶段是以 MCU 为主的控制芯片，在 MCU 版本的设计中，糅和了模拟、数字、大功率 MOSFET 驱动程序等多种应用。

电动车控制器实物如图 3-56 所示。

控制器电路复杂，其基本框图如图 3-57 所示。简略地讲控制器是由周边器件和主芯片（或单片机）组成的，周边器件是一些功能器件，如控制、执行、显示等，它们是电阻、传感器、桥式开关电路，以及辅助单片机或专用集成电路完成控制过程的器件。

图 3-56 电动车控制器实物

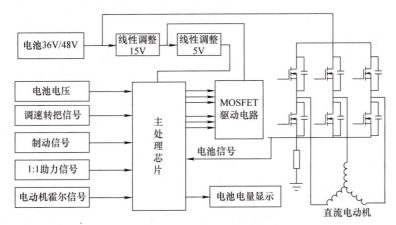

图 3-57 电路框图

MC33033 是目前电动车控制器低端控制芯片,配合 2 只 74HC27(3 输入或非门电路);1 只 74HC04D(反相器);1 只 74HC08D(双输入与门)和一片 LM358(双运放),组成一款比较典型的无刷电动车控制器,具有 60°和 120°驱动模式自动切换功能,实物如图 3-58 所示。

图 3-58 控制器内部结构
1—控制器功率管铝合金散热片 2—控制器功率管 3—控制器单片机

2. 电路简介

MC33033 的引脚功能说明见表 3-17,亦可查阅有关资料。

表 3-17 MC33033 的引脚功能说明

引脚号	引脚名称	功能说明
1,2,20	BT,AT,CT	三个集电极开路的顶部驱动输出引脚。用来驱动顶部外接的功率开关晶体管
3	FWD/REV	正向/反向输入引脚。用来控制电动机的转动方向,即正转或反转
4,5,6	SA,SB,SC	三个传感器的输入引脚。用于控制电动机的换向序列
7	REF	基准输出引脚,用来为振荡器的时间电容 C_T 提供充电电流以及为误差放大器提供基准电压,也可为传感器提供工作电源
8	振荡器	振荡器输出引脚,其输出频率由外接元件 R_T 和 C_T 决定
9	误差放大器(+)	误差放大器的同相输入引脚,它通常与速度设定的电位器相连
10	误差放大器(-)	误差放大器的反相输入引脚,它通常与开环应用中的误差放大器的输出端相连
11	误差放大器输出/PWM 输入	误差放大器输出/PWM 输入引脚。该引脚在闭环应用时作补偿端用
12	电流检测同相输入	电流检测同相输入引脚,在振荡周期里,该引脚的输入信号为 100mW 时,可使输出开关截止。它通常连接在电流检测电阻的上端
13	GND	接地引脚
14	V_{CC}	电源电压输入引脚。输入范围为 10~30V
15,16,17	CB,BB,AB	三个底部驱动输出引脚。用于驱动底部外接功率晶体管
18	60°/120°选择	输出使能引脚。用来选择 60(高态)或 120(低态)传感器相位输入的控制电路
19	输出使能	输出使能引脚。该引脚为低电平时,电动机转动;为高电平时,电动机滑行

MC33033 电动机控制器由转子位置译码器、基准电压源、振荡器、误差放大器、脉冲

宽度调制器（PWM）以及欠电压锁定、过电流限制、热关断和输出驱动电路组成。图 3-59 是 MC33033 电动机控制器的内部原理框图。

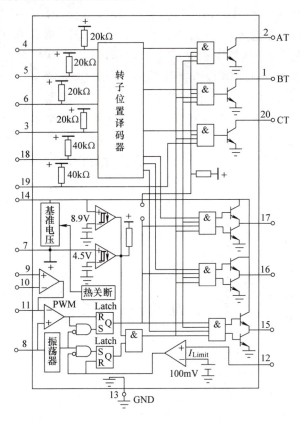

图 3-59　MC33033 的内部原理框图

MC33033 内部的转子位置译码器用来控制三个传感器的（引脚 4、5、6）输入状态。同时，它还能为顶部和底部的输出驱动提供正确的序列。MC33033 的传感器输入电平与 TTL 电平兼容，其门限电压为 2.2V。它的输入可直接与集电极开路的霍尔效应开关或光耦合器接口，其上拉电阻结构能减少电路的外围元件数目。

MC33033 控制器的 60°/120°选择引脚（18 脚）能够方便地使控制器与具有 60°、120°、240°或 360°相位输入的电动机连接。由于有三个输入传感器，因此具有八种可能的输入编码。其中六个为转子位置的有效位，其余两位无效。采用这六个有效输入码可使译码器在 60°窗口译出电动机转动的位置。

正向/反向输入引脚利用其反向作用在定子线圈上的电压来改变电动机的转动方向。当输入状态改变时，其电压从高向低变化。假如传感器的输入码为 100，则具有相同字母的顶部和底部输出驱动将进行交换。即 AT 变为 AB，BT 变为 BB，CT 变为 CB，此时电动机的转向序列已被颠倒，从而改变电动机的转动方向。电动机开关的控制由输出使能引脚（19 脚）来完成。该引脚为低电平（或悬空）时，实际上它通过片内上拉电阻接到了正电源上，并驱动顶部和底部输出，从而使电动机转动。该脚接地时，顶部输出驱动关闭，而底部输出驱动被降低，从而使电动机滑行。PWM 电路的主要任务是通过改变定子线圈上的电压平均值对电动机的运行速度进行有效的控制。而欠电压锁定电路能够保证控制器和传感器可靠地工作,并使控制器外接的功率晶体管免遭损坏。MC33033 的片内误差放大器具有 80dB 的直流电压增益,能用来实现电动机速度的开环和闭环控制。

由 MC33033 和少量外围元件组成的三相、六步、全波驱动开环电动机控制电路如图 3-60 所示。功率晶体管为达林顿 PNP 型管,而底部功率管为 N 沟道 MOSFET 管。它们能够把定子感应的能量传给电源。其输出级用于驱动一个三角形或星形联结的定子和一个中性点接地的星形电路。在任意给定一个转子位置时,只有一个顶部和底部功率开关管导通,这种开关结构形式使得定子线圈的两端加于电压和地之间,从而使电流以双向或全波形式流动。应当注意:在电流波形的前沿可能会出现尖峰,这种尖峰会导致电流限制电路的误动作。因此,需要外加 RC 滤波器,以消除这种可能产生的误动作。

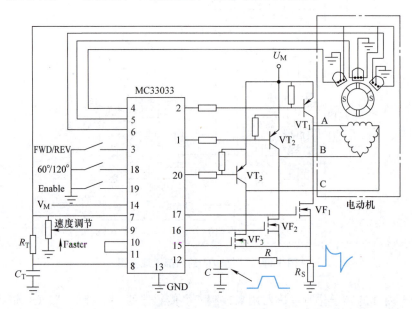

图 3-60 三相、六步、全波驱动开环电动机控制电路

3. 控制器的保护功能

控制器具有保护功能。保护功能是对控制器中换相功率管、电源进行保护,以及电动机在运行中,因某种故障或误操作而导致的可能引起的损伤等故障出现时,电路根据反馈信号采取的保护措施。电动自行车基本的保护功能和扩展功能如下:

(1) 制动断电 电动自行车车把上两个钳形制动手把均安装有接点开关。当制动时,开关被推押闭合或被断开,而改变了原来的开关状态。这个变化形成信号传送到控制电路中,电路根据预设程序发出指令,立即切断基极驱动电流,使功率管截止,停止供电。因而,既保护了功率管本身,又保护了电动机,也防止了电源的浪费。

(2) 欠电压保护 这里指的是电源的电压。当放电最后阶段,在负载状态下,电源电压已经接近"放电终止电压",控制器面板(或仪表显示盘)即显示电量不足,引起骑行者的注意,计划自己的行程。当电源电压已经达到放电终了时,电压取样电阻将分流信息馈入比较器,保护电路即按预先设定的程序发出指令,切断电流以保护电子器件和电源。

(3) 过电流保护 电流超限对电动机和电路一系列元器件都可能造成损伤,甚至烧毁,

这是绝对应当避免的。控制电路中，必须具备这种过电流保护功能，在过电流时经过一定的延时即切断电流。

（4）过载保护　过载保护和过电流保护是相同的，载重超限必然引起电流超限。电动自行车说明书上都特别注明载重能力，但有的骑者或未注意这一点，或抱着试一下的心理故意超载。如果没有这种保护功能，不一定在哪个环节上引起损伤，但首当其冲的就是开关功率管，只要无刷控制器功率管烧毁一只，变成两相供电后电动机运转即变得无力，骑行者立即可以感觉到脉动异常；若继续骑行，接着就烧毁第2、第3个功率管。有两相功率管不工作，电动机即停止运行，有刷电动机则失去控制功能。因此，由过载引起的过电流是很危险的。但只要有过电流保护，载重超限后电路自动切断电源，因超载而引起的一系列后果都可以避免。

（5）限速保护　车速超过某一预定值时，电路停止供电。对电动自行车而言，统一规定车速为20km/h，车用电动机在设计时，额定转速就已经设定好了，控制电路也已经设好。电动自行车只能在不超过这个速度状态下运行。

4. 控制器失效原因

电动自行车有很多不起眼，但是很重要的小部件，而电动自行车控制器就是其中之一。别看控制器不起眼，但是你的电动自行车的起动、进退、停止可全靠它了。那么哪些原因会导致电动车控制器失效呢？

（1）功率器件损坏　功率器件的损坏，一般有以下几种可能：电动机损坏引起的；功率器件本身的质量差或选用等级不够引起的；器件安装或振动松动引起的；电动机过载引起的；功率器件驱动电路损坏或参数设计不合理引起的。

（2）控制器内部供电电源损坏　控制器内部电源的损坏，一般有以下几种可能：控制器内部电路短路；外围控制部件短路；外部引线短路。

（3）控制器工作时断时续　控制器工作起来时断时续，一般有以下几种可能：器件本身在高温或低温环境下参数漂移；控制器总体设计功耗大导致某些器件局部温度过高而使器件本身进入保护状态；接触不良。

（4）连接线磨损及接插件不良或脱落引起控制信号丢失　连接线磨损及接插件接触不良或脱落，一般有以下几种可能：线材选择不合理；对线材的保护不完备；接插件压接不牢。

5. 控制器维修方法

（1）电动车有刷控制器没有输出

1）将万用表设置在20V（DC）档位，先测量闸把输出信号的高、低电位。

2）如捏闸把时，闸把信号有超过4V的电位变化，则可排除闸把故障。

3）然后按照有刷控制器常用脚功能表，与测量出的主控逻辑芯片的电压值进行电路分析，并检查各芯片外围器件（电阻、电容、二极管）的数值是否和元件表面的标志相一致。

4）最后检查外围器件或集成电路是否出现故障，如果有故障，可以通过更换同型号的器件来排除。

（2）电动车无刷控制器完全没有输出

1）参照无刷电动机控制器主相位检查测量图，用万用表直流电压50V档，检测6路MOS管栅极电压是否与转把的转动角度呈对应关系。

2)如没有对应关系,表示控制器里的 PWM 电路或 MOS 管驱动电路有故障。

3)参照无刷控制器主相位检查图,测量芯片的输入输出引脚的电压是否与转把转动角度有对应关系,可以判断哪些芯片有故障,更换同型号芯片即可排除故障。

(3)电动车有刷控制器控制部件的电源不正常

1)电动车控制器内部电源一般采用三端稳压集成电路,一般用 7805、7806、7812、7815 三端稳压集成电路,它们的输出电压分别是 5V、6V、12V、15V。

2)将万用表设置在直流电压 20V(DC)档位,将万用表黑表笔与红表笔分别靠在转把的黑线和红线上,观察万用表读数是否与标称电压相符,它们的上下电压差不应超过 0.2V。

3)否则说明控制器内部电源出现故障了,一般有刷控制器可以通过更换三端稳压集成电路排除故障。

(4)电动车无刷控制器断相 电动车无刷控制器电源与闸把的故障可以参考有刷控制器的故障排除方法先予以排除,对无刷控制器而言,还有其特有故障现象,比如断相。电动车无刷控制器断相现象可以分为主相位断相和霍尔断相两种情况。

1)主相位断相的检测方法可以参照电动车有刷控制器飞车故障排除法,检测 MOS 管是否击穿,无刷控制器 MOS 管击穿一般是某一个相位的上下两个一对 MOS 管同时击穿,更换时确保同时更换。检查测量点。

2)电动车无刷控制器的霍尔断相表现为控制器不能识别电动机霍尔信号。

6. 控制器识别

(1)仔细观察做工 一个控制器的做工体现了一个公司实力,同等条件下,作坊控制器肯定不如大公司的产品;手工焊接的产品肯定不如波峰焊下来的产品;外观精致的控制器好过不注重外观的产品;导线用得粗的控制器好过导线偷工减料的控制器;散热器重的控制器好过散热器轻的控制器等,在用料和工艺上有所追求的公司相对可信度高,对比就能看得出来。

(2)对比温升 用新送来的控制器和原来使用的控制器进行同等条件下的堵转发热试验,两个控制器都拆掉散热器,用一辆车,撑起脚,先转动转把达到最高速,立即制动,不要刹死,免得控制器进入堵转保护,在极低速度下维持 5s,松开制动,迅速达到最高速,再制动,反复同样的操作,比如 30 次,检测散热器最高温度点。

拿两个控制器的数据对比,温度越低越好。试验条件应该保证相同的限流,相同的电池容量,同一辆车,同样从冷车开始测试,保持相同的制动力度和时间。试验结束时应检查固定 MOS 管的螺钉松紧程度,松得越多标明使用的绝缘材料耐温性越差,在长期使用中,这将导致 MOS 管提前因发热而损坏。再装上散热器,重复上述试验,对比散热器温度,这可以考察控制器的散热设计。

(3)观察反压控制能力 选取一辆车,功率可以大一点,拔掉电池,选用充电器为电动车供电,接上 E-ABS 使能端子,确保闸把开关接触良好。慢慢转动转把,太快了充电器无法输出很大的电流,会引起欠电压,让电动机达到最高速,快速制动,反复多次,不应出现 MOS 损坏现象。

在制动时,充电器输出端的电压会快速上升,可考验控制器的瞬间限压能力,此试验如果用电池测试基本没有效果。此试验也可以在快速下坡时进行,当车子达到最高速后进行制动。

（4）电流控制能力　接充满的电池，容量越大越好，先让电动机达到最高速，任选两根电动机输出线短路，反复进行 30 次以上，不应出现 MOS 损坏现象；再让电动机达到最高速，用电池正极和任选的一根电动机线短路，反复 30 次，这比上述试验更严酷，回路中少了一个 MOS 的内阻，瞬间短路电流更大，可考验控制器的电流快速控制能力。

很多控制器会在这一环节出丑，如果出现损坏，可以比较两个控制器成功承受短路的次数，越少越差；拔掉一根电动机线，转把拉到最大，此时电动机不会运转，快速接通另一根电动机线，电动机应能立即转动，电动机转动中反复插拔其中一根电动机线，控制器应正常工作。这部分试验可以验证控制器软件、硬件的可靠性设计。

（5）检验控制器效率　关闭超速功能，如果有的话，在同一辆车子空载情况下测试不同控制器达到的最高速度，最高速度越高，则效率越高，续航里程也相对高。

项目四

光伏逆变电路分析与调试

将直流电能变换成交流电能的过程称为逆变,完成逆变功能的电路称为逆变电路,而实现逆变过程的装置称为逆变器或逆变装置。太阳能光伏发电系统中使用的逆变器是一种将太阳电池所产生的直流电能转换为交流电能的转换装置,它使转换后的交流电的电压、频率、波形等与电力系统交流电的电压、频率、波形等相一致,以满足各种交流用电装置、供电设备及并网发电的需要。

太阳能光伏发电系统中,逆变器按运行方式,可分为独立运行(离网)逆变器和并网逆变器。在并网型光伏发电系统中需要有源逆变器,而在离网独立型光伏发电系统中需要无源逆变器。独立运行逆变器用于独立运行的太阳能光伏发电系统,独立为负载供电。并网逆变器用于并网运行的太阳能光伏发电系统。逆变器的种类很多,可以按照不同的方式进行分类,主要有表4-1所示几种类型。

表4-1 逆变器的分类

输出波形	运行方式	输出交流电相数	功率流动方向
方波逆变器	离网逆变器	单相逆变器	单向逆变器
阶梯波逆变器	并网逆变器	三相逆变器	双向逆变器
正弦波逆变器			

逆变器的基本电路构成如图4-1所示。它主要由输入电路、输出电路、主逆变开关电路(简称主逆变电路)、控制电路、辅助电路和保护电路等构成。图4-2为单相桥式全控逆变工作原理图。

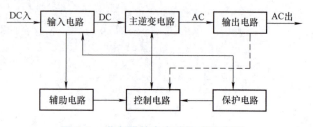

图4-1 逆变器基本电路构成示意图

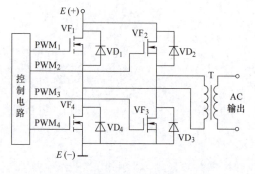

图4-2 单相桥式全控逆变工作原理图

任务一　单相逆变电路分析

一、学习目标

1. 知识目标：掌握逆变电路的结构与工作原理。
2. 能力目标：会分析逆变电路的工作原理。
3. 素质目标：培养认真、严谨、科学的工作作风；培养对应用技术分析探究的习惯。

二、工作任务

1. 认识有源及无源逆变电路。
2. 单相桥式有源逆变电路的分析与调试。

三、相关知识

1. 逆变的基本概念和换流方式

（1）逆变的基本概念　将直流电变换成交流电的过程称为逆变，根据交流电的用途不同，逆变可以分为有源逆变和无源逆变。有源逆变是把交流电回馈电网，无源逆变是把交流电供给不同频率需要的负载。

（2）逆变电路的换流方式　换流的实质就是电流在由半导体器件组成的电路中不同桥臂之间的转移。常用的电力变流器的换流方式有以下几种：

1）负载谐振换流。由负载谐振电路产生一个电压，在换流时关断已经导通的晶闸管，一般有串联和并联谐振逆变电路，或两者共同组成的串、并联谐振逆变电路。

2）强迫换流。附加换流电路，在换流时产生一个反向电压关断晶闸管。

3）器件换流。利用全控型器件的自关断能力进行换流。现通用的逆变器采用全控型器件。

（3）逆变电路的基本工作原理　全控型器件电路图和对应的波形图如图4-3所示。

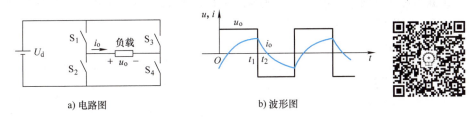

a) 电路图　　　　b) 波形图

图4-3　逆变电路图及波形图

1）S_1、S_4 闭合，S_2、S_3 断开，输出 u_o 为正，反之，S_1、S_4 断开，S_2、S_3 闭合，输出 u_o 为负，这样就把直流电变换成了交流电。

2）改变两组开关的切换频率，可以改变输出交流电的频率。

3）电阻性负载时，电流和电压的波形相同。电感性负载时，电流和电压的波形不相同，电流滞后电压一定的角度。

2. 单相逆变电路

电路根据直流电源的性质不同，可以分为电流型逆变电路和电压型逆变电路。

（1）电压型逆变电路（见图4-4） 电压型逆变电路的基本特点如下：

1）直流侧并联大电容，直流电压基本无脉动。

2）输出电压为矩形波，电流波形与负载有关。

3）电感性负载时，需要提供无功功率。为了有无功通道，逆变桥臂需要并联二极管。

（2）电流型逆变电路（见图4-5） 电流型逆变电路的基本特点如下：

1）直流侧串联大电感，直流电源电流基本无脉动。

2）交流侧电容用于吸收换流时负载电感的能量。这种电路换流方式一般有强迫换流和负载换流。

3）输出电流为矩形波，电压波形与负载有关。

4）直流侧电感起到缓冲无功能量的作用，晶闸管两端不需要并联二极管。

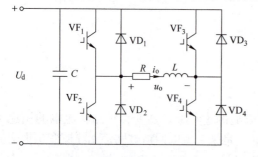

图4-4 电压型逆变电路原理图

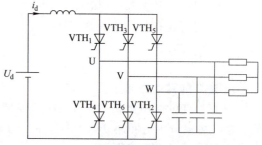

图4-5 电流型逆变电路原理图

3. PWM逆变原理

PWM（Pulse Width Modulation）就是脉宽调制技术，即通过对一系列脉冲的宽度进行调制，来等效地获得所需要的波形（含形状和幅值），是将直流转换为宽度可变的脉冲序列的技术。它是中小功率逆变器最为常用的逆变控制形式。

（1）面积等效原理 冲量相等而形状不同的窄脉冲加在具有惯性的环节上时，其效果基本相同。冲量为窄脉冲的面积，效果基本相同为惯性环节上的输出响应波形基本相同。脉冲形式如图4-6所示，输出响应波形如图4-7所示，$u(t)$——电压窄脉冲，是电路的输入，$i(t)$——输出电流，是电路的响应。

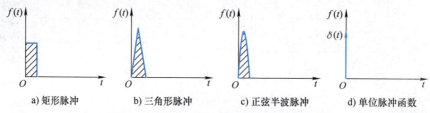

图4-6 形状不同而冲量相同的各种窄脉冲

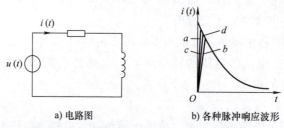

图4-7 冲量相等的各种窄脉冲的响应波形

(2) 脉冲等效正弦波　根据以上思想，可以用脉冲等效正弦波，有以下两种方法：
1) 等宽不等幅，如图 4-8 所示。
2) 等幅不等宽（SPWM），如图 4-9 所示。

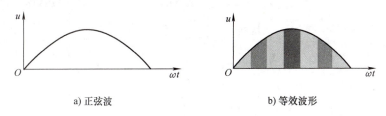

图 4-8　等宽不等幅脉冲等效正弦波形图

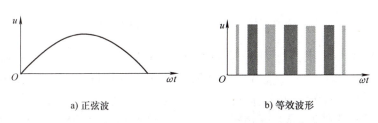

图 4-9　等幅不等宽脉冲等效正弦波形图

目前较普遍采用的是 SPWM 波形，对于正弦波的负半周，采取同样的方法，得到 PWM 波形，因此正弦波一个完整周期的等效 PWM 波形图如图 4-10 所示。

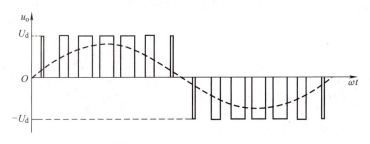

图 4-10　一个完整周期的等效 PWM 波形图

正弦波还可等效为图 4-11 中的 PWM 波，这种方式在实际应用中更为广泛。

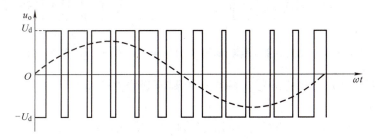

图 4-11　完整周期的等效 PWM 波形图

(3) 单相桥式 PWM 逆变电路　图 4-12 为单相桥式 PWM 逆变电路，u_r 为调制信号波

（正弦波），u_c 为载波（三角波）。下面分析其工作原理。

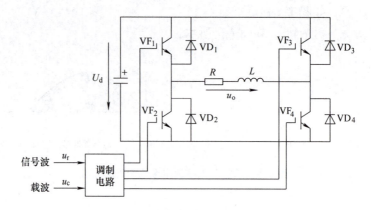

图 4-12 单相桥式 PWM 逆变电路图

1）单极性 PWM 控制方式。工作时 VF_1 和 VF_2 通断互补，VF_3 和 VF_4 通断也互补。以 u_o 正半周为例，VF_1 通，VF_2 断，VF_3 和 VF_4 交替通断。同样 U_d 负半周，让 VF_2 保持通，VF_1 保持断，VF_3 和 VF_4 交替通断，u_o 可得 $-U_d$ 和零两种电平。

u_r 正半周，VF_1 保持通，VF_2 保持断。当 $u_r > u_c$ 时使 VF_4 通，VF_3 断，$u_o = U_d$。当 $u_r < u_c$ 时使 VF_4 断，VF_3 通，$u_o = 0$。

u_r 负半周，请同学们自己分析。波形如图 4-13 所示。

2）双极性 PWM 控制方式。在 u_r 的半个周期内，三角波载波有正有负，所得 PWM 波也有正有负，其幅值只有 $\pm U_d$ 两种电平，图 4-14 是波形图。

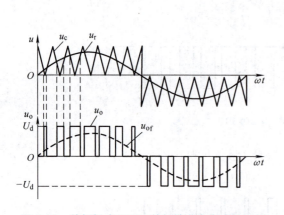

图 4-13 单相桥式 PWM 单极性逆变电路波形图　　图 4-14 单相桥式 PWM 双极性逆变电路波形图

同样在调制信号 u_r 和载波信号 u_c 的交点时刻控制器件的通断。u_r 正负半周，对各开关器件的控制规律相同。

当 $u_r > u_c$ 时，给 VF_1 和 VF_4 导通信号，给 VF_2 和 VF_3 关断信号。如 $i_o > 0$，VF_1 和 VF_4 通，如 $i_o < 0$，VD_1 和 VD_4 通，$u_o = U_d$。

当 $u_r < u_c$ 时，给 VF_2 和 VF_3 导通信号，给 VF_1 和 VF_4 关断信号。如 $i_o < 0$，VF_2 和 VF_3 通，如 $i_o > 0$，VD_2 和 VD_3 通，$u_o = -U_d$。

四、实践指导

本节进行单相正弦波脉宽调制（SPWM）逆变电路实验。

1. 实验设备（见表 4-2）

表 4-2 实验所需挂件及附件

序号	型 号	备 注
1	TKDD-1 型 电源控制屏	该控制屏包含"三相电源输出"等几个模块
2	DK08 给定及实验器件	该挂件包含"二极管"以及"开关"等模块
3	DK11 单相调压与可调负载	
4	DK14 单相交-直-交变频原理	
5	双踪示波器	自备
6	万用表	自备

2. 实验电路及原理

采用 SPWM 正弦波脉宽调制，通过改变调制频率，实现交-直-交变频的目的。实验电路由三部分组成：主电路、驱动电路和控制电路。

（1）主电路部分　如图 4-15 所示，交直流变换部分（AC/DC）为不可控整流电路（由实验挂箱 DK11 提供）；逆变部分（DC/AC）由四只 IGBT 管组成单相桥式逆变电路，采用双极性调制方式。输出经 LC 低通滤波器，滤除谐波，得到频率可调的正弦波（基波）交流输出。本实验设计的负载为电阻性或电阻电感性负载，在满足一定条件下，可接电阻起动式单相笼型异步电动机。

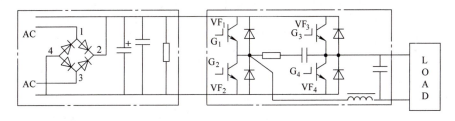

图 4-15　主电路结构原理图

（2）驱动电路　如图 4-16（以其中一路为例）所示，采用 IGBT 管专用驱动芯片 M57962L，其输入端接控制电路产生的 SPWM 信号，其输出可用以直接驱动 IGBT 管。其特点如下：

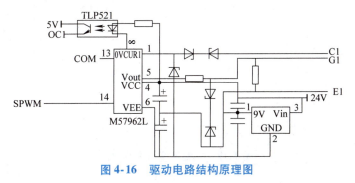

图 4-16　驱动电路结构原理图

1)采用快速型的光耦合器实现电气隔离。

2)具有过电流保护功能,通过检测 IGBT 管的饱和压降来判断 IGBT 是否过电流,过电流时 IGBT 管 CE 结之间的饱和压降升到某一定值,使 8 脚输出低电平,在光耦合器 TLP521 的输出端 OC1 呈现高电平,经过电流保护电路(见图 4-17),使 4013 的输出 Q 端呈现低电平,送控制电路,起到了封锁保护作用。

(3)控制电路 控制电路框图如图 4-18 所示,图 4-19 为控制电路结构原理图。它是由两片集成函数信号发生器 ICL8038 为核心组成的,其中一片 8038 产生正弦调制波 U_r,另一片用以产生三角载波 U_c,将此两路信号经比较电路 LM311 异步调制后,产生一系列等幅不等宽的矩形波 U_m,即 SPWM 波。U_m 经反相器后,生成两路相位相差 180°的 ±PWM 波,再经触发器 CD4528 延时后,得到两路相位相差 180°并带一定死区范围的两路 SPWM1 和 SPWM2 波,作为主电路中两对开关管 IGBT 的控制信号。

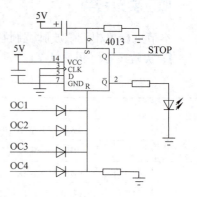

图 4-17 保护电路结构原理图

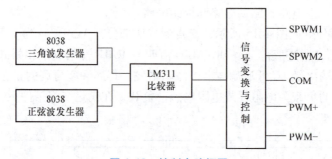

图 4-18 控制电路框图

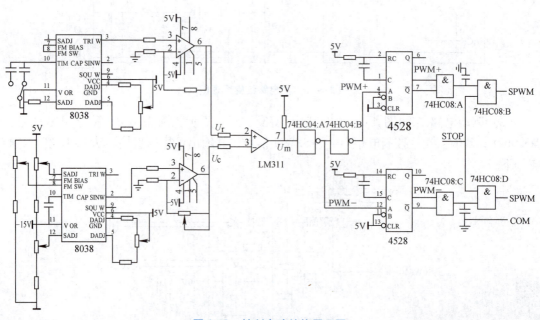

图 4-19 控制电路结构原理图

各波形的观测点均已引到面板上，可通过示波器进行观测。

为了便于观察 SPWM 波，面板上设置了"测试"和"运行"选择开关，在"测试"状态下，三角载波 U_c 的频率为 180Hz 左右，此时可较清楚地观察到异步调制的 SPWM 波，通过示波器可比较清晰地观测 SPWM 波，但在此状态下不能带载运行，因载波比 N 太低，不利于设备的正常运行。在"运行"状态下，三角载波 U_c 频率为 10kHz 左右，因波形的宽窄快速变化致使无法用普通示波器观察到 SPWM 波形，通过带储存的数字示波器的存储功能也可较清晰地观测 SPWM 波形。

正弦调制波 U_r 频率的调节范围设定为 5~60Hz。

控制电路还设置了过电流保护接口端 STOP，当有过电流信号时，STOP 呈低电平，经与门输出低电平，封锁了两路 SPWM 信号，使 IGBT 关断，起到了保护作用。

3. 实验方法

（1）控制信号的观测　在主电路不接直流电源时，打开控制电源开关，并将 DK14 挂箱左侧的钮子开关拨到"测试"位置。

1）观察正弦调制波信号 U_r 的波形，测试其频率可调范围。

2）观察三角载波 U_c 的波形，测试其频率。

3）改变正弦调制波信号 U_r 的频率，再测量三角载波 U_c 的频率，判断是同步调制还是异步调制。

4）比较"PWM+"、"PWM-"和"SPWM1"、"SPWM2"的区别，仔细观测同一相上下两管驱动信号之间的死区延迟时间。

（2）带电阻及电阻电感性负载　在实验步骤 1 之后，将 DK14 挂箱面板左侧的钮子开关拨到"运行"位置，将正弦调制波信号 U_r 的频率调到最小，选择负载种类。

1）将输出接灯泡负载，然后将主电路接通由控制屏左下侧的直流电源（通过调节单相交流自耦调压器，使整流后输出直流电压保持为 200V）接入主电路，由小到大调节正弦调制波信号 U_r 的频率，观测负载电压的波形，记录其波形参数（幅值、频率）。

2）接入 DK03 上的 100mH 电感串联组成的电阻电感性负载，然后将主电路接通由 DK11 提供的直流电源（通过调节交流侧的自耦调压器，使输出直流电压），由小到大调节正弦调制波信号 U_r 的频率，观测负载电压的波形，记录其波形参数（幅值、频率）。

五、拓展知识——三相桥式逆变双极性 PWM 控制方式

三相桥式逆变电路如图 4-20 所示，三相的 PWM 控制公用三角载波 u_c，三相的调制信号 u_{rU}、u_{rV} 和 u_{rW} 依次相差 120°。

下面以 U 相为例分析控制规律：

当 $u_{rU} > u_c$ 时，给 VF$_1$ 导通信号，给 VF$_4$ 关断信号，$u_{UN'} = U_d/2$。当 $u_{rU} < u_c$ 时，给 VF$_4$ 导通信号，给 VF$_1$ 关断信号，$u_{UN'} = -U_d/2$。当给 VF$_1$（VF$_4$）加导通信号时，可能是 VF$_1$（VF$_4$）导通，也可能是 VD$_1$（VD$_4$）导通。

$u_{UN'}$、$u_{VN'}$ 和 $u_{WN'}$ 的 PWM 波形只有 $\pm U_d/2$ 两种电平。u_{UV} 波形可由 $u_{UN'} - u_{VN'}$ 得出，当 1 和 6 通时，$u_{UV} = U_d$，当 3 和 4 通时，$u_{UV} = -U_d$，当 1 和 3 或 4 和 6 通时，$u_{UV} = 0$。图 4-21 为波形图。

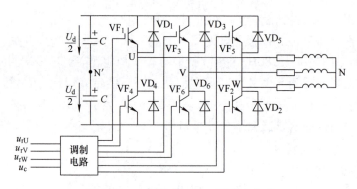

图 4-20　三相桥式 PWM 型逆变电路

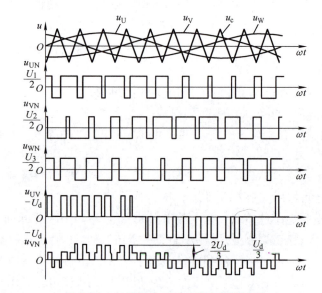

图 4-21　三相桥式 PWM 逆变电路波形

六、思考与习题

1. 什么叫逆变？怎样区分电压型逆变器与电流型逆变器？
2. 以最简单的单相桥式全控逆变电路为例，说明逆变器的工作原理。
3. 逆变器输出波形主要有哪几种，各有什么优缺点？
4. 评价逆变器性能的主要技术参数有哪些？为什么要将这些技术参数严格地控制在一定范围内？

任务二　光伏逆变电路的分析与调试

一、学习目标

1. 知识目标：掌握常用光伏逆变电路的形式。
2. 能力目标：会分析光伏逆变电路的工作原理。

3. 素质目标：培养认真、严谨、科学的工作作风；培养知识与应用相结合、解决实际技术问题的能力。

二、工作任务

1. 光伏逆变电路的分析。
2. 单相桥式有源逆变电路的分析与调试。

三、相关知识

1. 并网逆变器的电路原理

并网逆变器是并网光伏发电系统的核心部件。与离网逆变器相比，并网逆变器不仅要将太阳能光伏发电系统输出的直流电转换为交流电，还要对交流电的电压、电流、波形、频率、相位与同步等进行控制，还要解决对电网的电磁干扰、自我保护、单独运行和孤岛效应以及最大功率跟踪等技术问题，因此对并网逆变器要有更高的技术要求。图4-22是并网光伏逆变系统结构示意图。

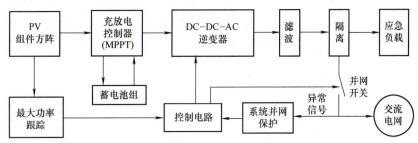

图4-22 并网光伏逆变系统结构示意图

（1）并网逆变器的技术要求　太阳能光伏发电系统并网运行，对逆变器提出了较高的技术要求，如下所述。

1）要求逆变器必须输出正弦波电流。光伏系统馈入公用电网的电力，必须满足电网规定的指标，如逆变器的输出电流不能含有直流分量，谐波必须尽量减少，不能对电网造成谐波污染。

2）要求逆变器在负载和日照变化幅度较大的情况下均能高效运行。光伏系统的能量来自太阳能，而日照强度随着气候而变化，所以工作时输入的直流电压变化较大，这就要求逆变器在不同的日照条件下都能高效运行。同时要求逆变器本身也要有较高的逆变效率，一般中小功率逆变器满载时的逆变效率要求达到85%~90%，大功率逆变器满载时的逆变效率要求达到90%~95%。

3）要求逆变器能使光伏方阵始终工作在最大功率点状态。太阳电池的输出功率与日照、温度、负载的变化有关，即其输出特性具有非线性关系。这就要求逆变器具有最大功率跟踪功能，即不论日照、温度等如何变化，都能通过逆变器的自动调节实现太阳电池方阵的最佳运行。

4）要求具有较高的可靠性。许多光伏发电系统处在边远地区和无人值守与维护的状态，这就要求逆变器要具有合理的电路结构和设计，具备一定的抗干扰能力、环境适应能力、瞬时过载保护能力以及各种保护功能，如输入直流极性接反保护、交流输出短路保护、过热保护、过载保护等。

5）要求有较宽的直流电压输入适应范围。太阳电池方阵的输出电压会随着负载和日照强度、气候条件的变化而变化，对于接入蓄电池的并网光伏系统，虽然蓄电池对太阳电池输出电压具有一定的钳位作用，但由于蓄电池本身电压也随着蓄电池的剩余电量和内阻的变化而波动，特别是不接蓄电池的光伏系统或蓄电池老化时的光伏系统，其端电压的变化范围很大。例如一个接12V蓄电池的光伏系统，它的端电压会在11～17V之间变化。这就要求逆变器必须在较宽的直流电压输入范围内都能正常工作，并保证交流输出电压的稳定。

6）要求逆变器体积小、重量轻，以便于室内安装或墙壁上悬挂。

7）要求在电力系统发生停电时，并网光伏系统既能独立运行，又能防止孤岛效应，能快速检测并切断向公用电网的供电，防止触电事故的发生。待公用电网恢复供电后，逆变器能自动恢复并网供电。

（2）并网逆变器的电路原理

1）三相并网逆变器电路原理。三相并网逆变器输出电压一般为交流380V或更高电压，频率为50/60Hz，其中50Hz为中国和欧洲标准，60Hz为美国和日本标准。三相并网逆变器多用于容量较大的光伏发电系统，输出波形为标准正弦波，功率因数接近1.0。

三相并网逆变器电路原理示意图如图4-23所示。电路分为主电路和微处理器电路两部分。

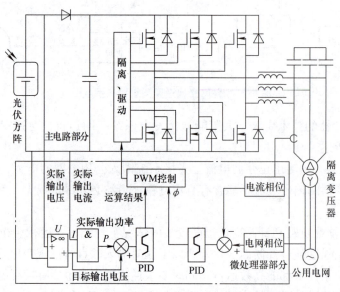

图4-23 三相并网逆变器电路原理示意图

其中主电路主要完成DC - DC - AC的转换和逆变过程。微处理器电路主要完成系统并网的控制过程。系统并网控制的目的是使逆变器输出的交流电压值、波形、相位等维持在规定的范围内，因此，微处理器控制电路要完成电网相位实时检测、电流相位反馈控制、光伏方阵最大功率跟踪以及实时正弦波脉宽调制信号发生等内容，具体工作过程如下：公用电网的电压和相位经过霍尔传感器送给微处理器的A - D转换器，微处理器将回馈电流的相位与公用电网的电压相位做比较，其误差信号通过PID运算器运算调节后送给PWM脉宽调制器,这就完成了功率因数为 1 的电能回馈过程。微处理器完成的另一项主要工作是实现光伏方阵的最大功率输出。光伏方阵的输出电压和电流分别由电压、电流传感器检测并相乘,得到方阵输出功率,然后调节 PWM 输出占空比。这个占空比的调节实质上就是调节回馈电压大小,从而实现最大功率寻优。当 U 的幅值变化时,回馈电流与电网电压之间的相位角 φ 也将有一定的变化。由于电流相位已实现了反馈控制,因此自然实现了相位有幅值的解耦控制,使微处理器的处理过程更简便。

2)单相并网逆变器电路原理。单相并网逆变器输出电压为交流 220V 或 110V 等,频率为 50Hz,波形为正弦波,多用于小型的户用系统,单相并网逆变器电路原理示意图如图 4-24 所示。其逆变和控制过程与三相并网逆变器基本类似。

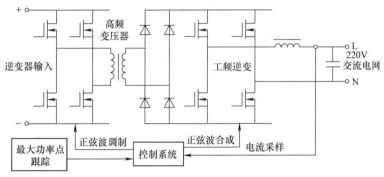

图 4-24　单相并网逆变器电路原理示意图

3)并网逆变器单独运行的检测与孤岛效应防止。在太阳能光伏并网发电过程中,由于太阳能光伏发电系统与电力系统并网运行,当电力系统由于某种原因发生异常而停电时,如果太阳能光伏发电系统不能随之停止工作或与电力系统脱开,则会向电力输电线路继续供电,这种运行状态被形象地称为"孤岛效应"。特别是当太阳能光伏发电系统的发电功率与负载用电功率平衡时,即使电力系统断电,光伏发电系统输出端的电压和频率等参数不会快速随之变化,使光伏发电系统无法正确判断电力系统是否发生故障或中断供电,因而极易导致"孤岛效应"现象的发生。

"孤岛效应"的发生会产生严重的后果。当电力系统电网发生故障或中断供电后,由于光伏发电系统仍然继续给电网供电,会威胁到电力供电线路的修复及维修作业人员及设备的安全,造成触电事故,不仅妨碍了停电故障的检修和正常运行的尽快恢复,而且有可能给配电系统及一些负载设备造成损害。因此为了确保维修作业人员的安全和电力供电的及时恢复,当电力系统停电时,必须使太阳能光伏系统停止运行或与电力系统自动分离(此时太阳能光伏系统自动切换成独立供电系统,还将继续运行为一些应急负载和必要负载供电)。

在逆变器电路中,检测出光伏系统单独运行状态的功能称为单独运行检测。检测出单独运行状态,并使太阳能光伏系统停止运行或与电力系统自动分离的功能就叫作单独运行停止或孤岛效应防止。

单独运行检测功能分为被动式检测和主动式检测两种方式。

① 被动式检测方式。被动式检测方式是通过实时监视电网系统的电压、频率、相位的变化,检测因电网电力系统停电向单独运行过渡时的电压波动、相位跳动、频率变化等参数变化,检测出单独运行状态的方法。

被动式检测方式有电压相位跳跃检测法、频率变化率检测法、电压谐波检测法、输出功率变化率检测法等,其中电压相位跳跃检测法较为常用。

电压相位跳跃检测法原理图如图4-25所示,其检测过程是:周期性地测出逆变器的交流电压的周期,如果周期的偏移超过某设定值以上时,则可判定为单独运行状态。此时使逆变器停止运行或脱离电网运行。通常与电力系统并网的逆变器是在功率因数为1(即电力系统电压与逆变器的输出电流同相)的情况

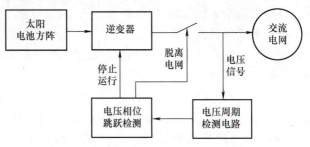

图4-25 电压相位跳跃检测法原理图

下运行,逆变器不向负载供给无功功率,而由电力系统供给无功功率。但单独运行时电力系统无法供给无功功率,逆变器不得不向负载供给无功功率,其结果是使电压的相位发生骤变。检测电路检测出电压相位的变化,判定光伏发电系统处于单独运行状态。

② 主动式检测方式。主动式检测方式是指由逆变器的输出端主动向系统发出电压、频率或输出功率等变化量的扰动信号,并观察电网是否受到影响,根据参数变化检测出是否处于单独运行状态。

主动式检测方式有频率偏移方式、有功功率变动方式、无功功率变动方式以及负载变动方式等,较常用的是频率偏移方式。

频率偏移方式工作原理图如图4-26所示,该方式是根据单独运行中的负荷状况,使太阳能光伏系统输出的交流电频率在允许的变化范围内变化,根据系统是否跟随其变化来判断光伏发电系统是否处于单独运行状态。例如使逆变器的输出频率相对于系统频率做 ± 0.1Hz 的波动,在与系统并网时,此频率的波动会被系统吸

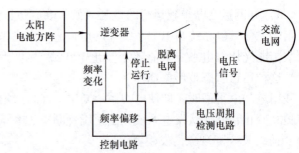

图4-26 频率偏移方式工作原理图

收,所以系统的频率不会改变。当系统处于单独运行状态时,此频率的波动会引起系统频率的变化,根据检测出的频率可以判断为单独运行。一般当频率波动持续 0.5s 以上时,则逆变器会停止运行或与电力电网脱离。

2. 光伏逆变器的技术参数与选用

(1) 光伏逆变器的主要性能特点

1) 离网逆变器的主要性能特点。

① 采用 16 位单片机或 32 位 DSP 微处理器进行控制。

② 太阳能充电采用 PWM 控制模式,大大提高了充电效率。

③ 采用数码或液晶显示各种运行参数,可灵活设置各定值参数。

④ 方波、修正波、正弦波输出波形失真度一般小于 5%。

⑤ 稳压精度高,额定负载状态下,输出精度一般不大于 ±3%。

⑥ 具有软起动功能，避免对蓄电池和负载的大电流冲击。
⑦ 高频变压器隔离，体积小、重量轻。
⑧ 具有输入接反保护、欠电压保护、过电压保护、过载保护、短路保护、过热保护功能。

2) 并网逆变器的主要性能特点。
① 功率开关器件采用新型 IPM 模块，大大提高系统效率。
② 采用 MPPT 自寻优技术实现太阳电池最大功率跟踪，最大限度地提高系统发电量。
③ 液晶显示各种运行参数，人性化界面，可通过按键灵活设置参数。
④ 设置有多种通信接口，可方便地实现上位机监控。
⑤ 具有完善的保护电路，系统可靠性高。
⑥ 具有较宽的直流电压输入范围。
⑦ 可实现多台逆变器并联组合运行，简化光伏电站设计，使系统能平滑扩容。
⑧ 具有电网保护装置，具有防孤岛效应保护功能。
⑨ 并网逆变器利用电网本身可吸收巨大能量的功能，使并网发电系统无需增设蓄电池，节省系统投资，减少系统维护。

(2) 光伏逆变器的主要技术参数

1) 额定输出电压。光伏逆变器在规定的输入直流电压允许的波动范围内，应能输出额定的电压值。

2) 负载功率因数。负载功率因数大小表示逆变器带感性负载的能力，在正弦波条件下负载功率因数为 0.7~0.9。

3) 额定输出电流和额定输出容量。额定输出电流是指在规定的负载功率因数范围内逆变器的额定输出电流，单位为 A；额定输出容量是指当输出功率因数为 1（即纯电阻性负载）时，逆变器额定输出电压和额定输出电流的乘积，单位是 kV·A 或 kW（注意：非电阻性负载时，逆变器的 kV·A 数不等于 kW 数）。

4) 额定输出效率。额定输出效率是指在规定的工作条件下，输出功率与输入功率之比，通常应在 70% 以上；逆变器的效率会随负载的大小而改变，当负载率低于 20% 和高于 80% 时，效率要低一些；标准规定逆变器输出功率在大于等于额定功率的 75% 时，效率应大于等于 80%。

5) 过载能力。过载能力是要求逆变器在特定的输出功率条件下能持续工作一定的时间，其标准规定如下：
① 输入电压与输出功率为额定值时，逆变器应连续可靠工作 4h 以上。
② 输入电压与输出功率为额定值的 125% 时，逆变器应连续可靠工作 1min 以上。
③ 输入电压与输出功率为额定值的 150% 时，逆变器应连续可靠工作 10s 以上。

6) 额定直流输入电压。额定直流输入电压是指光伏发电系统中输入逆变器的直流电压，小功率逆变器输入电压一般为 12V 和 24V，中、大功率逆变器输入电压有 24V、48V、110V、220V 和 500V 等。

7) 额定直流输入电流。额定直流输入电流是指太阳能光伏发电系统为逆变器提供的额定直流工作电流。

8) 直流电压输入范围。光伏逆变器直流输入电压允许在额定直流输入电压的 90%~120% 范围内变化，而不影响输出电压的变化。

9）使用环境条件：

① 工作温度。逆变器功率器件的工作温度直接影响到逆变器的输出电压、波形、频率、相位等许多重要特性，而工作温度又与环境温度、海拔、相对湿度以及工作状态有关。

② 工作环境。对于高频高压型逆变器，其工作特性和工作环境、工作状态有关。在高海拔地区，空气稀薄，容易出现电路极间放电，影响工作；在高湿度地区则容易结露，造成局部短路。因此逆变器都规定了适用的工作范围。

光伏逆变器的正常使用条件为：环境温度 $-20 \sim 50$℃，海拔 $\leqslant 5500$m，相对湿度 $\leqslant 93\%$，且无凝露；当工作环境和工作温度超出上述范围时，要考虑降低容量使用或重新设计定制。

10）电磁干扰和噪声。逆变器中的开关电路极容易产生电磁干扰，容易在铁心变压器上因振动而产生噪声。因而在设计和制造中都必须控制电磁干扰和噪声指标，使之满足有关标准和用户的要求。其噪声要求是：当输入电压为额定值时，在设备高度的1/2、正面距离为3m处用声级计分别测量50%额定负载和满载时的噪声应小于等于65dB。

11）保护功能。太阳能光伏发电系统应该具有较高的可靠性和安全性，作为光伏发电系统重要组成部分的逆变器应具有如下保护功能：

① 欠电压保护。当输入电压低于规定的欠电压断开值时，逆变器应能自动关机保护。

② 过电流保护。当工作电流超过额定值的150%时，逆变器应能自动保护。当电流恢复正常后，设备又能正常工作。

③ 短路保护。当逆变器输出短路时，应具有短路保护措施。短路排除后，设备应能正常工作。

④ 极性反接保护。逆变器的正极输入端与负极输入端反接时，逆变器应能自动保护。待极性正接后，设备应能正常工作。

⑤ 雷电保护。逆变器应具有雷电保护功能，其防雷器件的技术指标应能保证吸收预期的冲击能量。

12）安全性能要求。

① 绝缘电阻。逆变器直流输入与机壳间的绝缘电阻应大于等于50MΩ，逆变器交流输出与机壳间的绝缘电阻应大于等于50MΩ。

② 绝缘强度。逆变器的直流输入与机壳间应能承受频率为50Hz、正弦波交流电压为500V、历时1min的绝缘强度试验，无击穿或飞弧现象。逆变器交流输出与机壳间应能承受频率为50Hz、正弦波交流电压为1500V、历时1min的绝缘强度试验，无击穿或飞弧现象。

（3）光伏逆变器的选用　光伏逆变器是太阳能光伏发电系统的主要部件和重要组成部分，为了保证太阳能光伏发电系统的正常运行，对逆变器的正确配置选型显得尤为重要。逆变器的配置选型除了要根据整个光伏发电系统的各项技术指标并参考生产厂家提供的产品样本手册来确定外，一般还要重点考虑下列几项技术指标。

1）额定输出容量。额定输出容量表示逆变器向负载供电的能力。额定输出容量高的逆变器可以带更多的用电负载。选用逆变器时应首先考虑具有足够的额定容量，以满足最大负荷下设备对电功率的要求，以及系统的扩容及一些临时负载的接入。当用电设备以纯电阻性负载为主或功率因数大于0.9时，一般选取逆变器的额定容量为用电设备功率的1.10～1.15倍即可。在逆变器以多个设备为负载时，逆变器容量的选取要考虑几个用电设备同时工作的可能性，即负载同时系数。

但当逆变器的负载不是纯阻性时,也就是输出功率因数小于 1 时,逆变器的负载能力将小于所给出的额定输出功率值。

2) 输出电压的调整性能。输出电压的调整性能表示逆变器输出电压的稳压能力。一般逆变器给出电压调整率和负载调整率。

电压调整率:逆变器的输入直流电压在允许波动范围内该逆变器输出电压的偏差(%),应不大于 3%。

负载调整率:高性能的逆变器应同时给出当负载由 0 向 100% 变化时,该逆变器输出电压的偏差(%),应不大于 6%。

离网型光伏发电系统是以蓄电池为储能设备的。而蓄电池的电压与使用情况有关:当标称电压为 12V 的蓄电池处于浮充电状态时,端电压可达 13.5V,短时间过充电状态可达 15V;蓄电池带负荷放电终了时端电压可降至 10.5V 或更低。蓄电池端电压的变化可达标称电压的 30% 左右。因此为了保证光伏发电系统以稳定的交流电压供电,必须要求逆变器具有很好的调压性能。

3) 整机效率。整机效率表示逆变器自身功率损耗的大小。容量较大的逆变器还要给出满负荷工作和低负荷工作下的效率值。一般千瓦级以下的逆变器的效率应为 80% ~ 85%;10kW 级的效率应为 85% ~ 90%;更大功率的效率必须在 90% ~ 95% 以上。逆变器的效率高低对光伏发电系统提高有效发电量和降低发电成本有重要影响。

光伏发电系统专用逆变器在设计中应特别注意减少自身功率损耗,提高整机效率。这是因为 10kW 级的通用型逆变器实际效率只有 70% ~ 80%,将其用于光伏发电系统时将带来总发电量 20% ~ 30% 的电能损耗。所以,当用户系统不用电时,应当将逆变器关断以减少不用电时的损耗。

4) 保护功能。逆变器对外电路的过电流及短路现象最为敏感。因此,过电压、过电流及短路自动保护是保证逆变器安全运行的最基本措施。功能完善的正弦波逆变器不但具有当温升超过规定的最高限度时的过热保护功能,而且还应有断路、断相保护等功能。

5) 起动性能。逆变器应保持在额定负载下可靠起动。高性能的逆变器可以做到连续多次满负荷起动而不损坏功率开关器件及其他电路。小型逆变器为了自身安全,有时采用软起动或限流起动措施或电路。

以上几条是逆变器设计和选购的主要依据,也是评价逆变器技术性能的重要指标。

四、实践指导

1. 并网逆变器逆变实验

(1) 实验设备(见表 4-3)

表 4-3 并网逆变器逆变实验设备表

序号	名称	备注
1	太阳能教学平台	
2	太阳电池板	
3	示波器	自备
4	万用表	自备

(2) 并网逆变器所具备的功能 并网逆变器示意图如图 4-27 所示。

图 4-27　并网逆变器示意图

1）直接连接到太阳电池板（不需要连接电池）。采用了精确的 MPPT 功能、APL 功能，自动把太阳能板的功率调整到最大输出，只需将太阳能板直接连接到并网逆变器上，无需再连接电池。

2）交流电 0°角相高精度自动检测。交流电的 0°角相经隔离放大后输入到 MCU 进行高精度检测分析，相移率 <1%，从而实现了高精度同相调制交流电并合输出功能。

3）同步高频调制。在并网的过程中，通常是采用同角相并网（即两交流电的相位差完全等于 0 时，用开关将两交流电并合）而本产品是先将交流电整流为 100Hz 的半周波交流电，再将本机产生的高频电流在电路中与 100Hz 的半周波交流电产生并合，实现高频调制。

4）输出纯正正弦波。采用 SPWM 直接产生纯正正弦波输出。

5）功率自动锁定（APL）。在不同电流的波动下，就要用到 MPPT 功能，当 MPPT 功能调整到最大功率点时，本产品自动把功率锁定在最大功率点上，使输出的功率更为稳定。

6）最大功率点追踪（MPPT）。电流、电压不停变化时，如果没有功率点追踪功能，就会出现很多问题，以前一般是采用一个太阳能控制器，本产品采用了高精度的 MPPT 运算功率，自动而即时地把太阳能板的输出功率调整在最大的输出点上，从而实现了稳定的输出目的。

（3）实验步骤

1）打开电源（开关向上扳），此时电源主电路输出交流 220V 电源，直流仪表亮。

2）用实验导线将"太阳能自动跟踪装置"上的"光伏组件 1""光伏组件 2""光伏组件 3""光伏组件 4"的"T-17""T-18""T-19""T-20""T-21""T-22""T-23""T-24"并接到直流电压表"Y-4"和"Y-3"、直流电流表"Y-2"和"Y-1"上和风光互补控制器上，风光互补控制器处于手动模式。

3）将"光源控制"的电位器逆时针调到底，光源控制电路的"早开关"打到"开"（向上扳）。

4）打开电源总开关，按照图 4-28 连接离网逆变实验电路，电压表、电流表采用直流表，交流表为多功能面板表（见图 4-29），交流负载为风扇。

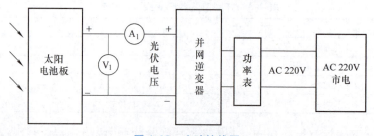

图 4-28　实验接线图

5）记录电压值 V_1、电流值 A_1，多功能面板表显示交流电压和电流值，记入表4-4中。

6）实验结束后，关断逆变器的开关，切断光源电源，关闭仪表电源，最后关断实验台总电源。拆除实验连接线。

2. 太阳能路灯实验

（1）实验设备（见表4-5）

（2）实验原理

1）系统基本组成简介。系统由太阳电池组件部分（包括支架）、LED 灯头、太阳能控制器、蓄电池和灯杆几部分构成（见图4-30）。

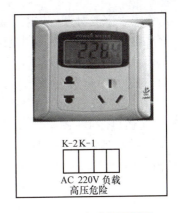

图 4-29　多功能面板图

表 4-4　实验数据记录表

编号	直流电压/V	直流电流/mA	交流电压/V	交流电流/mA
1				
2				
3				
4				

表 4-5　实验设备表

序号	名　　称	备　　注
1	太阳能教学平台	
2	太阳电池板	
3	万用表	自备

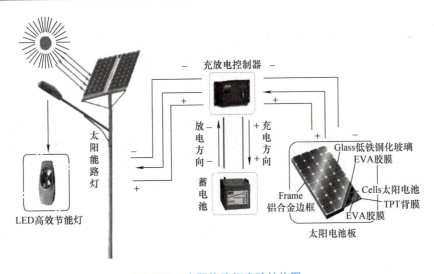

图 4-30　太阳能路灯实验结构图

2）工作原理介绍。系统工作原理简单，太阳电池利用光生伏特效应原理制成，白天太阳电池板接收太阳辐射能并转化为电能输出，经过充放电控制器储存在蓄电池中，夜晚当照度逐渐降低至一定值时、太阳电池板开路电压下降到一定值，充放电控制器侦测到这一电压值后动作，蓄电池对灯头放电。蓄电池放电规定时间后，充放电控制器动作，蓄电池放电结束。充放电控制器的主要作用是保护蓄电池。

（3）实验步骤

1）打开电源（开关向上扳），此时电源主电路输出交流 220V 电源，直流仪表亮。

2）用实验导线将"太阳能自动跟踪装置"上的"光伏组件 1""光伏组件 2""光伏组件 3""光伏组件 4"的"T-17""T-18""T-19""T-20""T-21""T-22""T-23""T-24"并接到直流电压表"Y-4"和"Y-3"、直流电流表"Y-2"和"Y-1"上和太阳能控制器上（参考图 4-31）。

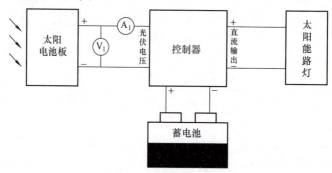

图 4-31　太阳能路灯实验接线图

3）将"光源控制"的电位器逆时针调到底，光源控制电路的"早开关"打到"开"（向上扳）。

4）实验电路连接好后，可以观察到光伏控制器面板上的"电池板充电指示灯"与"蓄电池状态指示灯"亮，若不亮，检查电路接线。

5）电路正常工作后，按下控制器面板上的"轻触式调节按钮"，此时 LED 显示"5."，太阳能路灯亮。

6）实验结束后，关断实验台总电源。拆除实验连接线。

五、思考与习题

1. 什么叫作孤岛效应？如果电力线受到破坏或被迫关闭，为什么逆变器就要停止向用电设备或电网供电？

2. 独立光伏系统对逆变器有哪些基本要求，为什么要求逆变器输出电压的失真度要低？

3. 在太阳能光伏发电系统中为什么选好逆变器是非常重要的？

4. 画出光伏发电系统的构成图，并指出各部件的作用。

5. 什么叫作光伏并网逆变器，对光伏并网逆变器有什么要求？

项目五

变频器产品与性能

目前交流电动机的变频器控制应用越来越广泛,要想真正掌握交流电动机的变频调速,首先要了解变频器构成和学会操作变频器,这必须从了解变频器的构成、作用和功能开始。图 5-1 是几种变频器的外观,本项目旨在介绍通用变频器的基本结构、参数和控制方式,掌握通用变频器的安装、选用和维护方法。

图 5-1 变频器的外观

任务一　　了解变频器产品

一、学习目标

1. 知识目标:了解变频器的分类与特点。
2. 能力目标:了解变频器的典型产品,会选用变频器。
3. 素质目标:培养认真、严谨、科学的工作作风;培养解决实际技术问题的能力。

二、工作任务

1. 了解变频器的分类与特点。
2. 了解变频调速系统的基本结构。
3. 熟悉变频器的典型产品与选用。

三、相关知识

1. 变频器的分类与特点

(1) 按变换的环节分类

1) 交 – 交变频器。交 – 交变频器是将工频交流直接变换成频率电压可调的交流(转换前后的相数相同），又称直接式变频器。

2）交-直-交变频器。交-直-交变频器是先把工频交流通过整流器变成直流，然后再把直流变换成频率电压可调的交流，又称间接式变频器，交-直-交变频器是目前广泛应用的通用型变频器。

（2）按直流电源性质分类

1）电流源型变频器。电流源型变频器的特点是中间直流环节采用大电感器作为储能环节来缓冲无功功率，即扼制电流的变化，由于该直流环节内阻较大，故称电流源型变频器。电流源型变频器的特点是能扼制负载电流的频繁而急剧的变化，常应用于负载电流变化较大的场合。

2）电压源型变频器。电压源型变频器的特点是中间直流环节的储能元件采用大电容器作为储能环节来缓冲无功功率，直流环节电压比较平稳，直流环节内阻较小，相当于电压源，故称电压源型变频器，常应用于负载电压变化较大的场合。

3）电压源型变频器和电流源型变频器的特点。电压源型和电流源型变频器都属于交-直-交变频器，其主电路由整流器、平波电路和逆变器三部分组成。由于负载一般都是感性的，它和电源之间必有无功功率传送，因此在中间的直流环节中，需要有缓冲无功功率的元件。如果采用大电容器来缓冲无功功率，则构成电压源型变频器；如采用大电抗器来缓冲无功功率，则构成电流源型变频器。电压源型变频器和电流源型变频器的特点见表5-1。

表 5-1 电压源型变频器和电流源型变频器的特点

项目	电流源型变频器	电压源型变频器
电流滤波方式	电感滤波	电容滤波
电压波形	近似正弦波（电动机负载）	矩形波（或者阶梯波）
电流波形	矩形波	近似正弦波
电动机运行		
再生发电运行		
电源阻抗	大	小
适用范围	适用于单机拖动，频繁加、减速情况下运行，并需要经常反向的场合	适用于向多台电动机供电，不可逆拖动，稳速工作，快速运行要求不高的场合
其他	（1）不需要换流电感器 （2）可使用关断时间较长的普通晶闸管 （3）过电流保护容易 （4）不需要滤波电容	（1）需要换流电感器 （2）晶闸管承受电压低，要求晶闸管关断时间较短 （3）过电流保护困难 （4）需要滤波电容

（3）根据电压的调制方式分类

1）脉宽调制（PWM）变频器。脉宽调制变频器电压的大小是通过调节脉冲占空比来实现的，中、小容量的通用变频器几乎全都采用此类变频器。

2）脉幅调制（PAM）变频器。脉幅调制变频器电压的大小是通过调节直流电压幅值来实现的。

（4）根据输入电源的相数分类

1）三进三出变频器。三进三出变频器的输入侧和输出侧都是三相交流电。绝大多数变频器都属此类。

2）单进三出变频器。单进三出变频器的输入侧为单相交流电，输出侧是三相交流电。家用电器里的变频器均属此类，通常容量较小。

2. 变频调速系统的调速原理和基本结构

（1）变频调速原理 变频调速是通过改变电动机定子绕组供电的频率来达到调速的目的，当在定子绕组上接入三相交流电时，在定子与转子之间的空气隙内产生一个旋转磁场，它与转子绕组产生相对运动，使转子绕组产生感应电动势，出现感应电流，此电流与旋转磁场相互作用，产生电磁转矩，使电动机转动起来。电动机磁场的转速称为同步转速，用 n_1 表示，即

$$n_1 = 60f/p \tag{5-1}$$

式中，f 为三相交流电源频率，一般为 50Hz；p 为磁极对数。当 $p=1$ 时，$n_1 = 3000\text{r/min}$，当 $p=2$ 时，$n_1 = 1500\text{r/min}$。

由式（5-1）可知磁极对数 p 越大，转速 n_1 就越慢。转子的实际转速 n 比磁场的同步转速 n_1 要慢一点，所以称为异步电动机，这个差别用转差率 s 表示，即

$$s = [(n_1 - n)/n_1] \times 100\% \tag{5-2}$$

在加上电源瞬间转子尚未转动，$n=0$，这时 $s=1$；起动后的极端情况 $n=n_1$，则 $s=0$，即 s 在 0~1 之间变化。一般异步电动机在额定负载下的 $s=1\% \sim 6\%$。综合式（5-1）和式（5-2）可以得出

$$n = 60f(1-s)/p \tag{5-3}$$

由式（5-3）可以看出，对于成品电动机，其磁极对数 p 已经确定，转差率 s 变化不大，则电动机的转速与电源频率 f 成正比，因此改变输入电源的频率就可以改变电动机的同步转速，进而达到异步电动机调速的目的。但是，为了保持在调速时电动机的最大转矩不变，必须维持电动机的磁通量恒定，因此定子的供电电压也要做相应调节。变频器就是在调整频率（Variable Frequency）的同时还要调整电压（Variable Voltage），故称为变压变频调速，简称 VVVF。

（2）变频调速系统的构成 要实现变频调速，必须有频率可调的交流电源，但电力系统却只能提供固定频率的交流电，因此需要一套变频装置来完成变频的任务。历史上曾出现过旋转变频机组，但由于其存在许多缺点故现在很少使用，现代的变频器都是由大功率电力电子器件构成的，相对于旋转变频机组而言，被称为静止式变频装置，静止式变频装置是构成变频调速系统的中心环节。

一个变频调速系统主要由静止式变频装置、异步电动机和控制电路三大部分组成，如

图 5-2 所示。在图 5-2 中，静止变频装置的输入是三相恒频、恒压电源，输出则是频率和电压均可调的三相交流电。变频调速系统的控制电路要比直流调速系统的控制电路复杂，这是由于被控对象为异步电动机，异步电动机本身的电磁关系以及变频器的控制均较复杂。因此，变频调速系统的控制任务大多是由微处理机承担的。间接变频装置的主要构成环节如图 5-3 所示。按照不同的控制方式，它又可分成三种，如图 5-4a、b、c 所示。

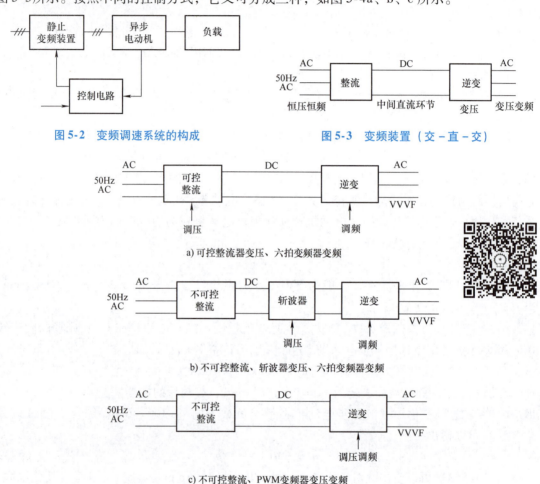

图 5-2 变频调速系统的构成

图 5-3 变频装置（交 – 直 – 交）

a) 可控整流器变压、六拍变频器变频

b) 不可控整流、斩波器变压、六拍变频器变频

c) 不可控整流、PWM 变频器变压变频

图 5-4 间接变频装置的各种结构形式

1) 可控整流器变压、六拍变频器变频。该方式的调压和调频分别在两个环节上进行且在控制电路上要协调配合。这种装置结构简单、控制方便，输出环节用由晶闸管（或其他电子器件）组成的三相六拍逆变器（每周换流 6 次）构成，但由于输入环节采用可控整流器，在低压时电网端的功率因数较低，还将产生较大的谐波成分，一般用于电压变化不太大的场合。

2) 不可控整流、斩波器变压、六拍变频器变频。该方式采用不可控整流器，保证变频器的电网侧有较高的功率因数，在直流环节上设置直流斩波器完成电压调节。这种调压方法有效提高了变频器电网侧的功率因数，并能方便灵活地调节电压，但增加了一个电能变换环节（斩波器），使主电路和控制电路复杂，该方法仍存在较大谐波的问题。

3）不可控整流、PWM 变频器变压变频。该方式采用不可控整流器，通过变频器自身的电子开关进行斩波控制，使输出电压为脉冲列。改变输出电压脉冲列的脉冲宽度，便可达到调节输出电压的目的，这种方法称为脉宽调制（Pulse Width Modulation，PWM）。因该方式采用不可控整流，功率因数较高，且用 PWM 逆变，谐波可以大大减少。谐波减少的程度取决于开关频率，而开关频率则受器件开关时间的限制，若仍采用普通晶闸管，开关的频率并不能有效提高，只有采用全控型器件，开关频率才能得以大大提高，可以得到非常逼真的正弦波输出，因而又称为正弦波脉宽调制（SPWM）变频器。该变频器将变频和调压的功能集于一身，主电路不用附加其他装置，结构简单、性能优良，已经成为当前最有发展前途的一种结构形式。

四、实践指导

前面介绍了变频器的分类和特点以及变频系统的基本构成，目前国内外生产变频器的厂家很多，同一个系统也可用不同型号的变频器来完成，以下介绍几种典型的变频器。

1. 康沃 KVFC$^+$ – P 系列变频器

图 5-5 所示是 KVFC$^+$ – P 系列变频器，该系列的变频器是专门为风机、水泵设计的。它采用优化空间矢量脉宽调制方式，可以降低谐波失真和转矩电流波动，改善电压输出特性，防止电动机和变频器过热，提高电动机的功率因数，界面操作简单，具有全面保护功能，可在其达到最大容量时有效避免电动机跳闸。

图 5-5　康沃 KVFC$^+$ – P 系列变频器

该变频器的主要特点如下：
1）380～460V。
2）可设置电压/频率曲线。
3）可选择转矩补偿。
4）具有自动节能功能。
5）多种失速补偿形式，内置 PI 控制功能。
6）自动调整载波频率。
7）瞬时掉电重启功能。

2. 西门子 MicroMaster430 标准变频器

图 5-6 是西门子 MicroMaster430 系列变频器，该系列变频器是全新一代标准变频器，专用于风机和泵类变转矩负载，功率范围为 75~250kW。它按照专用要求设计，并使用内部功能互联（BiCo）技术，具有高度可靠性和灵活性。控制软件可以实现专用功能：多泵切换、自动/手动切换、旁路功能、断带及缺水检测、节能运行方式等。

该变频器的主要特点如下：

1）380~480V（±10%），三相，交流。
2）牢固的 EMC（电磁兼容）设计。
3）控制信号的快速响应。

图 5-6 西门子 MicroMaster430 系列变频器

3. 富士 PRENIC – VP 系列变频器

图 5-7 为富士 VP 系列变频器，该系列变频器为风机、水泵专用变频器，具有适合 HVAC（供热通风与空气调节）行业所需的最佳功能。

该系列变频器的特点如下：

1）节省空间、操作简便、机型丰富、全球对应等。
2）充分发挥风机、水泵二次方递减转矩负载特性，节能、省力。

图 5-7 富士系列变频器

3）充分挖掘系统应变能力、满足整体成本下降需要，有利于节能。
4）除了将电动机损耗控制到最小以外，还可以将变频器损耗控制到最小，因此作为风机、水泵类的变频控制器使用可以进一步节电。
5）利用操作面板以及各种通信，可以实现简单的电力监控，电动机停止过程中，可以停止变频器的冷却风扇，从而减低风扇运行噪声并实现节能。

4. 艾默生 EV2000 系列高性能变频器

图 5-8 是艾默生 EV2000 系列变频器，该系列变频器采用先进的工艺、模块化设计，使得变频器的维护更加方便。中英文液晶操作面板，更加符合中国人的操作习惯。主控板采用表面贴装工艺，外层涂覆三防漆，防尘、防潮、防霉。采用 TI 公司最新电动机控制专用高

速数字信号处理器,高效完成电动机实时控制算法,主回路链接采用镀镍铜排,防锈蚀。主回路采用最新的智能功率(IPM)模块,集驱动、保护和功率变换于一体,大大提高整机可靠性。该系列变频器广泛用于石油、机械制造、矿业、水处理/环保等行业。

图 5-8　艾默生 EV2000 系列变频器

5. 三菱变频器 700 系列变频器

图 5-9 为三菱 700 系列变频器。A700 系列为通用型变频器,它的使用越来越广泛,适合高起动转矩和高动态响应场合的使用。而 E700 系列则适合功能要求简单、对动态性能要求较低的场合使用,且价格较有优势。下面介绍几种广泛使用的三菱变频器的功能特点。

(1) FR – D700 系列三菱变频器　FR – D700 系列变频器是紧凑型多功能变频器,该变频器具有如下特点:

1) 功率范围:0.4~7.5kW。

2) 通用磁通矢量控制,1Hz 时 150% 转矩输出。

3) 采用长寿命元器件。

4) 内置 Modbus – RTU 协议。

5) 内置制动晶体管。

6) 扩充 PID,三角波功能。

7) 带安全停止功能。

图 5-9　三菱 700 系列变频器

(2) FR – E700 系列三菱变频器　FR – E700 系列变频器是经济型高性能变频器。该系列变频器具有如下功能特点:

1) 功率范围:0.1~15kW。

2) 先进磁通矢量控制,0.5Hz 时 200% 转矩输出。

3) 扩充 PID,柔性 PWM。

4) 内置 Modbus – RTU 协议。

5) 停止精度提高。

6) 加选件卡 FR – A7NC,可以支持 CC – Link 通信。

7) 加选件卡 FR – A7NL,可以支持 LonWorks 通信。

8) 加选件卡 FR – A7ND,可以支持 Device Net 通信。

9）加选件卡 FR – A7NP，可以支持 Profibus – DP 通信。

6. 欧姆龙 3G3MX2 系列变频器

图 5-10 是一款 3G3MX2 欧姆龙变频器，该变频器是欧姆龙为了满足中国制造业如：纺织行业，机械加工，建材行业，食品包装和电子行业等对 15kW 以下矢量型变频器的需求而开发出来的新一代紧凑型开环矢量变频器。它的上市不仅为客户提供了一个更具有性价比的产品，同时也弥补了欧姆龙公司没有 11kW 和 15kW 的开环矢量变频器的缺陷。

它具有以下性能特点：

1）开环矢量控制可实现 0.5Hz 时 200% 的高起动转矩。

2）可以不接 PG 卡实现脉冲输入的简易定位，可以满足那些有定位要求但是又想控制方便、节约成本的客户。

3）转矩控制。

4）以欧洲的机械指令（ISO13849 – 1 Cat3/IEC60204 – 1 Stop Cat0）为基准的 safety 对应，满足工厂对变频器现场安全的要求。

5）通过外接通信板卡可支持 EtherCAT、CompoNet、Profibus 等多种不同网络，可以实现工厂对变频器各种通信协议的要求。

6）可实现 115.2kbit/s 高速串行 Modbus 通信，该速度基本上是普通串行 Modbus 通信的 3 倍。

7. 台达变频器

变频器是台达自动化的开山之作，也是目前台达自动化销售额最大的产品，在竞争激烈的市场中，台达变频器始终保持着强劲的增长势头，在高端产品市场和经济型产品市场均斩获颇丰。在应用领域，继 OEM 市场取得不可撼动的市场地位之后，从 2008 年开始，台达变频器在电梯、起重、空调、冶金、电力、石化以及节能减排等领域都有广泛的应用，该变频器型号也很多。台达变频器的外观如图 5-11 所示。

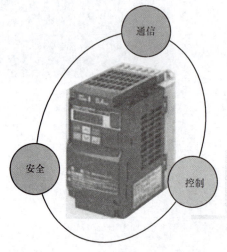

图 5-10 欧姆龙 3G3MX2 系列变频器

图 5-11 台达变频器的外观

以下以台达 C2000 系列为例简要介绍一下台达变频器的技术特点和性能。

1）产品功率范围更加宽广。

2)丰富的网络扩展功能。

3)独特的安装方式,提高了对环境的适应性。

4)同步电动机和异步电动机的驱动一体化。

5)模块化设计,拆卸和维护更加方便。

6)丰富的扩展功能。

7)强大的面板功能。

8)全新的结构设计,整体尺寸大大缩小。

9)可量化的温度,高度应用可选择。

10)多种通信端口的可选择化。

五、拓展知识

1. 生产机械负载类型

根据生产机械的运行特性,人们把实践中常用的生产机械分为三种类型:恒转矩负载、恒功率负载和风机、泵类负载类型。

(1)恒转矩负载 负载转矩 T_L 与转速 n 无关,任何转速下 T_L 总保持恒定或基本恒定。例如传送带、搅拌机、挤压机等摩擦类负载以及起重机、提升机等位能负载都属于恒转矩负载。

(2)恒功率负载 机床主轴和轧机、造纸机、塑料薄膜生产线中的卷取机、开卷机等要求的转矩,大体与转速成反比,这就是所谓的恒功率负载。负载的恒功率性质应该是就一定的速度变化范围而言。当速度很低时,受机械强度的限制,T_L 不可能无限增大,在低速下转变为恒转矩性质。负载的恒功率区和恒转矩区对传动方案的选择有很大的影响。电动机在恒磁通调速时,最大容许输出转矩不变,属于恒转矩调速;而在弱磁调速时,最大容许输出转矩与速度成反比,属于恒功率调速。如果电动机的恒转矩和恒功率调速的范围与负载的恒转矩和恒功率范围相一致,即所谓"匹配"的情况下,电动机的容量和变频器的容量均最小。

(3)风机、泵类负载 在各种风机、水泵、油泵中,随叶轮的转动,空气或液体在一定的速度范围内所产生的阻力大致与速度 n 的二次方成正比。随着转速的减小,负载按转速的二次方减小。这种负载所需的功率与速度的二次方成正比。

2. 变频器类型的选择

变频器的类型要根据负载要求来选择。

1)对于恒转矩负载,如挤压机、搅拌机、传送带、工厂运输电车、起重机等,如采用普通功能型变频器,要实现恒转矩调速,常采用加大电动机和变频器容量的办法,以提高低速转矩;如采用具有转矩控制功能的高性能变频器来实现恒转矩调速,则更理想,因为这种变频器低速转矩大,静态机械特性硬度较硬,不怕负载冲击,具有挖土机特性。

2)对于恒功率负载,如车床、刨床等,由于没有恒功率特性的变频器,一般依靠 U/f 控制方式来实现恒功率。

3)对于二次方律负载,如风机、泵类等,由于负载转矩与转速二次方成正比,低速时负载转矩较小,通常可选择专用或节能型通用变频器。

4)对于要求精度高、动态性能好、响应速度快的生产机械,如造纸机、注塑机、轧钢机等,应采用矢量控制高性能通用变频器;电力机车、电梯、起重机等领域,可选用具有直接转矩控制功能的专用变频器,需指出,有些通用型变频器对以上三种负载都适用。

六、思考与习题

1. 按照主电路的工作方式分,变频器可以分为哪几种类型?
2. 按照工作原理分,变频器可以分为哪几类?
3. 按照用途分,变频器可以分为哪几类?
4. 什么是电流源型变频器,该变频器有何特点?
5. 什么是电压源型变频器,该变频器有何特点?
6. 请简述交流调速的基本原理。
7. 请简述 MicroMaster440 型变频器的主要特征。它有何保护功能?
8. 生产实践中的负载类型有几种?变频器的选型和机械负载有何关系?

任务二　熟悉三菱 500 系列变频器

一、学习目标

1. 知识目标:了解三菱 A500 系列变频器的结构、规格型号和常用功能。
2. 能力目标:会拆装三菱 A500 系列变频器的面板和盖板。
3. 素质目标:培养认真、严谨、科学的工作作风;培养对应用技术分析探究的习惯。

二、工作任务

1. 认识三菱变频器的外形结构。
2. 掌握三菱变频器的面板和盖板的拆装方法。
3. 认识三菱变频器的主控端子。
4. 了解变频器操作面板各按键的意义。

三、相关知识

日本三菱变频器是目前我国使用比较普遍的变频器产品之一,其功能特点是:功能齐全,编码简单明了,比较容易掌握。在所有三菱变频器系列产品中,FR – A540 型变频器是使用较早和最为广泛的一种变频器,现在从该种型号变频器的外观、规格型号以及常用功能几个方面介绍三菱变频器的知识。

1. 三菱 A500 变频器的外观结构

在交流调速系统中,变频器的作用是将频率固定(通常为工频 50Hz)的交流电(三相的或单相的)变换成频率连续可调(多数为 0 ~ 400Hz)的三相交流电。如图 5-12 所示,变频器的输入端(R、S、T)接至频率固定的三相交流电源,输出端(U、V、W)输出的是频率在一定范围内连续可调的三相交流电,接至电动机。

图 5-12　变频器的使用

变频器的应用场合众多,其外形结构也是多种多样,如图 5-13 所示。根据其功率的大小,从外形上看有盒式结构(0.75 ~ 37kW)和柜式结构(45 ~ 1500kW)两种。图 5-14 为 FR – A540 三菱变频器的基本接线图。

a) 盒式结构

b) 柜式结构

图 5-13 变频器的外形

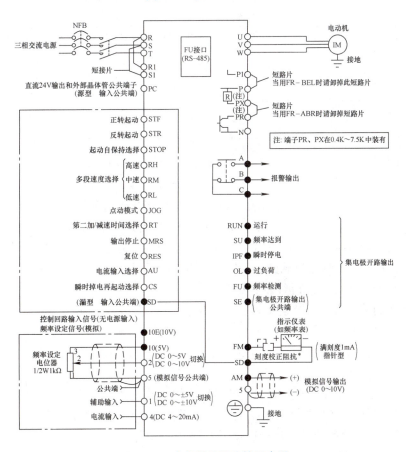

图 5-14 变频器端子连接示意图

2. 三菱 A500 系列变频器主电路端子

图 5-15 为三菱 FR-A540 型变频器的主电路接线端子。对于不同容量的变频器，各接线端子的排列顺序可能会有所不同，但是端子的功能是相同的，主电路输入/输出端子和连接端子的功能见表 5-2。

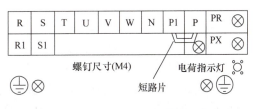

图 5-15 三菱 FR-A540 型变频器主电路接线端子

表 5-2　三菱 FR – A540 型变频器主电路端子说明

端子记号	端子名称	说明
R、S、T	交流电源输入	连接工频电源。当使用高功率因数转换器时，确保这些端子不连接（FR – HC）
U、V、W	变频器输出	接三相笼型电动机
R1、S1	控制电路电源	与交流电源端子 R、S 连接。在保护异常显示和异常输出时或当使用高功率因数转换器（FR – HC）时，请拆下 R – R1 和 S – S1 之间的短路片，并提供外部电源到此端子
P、PR	连接制动电阻器	拆开端子 PR – PX 之间的短路片，在 P – PR 之间连接选件制动电阻器（FR – ABR）
P、N	连接制动单元	连接选件 FR – BU 型制动单元或电源再生单元（FR – RC）或高功率因数转换器（FR – HC）
P、P1	连接改善功率因数 DC 电抗器	拆开端子 P – P1 间的短路片，连接选件改善功率因数用电抗器（FR – BEL）
PR、PX	连接内部制动回路	用短路片将 PX – PR 间短路时（出厂设定）内部制动回路便生效（7.5K 以下装有）
⏚	接地	变频器外壳接地用，必须接大地

（1）主电路输入端子（R、S、T）　主电路输入端子在变频器的主端子排上的符号为"R、S、T"，它们是变频器的受电端，使用该端子时要注意以下几个方面：

1）连接电源时应该注意交流电源的等级，可以不考虑电源相序。

2）不要将三相变频器的输入端子（R、S、T）连接到单相电源上。

（2）主电路输出端子（U、V、W）　主电路输出端子在变频器的主端子排上的符号为"U、V、W"，它们是变频器负载的接入端，使用此端子时应该注意以下几个方面：

1）为确保安全运行，变频器必须可靠接地。

2）变频器的输出端子不要连接到单相电源上，不允许连接到电力电容上。

（3）控制电路电源端子 R1、S1　与交流电源端子 R、S 连接，在保持异常显示和异常输出时，或者当使用高功率因数转换器时，拆下 R – R1 和 S – S1 之间的短路片，通过该端子接入外部电源。

（4）外部制动电阻端子 P、PR　额定容量比较小的变频器有内装的制动单元和制动电阻，故才有 PR 端子。如果内装的制动电阻的容量不够，则需要拆开 PR 与 PX 之间的短接片，将较大容量的外部制动电阻选件连接至 P 和 PR 之间。

（5）制动单元和制动电阻端子 P、N　大功率的变频器没有内装制动电阻。为了增加制动能力，必须外接制动单元选件。制动单元接于 P 和 N 端，制动电阻接于 P 和 PR 端，制动单元与制动电阻间，若采用双绞线，其间距应小于 10m。

（6）接地端子 E　为了安全和减小噪声，接地端子必须单独可靠接地，接地电阻小于 1Ω，而且接地导线应尽量粗，距离应尽量短。

当变频器和其他设备或有多台变频器一起接地时，每台设备都必须分别和地线相连接，如图 5-16a、b 所示，不允许将一台设备的接地端和另一台的接地端相接后再接地，如图 5-16c 所示。

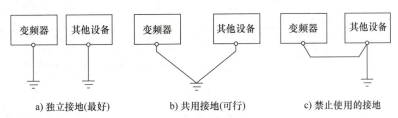

a) 独立接地(最好)   b) 共用接地(可行)   c) 禁止使用的接地

图 5-16   变频器的接地方式

3. 三菱 A500 系列变频器的控制电路端子

三菱 FR – A540 型变频器的控制端子如图 5-17 所示，表 5-3 为系列变频器控制电路端子的功能说明。变频器的控制端子分为三大部分：频率给定输入端子、起动信号和功能设定信号输入端子、输出信号端子。

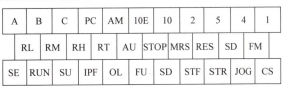

图 5-17   控制电路端子图

表 5-3   控制电路端子功能说明

类型	端子记号	端子名称	说 明	
输入信号；起动接点；功能设定	STF	正转起动	STF 信号处于 ON 时正转，处于 OFF 时停止。程序运行模式时为程序运行开始信号，(ON 开始，OFF 静止)	当 STF 和 STR 信号同时处于 ON 时，相当于给出停止指令
	STR	反转起动	STR 信号 ON 为反转，OFF 为停止	
	STOP	起动自保持选择	使 STOP 信号处于 ON，可以选择起动信号自保持	
	RH, RM, RL	多段速度选择	用 RH、RM 和 RL 信号的组合可以选择多段速度	输入端子功能选择（Pr.180 到 Pr.186）用于改变端子功能
	JOG	点动模式选择	JOG 信号 ON 时选择点动运行（出厂设定）。用起动信号（STF 和 STR）可以点动运行	
	RT	第 2 加/减速时间选择	RT 信号处于 ON 时选择第 2 加减速时间。设定了［第 2 力矩提升］［第 2V/F（基底频率）］时，也可以用 RT 信号处于 ON 时选择这些功能	
	MRS	输出停止	MRS 信号为 ON（20ms 以上）时，变频器输出停止。用电磁制动停止电动机时，用于断开变频器的输出	
	RES	复位	用于解除保护回路动作的保持状态。使端子 RES 信号处于 ON 在 0.1s 以上，然后断开	
	AU	电流输入选择	只在端子 AU 信号处于 ON 时，变频器才可用直流 4~20mA 作为频率设定信号	输入端子功能选择（Pr.180 到 Pr.186）用于改变端子功能
	CS	瞬时停电再起动选择	CS 信号预先处于 ON，瞬时停电再恢复时变频器便可自动起动。但用这种运行必须设定有关参数，因为出厂时设定为不能再起动	
	SD	公共输入端子（漏型）	接点输入端子和 FM 端子的公共端。直流 24V，0.1A（PC 端子）电源的输出公共端	
	PC	直流 24V 电源和外部晶体管公共端接点输入公共端（源型）	当连接晶体管输出（集电极开路输出），例如可编程序控制器时，将晶体管输出用的外部电源公共端接到这个端子时，可以防止因漏电引起的误动作，这端子可用于直流 24V，0.1A 电源输出。当选择源型时，这端子作为接点输入的公共端	

（续）

类型		端子记号	端子名称	说　明	
模拟	频率设定	10E	频率设定用电源	DC 10V，容许负荷电流 10mA	按出厂设定状态连接频率设定电位器时，与端子 10 连接
		10		DC 5V，容许负荷电流 10mA	当连接到 10E 时，请改变端子 2 的输入规格
		2	频率设定（电压）	输入 DC 0~5V（或 DC 0~10V）时 5V（DC 10V）对应于为最大输出频率。输入、输出成比例。用参数单元进行输入直流 0~5V（出厂设定）和 DC 0~10V 的切换。输入阻抗 10kΩ，容许最大电压为直流 20V	
		4	频率设定（电流）	DC 4~20mA，20mA 为最大输出频率，输入、输出成比例。只在端子 AU 信号处于 ON 时，该输入信号有效，输入阻抗 250Ω，容许最大电流为 30mA	
		1	辅助频率设定	输入 DC 0~±5V 或 DC 0~±10V 时，端子 2 或 4 的频率设定信号与这个信号相加。用参数单元进行输入 DC 0~±5V 或 DC 0~±10V（出厂设定）的切换。输入阻抗 10kΩ，容许电压 DC ±20V	
		5	频率设定公共端	频率设定信号（端子 2、1 或 4）和模拟输出端子 AM 的公共端子。请不要接大地	
输出信号	接点	A，B，C	异常输出	指示变频器因保护功能动作而输出停止的转换接点，AC 220V 0.3A，DC 30V 0.3A，异常时：B-C 间不导通（A-C 间导通），正常时：B-C 间导通（A-C 间不导通）	
	集电极开路	RUN	变频器正在运行	变频器输出频率为起动频率（出厂时为 0.5Hz，可变更）以上时为低电平，正在停止或正在直流制动时为高电平①。容许负荷为 DC 24V，0.1A	输出端子的功能选择通过（Pr. 190 到 Pr. 195）改变端子功能
		SU	频率到达	输出频率达到设定频率的 ±10%（出厂设定，可变更）时为低电平，正在加/减速或停止时为高电平①。容许负荷为 DC 24V，0.1A	
		OL	过负荷报警	当失速保护功能动作时为低电平，失速保护解除时为高电平①。容许负荷为 DC 24V，0.1A	
		IPF	瞬时停电	瞬时停电，电压不足保护动作时为低电平①，容许负荷为 DC 24V，0.1A	
		FU	频率检测	输出频率为任意设定的检测频率以上时为低电平，以下时为高电平①，容许负荷为 DC 24V，0.1A	
		SE	集电极开路输出公共端	端子 RUN，SU，OL，IPF，FU 的公共端子	
	脉冲	FM	指示仪表用	可以从 16 种监视项目中选一种作为输出②，例如输出频率，输出信号与监视项目的大小成比例	出厂设定的输出项目：频率容许负荷电流 1mA 60Hz 时 1440 脉冲/s
	模拟	AM	模拟信号输出		出厂设定的输出项目：频率输出信号 0 到 DC 10V 容许负荷电流 1mA
通信 RS485		——	PU 接口	通过操作面板的接口，进行 RS485 通信 • 遵守标准：EIA RS485 标准 • 通信方式：多任务通信 • 通信速率：最大 19200bit/s • 最长距离：500m	

① 低电平表示集电极开路输出用的晶体管处于 ON（导通状态），高电平表示 OFF（不导通状态）；
② RL、FM、RH、AU、STOP、MRS、OH、REX、JOG、RES、X14、X16（STR）选择信号，更为详细的说明请参看三菱变频器的使用说明手册。

三菱 FR-A540 型变频器控制电路端子说明。由于变频器的控制端子比较多，在此不可能一一加以介绍，只能对一些常用的端子加以介绍。

1) 频率输入端子：

① 端子 10E、10、2、5、1、4：属于频率输入端子，但是各端子的作用不完全相同，常用的是 10、2、5 三个端子，一般情况在这三个端子上外接电位器，10 端为正电源端10V，2 为中间滑动端子，5 为电压设定或者电流设定的公共端，外接电位计给定频率的电路图如图 5-18 所示。

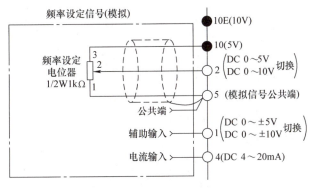

图 5-18　外接电位计给定频率的电路图

② 端子 1：辅助频率设定信号端子，输入 DC 0～±5V 或者 DC 0～±10V 时，端子 2 或者 4 的频率设定信号与该端子信号相加。用参数单元进行输入 DC 0～±5V 或者 DC 0～±10V的切换。输入阻抗 10Ω，允许电压 DC±20V。

③ 端子 4：电流输入信号端子，输入电流为 DC 4～20mA，只在 AU 端子信号处于 ON 时，该输入端子才有效，输入阻抗约为 250Ω，该端子允许的最大电流为 30mA。

④ 端子 10E：电压输入端子，输入电压为 DC 10V，允许电流为 10mA。

2) 常用起动信号输入端子：

① 端子 SD：公共端，它是所有开关量输入信号的参考点。

② 端子 STF、STR：输入正反转运行信号。当 STF-SD 闭合时，为正转命令；当 STR-SD 闭合时，为反转命令，STF-SD 和 STR-SD 同时闭合时，则减速停止。

③ 端子 STOP：起动自保持选择端子，当 STOP 处于 ON 时，可以选择起动信号自保持。

④ 端子 RH、RM、RL：多段速度选择端子，用这三个端子的组合可以选择多种不同速度。

3) 报警输出端子。端子 A、B、C 为报警输出端子，当变频器因保护功能动作时，这三个接点的连接关系发生转换，异常时，B-C 不导通，正常时 B-C 间导通。

4. 三菱 A500 系列变频器面板

变频器的面板主要包括数据显示屏和键盘。面板根据变频器品牌的不同而千差万别，但是它们的基本功能相同。主要功能有以下几个方面：显示频率、电流、电压等；设定操作模式、操作命令、功能码；读取变频器运行信息和故障报警信息；监视变频器运行；变频器运行参数的设置；故障报警状态的复位。图 5-19 是三菱 FR-A540 型变频器的面板。面板上的各部分名称及功能简介如下：

1) Hz——显示运行频率，A——显示运行时的电流值，V——显示运行时电压值。

2) LED 数字监视器——正常模式时，显示当前的频率值、电流值、电压值、转速值等。当变频器保护动作停止运行时，显示故障报警代码。

3) ▲、▼——用于增加和减少数据。

4) SET——在功能预置模式下，用于"读出"或"写入"数据码。

5) MODE——用于更改工作模式，如运行模式、功能预置模式等。

6) FWD——正转运行操作信号，REV——反转运行操作信号。

7) RESET——复位键，用于故障跳闸后，使变频器恢复为正常状态。

8) STOP——运行停止键。

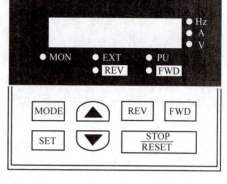

图 5-19 三菱 FR – A540 型变频器的面板

四、实践指导

1. 变频器外形结构的认识

（1）认识 A540 型变频器的铭牌　三菱 FR – A540 型变频器的铭牌如图 5-20 所示，认真阅读和观察铭牌上的相关信息，包括品牌型号、出厂编号、容量、输入电压电流、输入电源相数、输出电压电流、频率调节范围等。

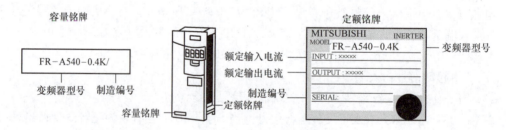

图 5-20 三菱变频器的型号

（2）三菱 A540 系列变频器的规格　表 5-4 列出了 FR – A540 型 400V 系列的变频器的规格。

表 5-4　400V 系列的 FR – A540 型变频器的规格数据表

	型号 FR – A540 – □□K – CH	0.4	0.75	1.5	2.2	3.7	5.5	7.5	11	15	18.5	22	30	37	45	55
	适用电动机容量/kW	0.4	0.75	1.5	2.2	3.7	5.5	7.5	11	15	18.5	22	30	37	45	55
输出	额定容量/kV·A	1.1	1.9	3	4.6	6.9	9.1	13	17.5	23.6	29	32.8	43.4	54	65	84
	额定电流/A	1.5	2.5	4	6	9	12	17	23	31	38	43	57	71	86	110
	过载能力	150% 60s，200% 0.5s（反时限特性）														
	电压	三相，380~480V 50Hz/60Hz														
	再生制动转矩	最大值·允许使用率	10% 转矩·2% ED								20% 转矩·连续						

(续)

电源	额定输入交流电压、频率	三相，380～480V 50Hz/60Hz											
	交流电压允许波动范围	323～528V 50Hz/60Hz											
	允许频率波动范围	±5%											
	电源容量/kV·A	1.5	2.5	4.5	5.5	9	12	17	20	28	34	41	52	66	80	100
保护结构（JEM 1030）		封闭型（IP20 NEMA1）									开放型（IP00）		
冷却方式		自冷			强制风冷								
大约重量/kg，连同DU || 3.5	3.5	3.5	3.5	3.5	6.0	6.0	13.0	13.0	13.0	24.0	35.0	35.0	36.0

2. FR–A540型变频器的面板简单拆装

（1）前盖板的拆卸　图5-21所示是FR–A540–0.4K～7.5K型变频器的前盖板的拆卸示意图，拆卸时用手握住前盖板上部两侧向下推，同时握住向下的前盖板向下拉，便可以将盖板拆下。图5-22是FR–540–11K～22K型变频器的前盖板拆卸示意图，拆卸时首先拧下前盖板顶部的安装螺钉，用手握住前盖板上部两侧，向身前拉便可以将其拆下。

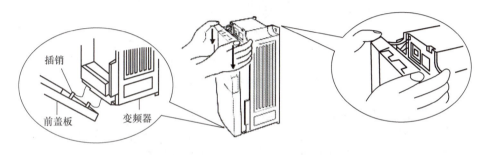

图5-21　FR–A540–0.4K～7.5K型变频器前盖板的拆卸示意图

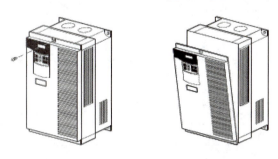

图5-22　FR–540–11K～22K型变频器的前盖板拆卸示意图

（2）前盖板的安装　安装时将前盖板的插销插入变频器底部的插孔，以安装插销部分为支点将盖板完全推入机身，同时注意在安装前盖板之前应当先拆去操作面板。

（3）变频器操作面板的拆卸与安装　图5-23是操作面板的拆装示意图，拆装的操作方法是：一边按着操作面板的上部一边拉向身前，便可以将其拆下，安装时，垂直插入并牢固装上。

（4）连接电缆的安装　图5-24是连接电缆的安装示意图，具体操作如下：首先拆去操作面板，拆下连接标准插座转换接口，将电缆的一端牢固插入机身的插座上，将另一端插到PU上。

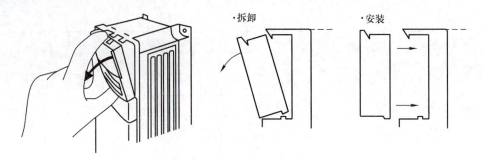

图 5-23 操作面板的拆装示意图

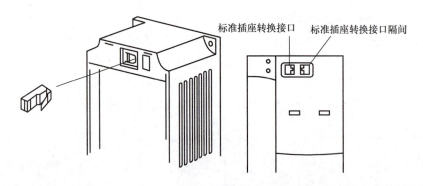

图 5-24 连接电缆的安装图

3. 熟悉三菱变频器操作面板

操作面板的示意图如图 5-19 所示。表 5-5 中列出了面板上各功能键的含义，操作面板的显示状态说明见表 5-6。需要说明的是把用参数单元控制变频器运行的方法叫作"PU"操作，"PU"操作模式不需要外部操作信号，通过操作面板上的按键就可以开始运行和停止。

表 5-5 操作面板上各按键的功能表

按键名称	功能
[MODE] 键	选择操作模式或设定模式功能键
[SET] 键	确定频率和参数的设定，当按住大于 1.5s 时为写入功能
[FWD] 键	正转起动键
[REV] 键	反转起动键
[增/减] 键	用于连续增、减数字，改变频率或设定参数值
[STOP/RESET] 键	停止复位键

表 5-6 操作面板显示状态说明表

显示	说明	显示	说明
Hz	监视频率时指示	PU	PU 操作时指示
A	监视电流时指示	EXT	外部操作时指示
V	监视电压时指示	FWD	正转时闪烁
MON	监视状态时指示	REV	反转时闪烁

4. 变频器主电路接线端子介绍

主电路接线端子是变频器与电源和电动机连接的接线端子，主电路接线端子示意图如图 5-25 所示。各端子的具体功能在表 5-3 中已经作了介绍，在此不再重复，在主电路接线时要注意以下事项：

1）电源及电动机接线的接线端子，请使用带有绝缘管的端子。

2）接线时剪开布线挡板上的保护衬套（22K 以下的）。

3）电源一定不能接到变频器输出端上（U，V，W），否则将损坏变频器。

4）接线后，零碎线头必须清除干净，零碎线头可能造成异常、失灵和故障，必须始终保持变频器清洁。在控制台上打孔时，请注意不要使碎片粉末等进入变频器中。

5）为使电压降在 2% 以内，请用适当型号的电线接线。变频器和电动机间的接线距离较长时，特别是低频率输出情况下，会由于主电路电缆的电压下降而导致电动机的转矩下降。

6）布线距离最长为 500m，尤其长距离布线时，由于布线寄生电容所产生的冲击电流，可能会引起过电流保护误动作，输出侧连接的设备可能运行异常或发生故障。

7）在 P 和 PR 端子间建议连接制定的制动电阻选件，端子间原来的短路片必须拆下。

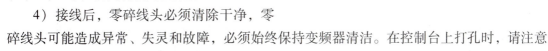

图 5-25　主电路接线端子示意图

5. 变频器控制端子介绍

控制电路端子分为输入信号端子、输出信号端子、模拟信号设定端子，各端子的具体功能见表 5-3。在进行控制端子接线时要注意以下事项：

1）端子 SD、SE 和 5 为 I/O 信号的公共端子，相互隔离，请不要将这些公共端子互相连接或接地。

2）控制电路端子的接线应使用屏蔽线或双绞线，而且必须与主电路、强电电路（含 200V 继电器程序回路）分开布线。

3）由于控制电路的频率输入信号是微小电流，所以在接点输入的场合，为了防止接触不良，微小信号接点应使用两个并联的接点。

4）控制电路建议用 0.75mm 的电缆接线。如果使用 1.25mm 或以上的电缆，在布线太多和布线不恰当时，前盖将盖不上，从而导致操作面板或参数单元接触不良。

五、拓展知识

三菱变频器的选型以及注意事项：

1）根据负载特性选择变频器，如负载为恒转矩负载或风机、泵类负载，应选择相应变频器。

2）选择变频器时应以实际电动机电流值作为变频器选择的依据，电动机的额定功率只能作为参考。另外应充分考虑变频器的输出含有谐波，会造成电动机的功率因数和效率都会变差。因此，用变频器给电动机供电与用工频电网供电相比较，电动机的电流增加10%而温升增加约20%。所以在选择电动机和变频器时，应考虑到这种情况，适当留有裕量，以防止温升过高，影响电动机的使用寿命。

3）变频器若需要长电缆运行使用，应该采取措施抑制长电缆对地耦合电容的影响，避免变频器出力不够。所以变频器应放大一档选择或在变频器的输出端安装输出电抗器。

4）当变频器用于控制并联的几台电动机时，一定要考虑变频器到电动机的电缆长度总和在变频器的容许范围内。如果超过规定值，要放大一档或两档来选择变频器。另外在此种情况下，变频器的控制方式只能为V/F控制方式，并且变频器无法实现电动机的过电流、过载保护，此时需在每台电动机上加熔断器等来实现保护。

5）对于一些特殊的应用场合，如高环境温度、高开关频率、高海拔等，此时会引起变频器的降容，变频器需放大一档选择。

6）使用变频器控制高速电动机时，由于高速电动机的电抗小，谐波较大。因此，选择用于高速电动机的变频器时，应比普通电动机的变频器稍大一些。

7）变频器用于变极电动机时，应充分注意选择变频器的容量，使其最大额定电流在变频器的额定输出电流以下。另外，在运行中进行极数转换时，应先停止电动机工作，否则会造成电动机空转，恶劣时会造成变频器损坏。

8）驱动防爆电动机时，变频器没有防爆构造，应将变频器设置在危险场所之外。

9）使用变频器驱动齿轮减速电动机时，使用范围受到齿轮转动部分润滑方式的制约。润滑油润滑时，在低速范围内没有限制；在超过额定转速以上的高速范围内，有可能发生润滑油用光的危险。因此，不要超过最高转速容许值。

10）变频器驱动绕线转子异步电动机时，因绕线转子电动机与普通的笼型电动机相比，绕线转子电动机绕组的阻抗小。因此，容易发生由于纹波电流而引起的过电流跳闸现象，应选择比通常容量稍大的变频器。一般绕线转子电动机多用于飞轮力矩（GD^2）较大的场合，在设定加减速时间时应多注意。

11）变频器驱动同步电动机时，与工频电源相比，降低输出容量10%~20%，变频器的连续输出电流要大于同步电动机额定电流与同步牵入电流的标幺值的乘积。

12）对于压缩机、振动机等转矩波动大的负载和油压泵等有峰值负载情况下，如果按照电动机的额定电流或功率值选择变频器的话，有可能发生因峰值电流使过电流保护动作的现象。因此，应了解工频运行情况，选择比其最大电流更大的额定输出电流的变频器。变频器驱动潜水泵电动机时，因为潜水泵电动机的额定电流比通常电动机的额定电流大，所以选择变频器时，其额定电流要大于潜水泵电动机的额定电流。

13）当变频器控制罗茨风机时，由于其起动电流很大，所以选择变频器时一定要注意变频器的容量是否足够大。

14）选择变频器时，一定要注意其防护等级是否与现场的情况相匹配。否则现场的灰尘、水汽会影响变频器的长久运行。

15）单相电动机不适合用变频器驱动。

六、思考与习题

1. 请简述变频器端子 STF、REV 与 SD 的功能和作用。
2. 请简述端子"10"、"5"、"2"的功能及使用方法。
3. 简述变频器面板上"MODE"键的功能。
4. 简述变频器面板上的"SET"、"▲"、"▼"各键的功能和作用。
5. 简述变频器主电路接线时的注意事项。
6. 简述变频器控制电路接线时的注意事项。

项目六

变频器的安装与接线

变频器调速系统安装过程中，变频器的安装是比较重要的环节。图 6-1 是变频器安装接线示意图，变频器的安装主要包括变频器本身的安装和接线两个部分，本项目主要要求学生了解变频器安装时的环境要求和掌握变频器的安装与接线方法。下面主要讲述变频器的安装与接线方法及注意事项。

图 6-1　变频器安装接线示意图

任务一　变频器的安装

一、学习目标

1. 知识目标：掌握三菱 A500 变频器的安装环境要求。
2. 能力目标：熟悉变频器的安装方法和安装要求。
3. 素质目标：培养认真、严谨、科学的工作作风。

二、工作任务

1. 三菱 A500 变频器柜内的安装。
2. 三菱 A500 变频器的壁挂式安装。

三、相关知识

1. A500 系列变频器的安装要求

变频器是半导体材料构成的设备，为了充分发挥变频器的性能，必须确保设备环境能够充分满足 IEC 标准对变频器所规定环境的允许值。

（1）安装场所　装设变频器的场所应该满足以下条件：电气室应湿气少、无水侵入；无爆炸性、燃烧性或者腐蚀性气体和液体，粉尘少；具有足够的空间，便于维修检查；具备通风口或换气装置以排除变频器产生的热量；与易受变频器产生的谐波和无线电干扰影响的装置隔离；若安装在室内，必须单独按照户外配电装置设置。

（2）安装环境　变频器长期稳定运行所必须具备的环境条件有：

1）环境温度。三菱变频器内部是大功率的电子元件，极易受到工作温度的影响，产品一般要求为 0~55℃，但为了保证工作安全、可靠，使用时应考虑留有余地，最好控制在 40℃ 以下。在控制箱中，三菱变频器一般应安装在箱体上部，并严格遵守产品说明书中的安装要求，绝对不允许把发热元件或易发热的元件紧靠三菱变频器的底部安装。

2）环境湿度。湿度太高且湿度变化较大时，三菱变频器内部易出现结露现象，其绝缘性能就会大大降低，甚至可能引发短路事故。必要时需在箱中增加干燥剂和加热器。

3）腐蚀性气体。如果使用环境腐蚀性气体浓度大，不仅会腐蚀元器件的引线、印制电路板等，而且还会加速塑料器件的老化，降低绝缘性能。

4）振动和冲击。装有三菱变频器的控制柜受到机械振动和冲击时，会引起电气接触不良。这时除了提高控制柜的机械强度、远离振动源和冲击源外，还应使用抗振橡皮垫固定控制柜外和内电磁开关之类产生振动的元器件。设备运行一段时间后，应对其进行检查和维护。

5）电磁波干扰。三菱变频器在工作中由于整流和变频，周围产生了很多的干扰电磁波，这些高频电磁波对附近的仪表、仪器有一定的干扰。因此，柜内仪表和电子系统，应该选用金属外壳，屏蔽三菱变频器对仪表的干扰。所有的元器件均应可靠接地，除此之外，各电气元件、仪器及仪表之间的连线应选用屏蔽控制电缆，且屏蔽层应接地。如果处理不好电磁干扰，往往会使整个系统无法工作，导致控制单元失灵或损坏。

2. 变频器安装时的发热和散热

（1）变频器的发热　和其他设备一样，发热总是由内部的损耗功率产生的。在变频器中，各部分损耗的比例大致为：逆变电路约占 50%；整流及直流电路约占 40%；控制和保护电路占 5%~15%。粗略地讲，每 1kV·A 的变频器容量，其损耗功率为 40~50W。

（2）变频器的散热　变频器的散热很重要。温度过高对任何设备都具有破坏作用，但就多数设备而言，其破坏作用常常是比较缓慢的，受破坏时的温度通常是不很准确的，而唯独在 SPWM 逆变电路中温度一超过某一限值，就立即会导致逆变管的损坏，并且该温度限值往往十分准确。

在 SPWM 逆变桥中，每一桥臂的上、下两管总是处于不断地交替导通状态，或由上管导通、下管截止转换为上管截止、下管导通。在交替过程中，一旦出现一管尚未完全截止，而另一管已经开始导通的状况，将立即引起直流高压经上管和下管"直通"（相当于短路），于是上、下两管必将立即损坏。

为了避免出现上述现象,在控制电路中,必须留出一个"等待时间"。等待时间,一方面必须足够长,以保证工作的可靠性;另一方面,必须尽量短,否则将引起调制过程的非线性,从而影响逆变后输出电压的波形和数值,所以其余量很小。

温度升高时,由于半导体对温度的敏感性,上、下两管的开通时间和关断时间,以及由延迟电路产生的等待时间都将发生变化。当温度一旦超过某一限值时,将导致"等待时间"的不足,使逆变电路的输出波形出现"毛刺",最终,逆变管因直通而损坏。因此,变频器在安装时的散热问题是非常重要的。

为了阻止变频器内部的温度升高,变频器必须把所产生的热量充分地散发出去。通常采用的方法是通过冷却风扇把热量带走。大体上说,每带走 1kW 热量所需要的风量约为 $0.1 m^3/s$。在安装变频器时,首要问题是如何保证散热途径畅通,不易被阻塞。

四、实践指导

1. 变频器的柜式安装

当周围的尘埃较多时,或和变频器配用的其他控制电器较多而需要和变频器安装在一起时,采用柜式安装。柜式安装时的注意事项如下:

1)注意发热和散热问题,变频器的最高允许温度为 50℃,一般情况下应考虑设置换气扇,采用强迫换气。

2)应在柜顶加装抽风式冷却风扇,冷却风扇的位置尽量在变频器的正上方,在空气吸入口应设有空气过滤器,在电缆引入口设有精梳板,在电缆引入之后密封。

3)考虑到电源电压的波动,换气扇的选取应留有 20% 余量。

4)当一个控制柜内装有两台或两台以上变频器时,应尽量并排安装(横向排列),如必须采用纵向排列时,则应在两台变频器之间加装横隔板,以避免下面变频器出来的热风进入上面的变频器内,如图 6-2 所示。

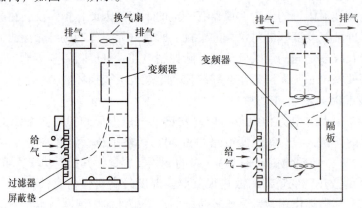

图 6-2 变频器柜式安装

2. 变频器的壁挂式安装

由于变频器本身具有较好的外壳,一般情况下,允许直接靠墙壁安装,称为壁挂式安装,如图 6-3 所示。

为了保持通风的良好，变频器与周围阻挡物的距离应符合：两侧≥5cm，上下方≥12cm。

为了改善冷却效果，所有变频器都应垂直安装，为了防止异物掉在变频器的出风口而阻塞风道，最好在变频器出风口的上方加装保护网罩。

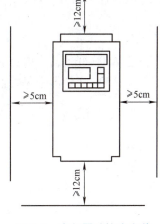

图 6-3　变频器壁挂式安装

五、拓展知识

本节介绍变频器安装时电磁干扰的防护。

变频器的设计允许它在具有很强电磁干扰的工业环境下运行。如果安装质量好，就可以确保安全和无故障运行。如果在运行中遇到问题，可以采取下面的措施进行处理：

1）将机柜内的所有设备用短而粗的接地电缆可靠地连接到公共的星形接地点或公共的接地母线上。

2）将与变频器连接的任何控制设备用短而粗的接地电缆连接到同一个接地网或星形接地点。

3）将电动机返回的接地线直接连接到控制该电动机的变频器接地端子（PE）上。

4）接触器的触点采用扁平的，因为它们在高频时阻抗较低。

5）截断电缆头时应尽可能整齐，保证未经屏蔽的线段尽可能短。

6）控制电缆的布线应尽可能远离供电电源线，使用单独的走线槽。在必须与电缆交叉时，相互应该成 90°交叉。

7）与控制电路的连接线都应该采用屏蔽电缆。

8）确保机柜内安装的接触器是带阻尼的，即在交流接触器线圈上接有 RC 阻尼电路；在直流接触器线圈上接有续流二极管。

9）接到电动机的连接线应采用屏蔽电缆，并用电缆接线卡子将屏蔽层两端接地。

六、思考与习题

1. 三菱变频器的安装环境和要求是什么？
2. 三菱变频器如何抗干扰？
3. 三菱变频器的安装方式有几种？请简述每种安装方式。
4. 简述三菱变频器的抗扰防护措施。

任务二　变频器的接线

一、学习目标

1. 知识目标：掌握三菱 A500 变频器的接线；理解工变频切换控制电路以及变频器的保护。

2. 能力目标：会对三菱 A500 变频器安装接线。

3. 素质目标：培养认真、严谨、科学的工作作风；培养团结互助、团队合作精神。

二、工作任务

1. 三菱 A500 变频器主电路和电器选择。
2. 三菱 A500 变频器常见控制电路接线与分析。

三、相关知识

1. 三菱变频器主电路接线

变频器主电路的基本接线如图 6-4 所示。QS 为低压断路器；KM 为接触器触点；R、S、T 为变频器的输入端，接电源进线；U、V、W 为变频器的输出端，与电动机相接；变频器的输入端和输出端是绝对不允许接错的。万一将电源进线接到了 U、V、W 端，则不管哪个逆变管导通，都将引起两相间的短路而将逆变管迅速烧坏，如图 6-5 所示。

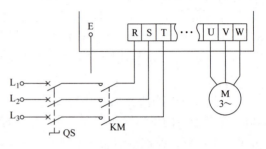

图 6-4 主电路的基本接线

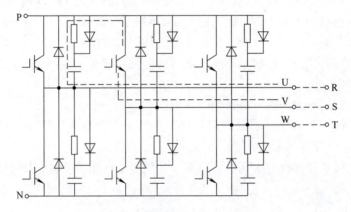

图 6-5 电源接错的后果示意图

在连接变频器主电路时，以下三点要注意：

1）不能用接触器 KM 的触点来控制变频器的运行和停止，应该使用控制面板上的操作键或接线端子上的控制信号。

2）变频器的输出端不能接电力电容器或浪涌吸收器；电动机的旋转方向如果和生产工艺要求不一致，最好用调换变频器输出相序的方法，不要用调换控制端子的控制信号来改变电动机的旋转方向。

3）某些负载是不允许停机的，当变频器万一发生故障时，必须迅速将电动机切换到工频电源上，使电动机不停止工作。

2. 主电路线径的选择

1）电源和变频器之间的导线，一般来说，和同容量普通电动机的导线选择方法相同。考虑到其输入侧的功率因数常常较低，应本着宜大不宜小的原则来决定线径。

2)变频器与电动机之间的导线,因为频率下降时,电压也要下降,在电流相等的条件下,线路电压降 ΔU 在输出电压中的比例上升,而电动机得到的电压的比例则下降,有可能导致电动机发热。所以,在决定变频器与电动机之间导线的线径时,最关键的因素便是线路电压降 ΔU 的影响。一般要求

$$\Delta U \leq (2 \sim 3)\% U \tag{6-1}$$

ΔU 的计算公式是

$$\Delta U = \frac{\sqrt{3} I_{MN} R_0 l}{1000} \tag{6-2}$$

式中,I_{MN} 为电动机的额定电流(A);R_0 为单位长度(每米)导线的电阻(mΩ/m);l 为导线长度(m)。

常见电动机引出线的单位长度电阻见表6-1。

表6-1 电动机引出线的单位长度电阻

标称截面/mm²	1.0	1.5	2.5	4.0	6.0	10.0	16.0	25.0	35.0
$R_0/(\text{m}\Omega/\text{m})$	17.8	11.9	6.92	4.40	2.92	1.73	1.10	0.69	0.49

3. 控制电路的接线

(1)模拟量控制线接线 模拟量控制线主要包括:

1)输入侧的给定信号线和反馈信号线。

2)输出侧的频率信号线和电流信号线。

模拟量信号的抗干扰能力较低,因此必须使用屏蔽线,屏蔽层靠近变频器的一端,应接控制电路的公共端(COM),而不要接到变频器的地端(E)或大地,如图6-6所示。屏蔽层的另一端应该悬空。布线时还应该遵守以下原则:

① 尽量远离主电路100mm以上。

② 尽量不和主电路交叉,如必须交叉时,应采取垂直交叉的方式。

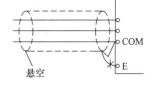

图6-6 屏蔽线接法

(2)开关量控制线接线 如起动、点动、多档转速控制等的控制线,都是开关量控制线。一般来说,模拟量控制线的接线原则也都适用于开关量控制线。但开关量的抗干扰能力较强,故在距离不远时,允许不使用屏蔽线,但同一信号的两根线必须互相绞在一起。如果操作台离变频器较远,则应先将控制信号转变成能远距离传送的信号,再将能远距离传送的信号转变成变频器所要求的信号。

(3)变频器的接地 所有变频器都专门有一个接地端子"E",用户应将此端子与大地相接。当变频器和其他设备,或有多台变频器一起接地时,每台设备都必须分别和地线相接,如图6-7a所示;不允许将一台设备的接地端和另一台设备的接地端相接后再接地,如图6-7b所示。

四、实践指导

1. 变频器主电路和电器选择

变频器系统的主电路是指从交流电源到负载之间的电路,各种不同型号的变频器的主电路端子的排列顺序可能有所不同,但是基本功能都是一样的,通常都是用 R、S、T 表示电

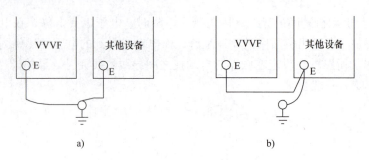

图 6-7 变频器和其他设备的接地

源的输入端,U、V、W 表示变频器的输出端。在实际应用中,变频器需要和许多外接电器一起使用,构成一个比较完整的主电路,如图 6-8 所示。

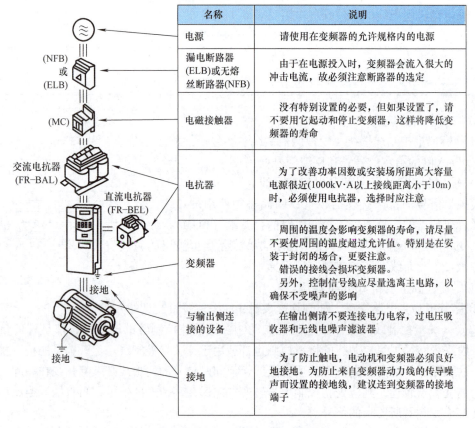

名称	说明
电源	请使用在变频器的允许规格内的电源
漏电断路器(ELB)或无熔丝断路器(NFB)	由于在电源投入时,变频器会流入很大的冲击电流,故必须注意断路器的选定
电磁接触器	没有特别设置的必要,但如果设置了,请不要用它起动和停止变频器,这样将降低变频器的寿命
电抗器	为了改善功率因数或安装场所距离大容量电源很近(1000kV·A 以上接线距离小于10m)时,必须使用电抗器,选择时应注意
变频器	周围的温度会影响变频器的寿命,请尽量不要使周围的温度超过允许值。特别是在安装于封闭的场合,更要注意。 错误的接线会损坏变频器。 另外,控制信号线应尽量选离主电路,以确保不受噪声的影响
与输出侧连接的设备	在输出侧请不要连接电力电容、过电压吸收器和无线电噪声滤波器
接地	为了防止触电,电动机和变频器必须良好地接地。为防止来自变频器动力线的传导噪声而设置的接地线,建议连到变频器的接地端子

图 6-8 变频器主电路和各电器元件的作用

(1) 断路器

1) 断路器的作用。断路器俗称自动空气开关,其外形如图 6-9 所示,它可在正常负荷下接通或断开电路。当电路中发生短路、过载、欠电压、过电压等故障时,低压断路器自动掉闸断开电路,起到保护电路和设备的作用,并防止事故范围扩大。在变频器主电路中,它的主要作用有:

① 隔离作用。当变频器进行维修或长时间不用时,须将其切断,使变频器与电源隔离,确保安全。

② 保护作用。当变频器的输入侧发生短路或电源电压过低等故障时，可迅速进行保护。

2) 断路器的选择。因为断路器具有过电流保护功能，为了避免不必要的误动作，选用时应充分考虑电路中是否有正常过电流。在变频器单独控制电路中，属于正常过电流的情况有：

图 6-9　断路器的外形

① 变频器刚接通瞬间，对电容器的充电电流可高达额定电流的 2~3 倍。

② 变频器的进线电流是脉冲电流，其峰值可能经常超过额定电流。

一般变频器允许的过载能力为额定电流的 150%、持续 1min。所以为了避免误动作，断路器的额定电流 I_{QN} 应选

$$I_{QN} = （1.3~1.4）I_N \tag{6-3}$$

式中，I_N 为变频器的额定电流。

在电动机要求实现工频和变频切换的控制电路中，断路器应按电动机在工频下的起动电流来进行选择，即

$$I_{QN} \geqslant 2.5 I_{MN} \tag{6-4}$$

式中，I_{MN} 为电动机的额定电流。

（2）接触器　接触器的外形如图 6-10 所示。它是一种应用广泛的低压控制电器，由触点系统、电磁机构、弹簧、灭弧系统和支架底座等组成。它可以远距离频繁地接通、断开负荷，具有零电压及欠电压保护功能。在变频器主电路中，根据连接的位置不同，其型号选择也不同。

1) 输入侧接触器的选择。输入侧接触器的选择原则是：主触点的额定电流 I_{KN} 只需大于或等于变频器的额定电流 I_N 即可，即

$$I_{KN} \geqslant I_N \tag{6-5}$$

图 6-10　接触器的外形

2) 输出侧接触器的选择。输出侧接触器仅用于和工频电源切换等特殊情况，一般不用。因为输出电流中含有较强的谐波成分，其有效值略大于工频运行时的有效值，故主触点的额定电流 I_{KN} 满足

$$I_{KN} \geqslant 1.1 I_{MN} \tag{6-6}$$

2. 三菱变频器的基本控制电路接线与分析

（1）变频器控制电动机单向运行控制电路

1) 单向运行基本电路。

① 电路接线如图 6-11 所示，首先电源通过接触器主触点接入 R、S、T 端，把 U、V、W 三端与电动机连接。其次将变频器控制接线端的正转接线端子（STF）与公共端子（SD）短接，电动机运行频率通过外接电位器 RP 由外部给定，在接触器 KM 吸合接通电源后，电动机即可通过控制电路的控制开始正转运行。

② 电路分析：首先合上电源开关，变频器得电，按下外部控制电路按钮 SB$_2$，接触器

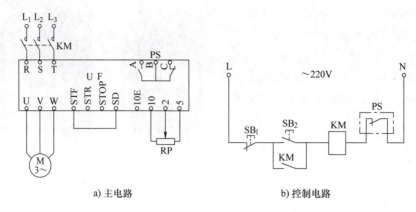

a) 主电路　　　　　　　　　　b) 控制电路

图 6-11　单向运行控制电路

KM 得电，KM 主触点吸合，合上接触器 KM 接通电源，设置变频器为外部运行模式，并设置好其他基本参数，滑动变阻器中间滑动端头，得到一个合适的频率，把 STF 与 SD 端连接实现正向运行，如果想实现反向运行，把 STR 与 SD 连接便可实现。

2）旋钮开关控制的单向运行电路。

① 电路接线：如图 6-12 所示，电源通过接触器主触点接入 R、S、T 三端，输出的变频电源通过 U、V、W 三端输出给电动机，构成主电路。在 "STF" 和 "SD" 之间接入开关 SA，在 "RES" 和 "SD" 端接入按钮 SB_3；在 "10" "5" "2" 端外接电位器，用于频率信号的外部给定。外部控制电路的连接如图 6-12b 所示。

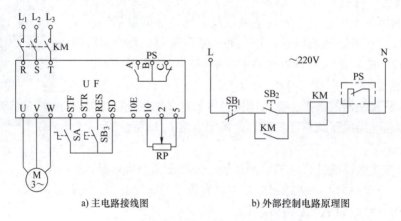

a) 主电路接线图　　　　　　　　　　b) 外部控制电路原理图

图 6-12　旋钮开关控制的单向运行电路

② 电路分析：运行时，首先按下外部控制电路中的按钮 SB_2，正常时 PS 接点是闭合的，这样接触器 KM 线圈得电，接触器闭合，其主触点闭合，变频器通入电源，可以正常工作。在设置好变频系统的必要参数后（参数设置后面叙述），电动机具备运行条件。通过外接电位器的滑动端头从外部给定运行频率，电动机的起动和停止由旋钮开关 SA 来控制，要想实现反向运行，则把旋钮开关 SA 接入 "STR" 与 "SD" 两端即可。

本电路的优点是接触器 KM 仅用于接通变频器电源，电路简单明了。缺点是在 KM 与 SA 之间无互锁环节，难以防止先合上 SA，再接通 KM，或者在 SA 尚未断开、电动机未停止的情况下，通过 KM 切断电源误动作。

3）继电器控制的单向运行电路。

① 电路接线：主电路的连接和频率的给定方式与前面相同，这里不再叙述。由图 6-13 可知，电动机的起动与停止是由继电器 KA 来完成的。外部控制电路的接线如图 6-13b 所示。

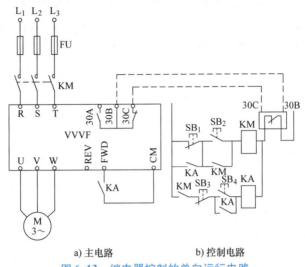

图 6-13　继电器控制的单向运行电路

② 电路分析：按下外部控制电路中的按钮 SB_2，接触器 KM 线圈得电吸合，变频器得电，紧接着按下按钮 SB_4，中间继电器 KA 得电并自锁，其常开触点闭合，电动机便正向运行。要想使得电动机反向运行，只要把 KA 常开触点接入"STR"和"SD"之间便可。

本电路的特点是：在接触器 KM 未吸合前，继电器 KA 是不能接通的，从而防止了先接通 KA 的误动作。而当 KA 接通时，KA 的常开触点使按钮 SB_1 常闭触点失去作用，从而保证了只有在电动机先停的情况下，才能使变频器切断电源。

（2）电动机正、反转运行控制电路

1）三位开关控制的正、反转运行电路。如图 6-14 所示，该电路与图 6-12 所示的单向控制电路的接线类似，只是把旋钮开关改为三位开关，即开关有"正转""停止""反转"三个位置。

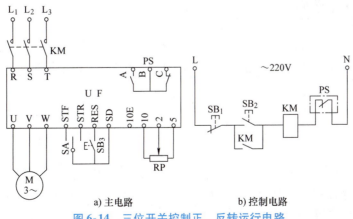

图 6-14　三位开关控制正、反转运行电路

2）继电器控制的正、反转运行电路。

① 电路接线：本电路接线和图 6-13 基本相同，仅仅是通过外部控制电路中的中间继电器来控制电动机的正反转而已，其他基本相同。

② 电路分析：如图 6-15 所示，按钮 SB_1、SB_2 用于控制接触器 KM，从而控制变频器接通或切断电源；按钮 SB_3、SB_4 用于控制正转继电器 KA_1，从而控制电动机的正转运行；按钮 SB_5、SB_6 用于控制反转继电器 KA_2，从而控制电动机的反转运行；正转与反转运行只有在接触器 KM 已经动作、变频器已经通电的状态下才能进行。与按钮 SB_1 常闭触点并联的 KA_1、KA_2 常开触点用于防止电动机在运动状态下通过 KM 直接停机。

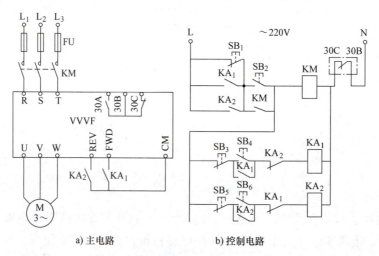

图 6-15 继电器控制的正、反转运行电路

五、拓展知识

1. 三菱 A500 变频器的工变频转换电路的接线、分析

（1）实现工变频切换的控制要求

1）用户可根据工作需要自由选择"工频运行"或"变频运行"两种工作方式。

2）在"变频运行"时，变频器一旦发生故障使保护触点动作，可自动切换为"工频运行"方式，同时进行声光报警。

（2）工变频切换的继电器控制电路

1）主电路接线和分析。接线图如图 6-16 所示，接触器 KM_1，用于将电源接至变频器的输入端，KM_2 用于将变频器的输出端接至电动机，KM_3 用于将工频电源接至电动机，接触器 KM_2 和 KM_3 绝对不允许同时接通，互相之间必须有可靠的互锁。热继电器 FR 用于工频运行时电动机的过载保护。

2）控制电路的接线和分析。控制电路的接线如图 6-17 所示，运行方式由三位开关 SA 进行选择。

当 SA 合至"工"频运行方式时，按下起动按钮 SB_2，中间继电器 KA_1 动作并自锁，进而使接触器 KM_3 动作，电动机进入"工频运行"状态。按下停止按钮 SB_1，中间继电器 KA_1 和接触器 KM_3 均失电，电动机停止运行。

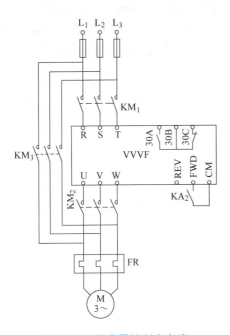

图 6-16 继电器控制主电路

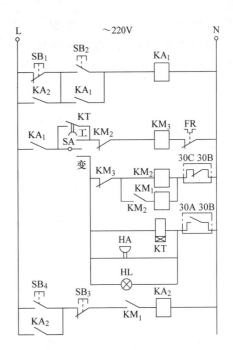

图 6-17 继电器控制的控制电路

当 SA 合至"变"频运行方式时,按下起动按钮 SB_2,中间继电器 KA_1 动作并自锁,进而使接触器 KM_2、KM_1 得电动作,将工频电源接到变频器的输入端,电动机接至变频器的输出端,并允许电动机起动。

按下 SB_4,中间继电器 KA_2 动作,电动机开始升速,进入"变频运行"状态。KA_2 动作后,停止按钮 SB_1 将失去作用,以防止直接通过切断变频器电源使电动机停机。

在变频运行过程中,如果变频器因故障而跳闸,则"30B–30C"断开,接触器 KM_2 和 KM_1 均失电,变频器和电源之间以及电动机和变频器之间的联系都被切断,与此同时,"30B–30A"闭合,一方面,由蜂鸣器 HA 和指示灯 HL 进行声光报警。同时,时间继电器 KT 延时闭合,使 KM_3 动作,电动机进入工频运行状态。

操作人员发现后,应将选择开关 SA 旋至"工"频运行位。这时,声光报警停止,并使时间继电器断电。

2. 变频器的过载保护功能

过载保护功能是保护电动机过载的。从根本上说,对电动机进行过载保护的目的,是使电动机不因过热而烧坏。因此,进行保护的主要依据便是电动机的温升不应超过其额定值。

(1) 发热保护的反时限特性 电动机的热保护功能具有反时限特性。即电动机的过载电流越大,允许过载的时间越短,保护动作的时间也越短。

例如,当运行电流为额定电流的 105% 时,可维持 5.8min 后才进行保护跳闸;当运行电流为额定电流的 150% 时,运行 1min 就需进行保护跳闸;而当运行电流为额定电流的 180% 时,允许的持续运行时间只有 36s(0.6min),如图 6-18 所示。

(2) 温升与频率的关系

1)电动机的发热与频率的关系。电动机在低频运行时,由于散热情况变差,故发热比较严重。即使在 $I_m = 100\% I_{MN}$ 的情况下，其稳定温升也会超过电动机的允许温升。

2）温升曲线。例如，在图 6-19 中，当频率 $f_x = 50\text{Hz}$、$I_m = 100\% I_{MN}$ 时，其温升曲线为曲线①；而当 $f_x = 20\text{Hz}$、$I_M = 100\% I_{MN}$ 时，其温升曲线为曲线②。允许运行的时间将缩短为 t'。

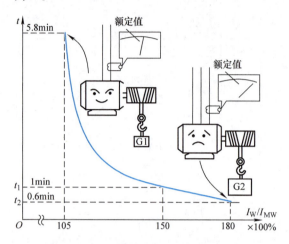

图 6-18　变频器过载保护的反时限特性　　　图 6-19　低频时变频器的发热曲线

（3）变频器的电子热保护功能

1）电子热保护的特点。根据电动机发热的上述规律，所有的变频器都配置了电子热保护功能，其热保护曲线如图 6-20 所示。主要特点有：

① 具有反时限特性。

② 在不同的运行频率下有不同的保护曲线，如图 6-20 所示：当频率为 50Hz、运行电流为 150% I_{MN} 时，允许连续运行的时间较长，为 t_1；当频率为 20Hz 时，允许连续运行的时间缩短为 t_2；而当频率为 10Hz 时，允许连续运行的时间进一步缩短为 t_3。可见，频率越低，允许连续运行的时间越短。

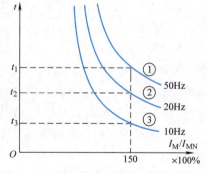

图 6-20　变频器的电子热保护特性曲线

2）电子热保护功能的预置。在实际应用中，变频器的容量和电动机容量之间的配用情况不是固定的。例如，对于长期不变的负载，一台 55kV·A 的变频器配用的电动机应该是 37kW。但对于变动负载、断续负载和短时负载，由于电动机是允许短时间过载的，而变频器则不能。因此，也可能配用 22kW 甚至 15kW 的电动机。针对这种情况，在预置电子热保护功能时，必须预置"电流取用比"，即

$$I_M\% = \frac{I_{MN}}{I_N} \times 100\%$$

式中，$I_M\%$ 为电流取用比；I_{MN} 为电动机的额定电流（A）；I_N 为变频器的额定电流（A）。变频器将根据用户所预置的电流取用比，来决定进行保护跳闸的时间。

3. 变频器的自处理功能

变频器的保护功能是比较准确而灵敏的，但过多的跳闸，也会使用户感到不方便。为此，变频器对于某些持续时间不长、电流或电压在上升时的变化率（di/dt 和 du/dt）不高的"故障"，设置了避免跳闸的自处理功能，也叫防失速功能。例如，在升、降速过程中的过电流和过电压，以及偶发性的短时间过载等。

（1）加速过电流的自处理功能

1）加速过程中的过电流。众所周知，加速时间预置得太短，会增大加速电流，产生过电流。

这里需要注意的是：在电力拖动系统中，加速时间的长短是一个相对的概念。它是和拖动系统的惯性大小（由 GD^2 表示）有关的。如果拖动系统的惯性很大，即使预置的加、减速时间并不短，但只要拖动系统的实际转速跟不上频率的上升，使电动机的转差增大，转子绕组切割旋转磁场的速度增大，也会形成过电流。

总之，在加速过程中，只要出现拖动系统的转速跟不上频率的变化，导致过电流者，就是加速时间预置得太短所形成的。

2）变频器对加速过电流的自处理功能。在加速过程中，如果加速电流超过了某一设定值 I_{set}（起动电流的最大允许值），变频器的输出频率将暂停增加，待拖动系统的转速跟了上来，电流下降到设定值 I_{set} 以下后再继续升速，如图 6-21 所示。

（2）运行过电流的自处理功能 在拖动系统中，运行过电流主要有两种情况：

1）正常过载。例如，当电动机拖动变动负载、断续负载或短时负载时，只要电动机的温升不超过额定值，短时间的过载是允许的。而这短时间的过载，有可能导致变频器的过电流。

2）非正常过载。这主要发生在生产机械本身发生故障，或因保养不当，润滑系统干涸等原因，导致电动机负载加重。

3）变频器对运行过电流的自处理功能。变频器在运行过程中出现过电流时，其自处理方法是：当电流超过设定值 I_{set} 时，变频器首先将工作频率适当降低，到电流低于设定值 I_{set} 时，工作频率再逐渐恢复，如图 6-22 所示。

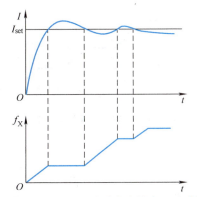

图 6-21 变频器加速过电流的自处理功能

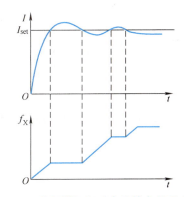

图 6-22 变频器运行过电流的自处理功能

（3）减速过电压的自处理功能

1）变频调速系统的减速过程。变频调速系统是通过降低频率来减速的。正常运行时，电动机的实际转速总是低于同步转速，设为 1440r/min。这时，转子绕组以转差 Δn 反方向（与旋转磁场方向相反）切割旋转磁场，转子电流和转子绕组所受电磁力 F_M 的方向如图 6-23a 上方所示。由图可知，由 F_M 构成的电磁转矩 T_M 的方向和磁场的旋转方向相同，从而带动转子旋转。

当频率刚下降（设下降为 45Hz）的瞬间，由于惯性原因，转子的转速仍为 1440r/min，但旋转磁场的转速却已经下降了（例如，下降为 1350r/min）。因此，转子绕组切割旋转磁场的方向、转子电动势和电流等都与原来相反，电动机变成了发电机，处于再生制动状态，如图 6-23a 下方所示。

从能量平衡的观点看，降速过程是拖动系统释放动能的过程，所释放的动能转换成了再生电能。再生电能由逆变管旁边的二极管进行三相全波整流后反馈到直流电路，使直流电压上升，称为泵升电压，如图 6-23b 所示。

2）减速过电压的自处理。即降速过快引起的过电压。和升速过程相仿，对于惯性较大的负载，如果降速时间预置得过短，会因拖动系统的动能释放得太快而引起直流回路的过电压。为了避免跳闸，变频器设置了降速过电压的自处理功能。如果在降速过程中，直流电压超过了某一设定值 U_{set}，变频器的输出频率将不再下降，电动机暂缓降速，待直流电压下降到设定值以下后再继续降速，如图 6-24 所示。

4. 变频器的跳闸与重合闸功能

（1）变频器的跳闸

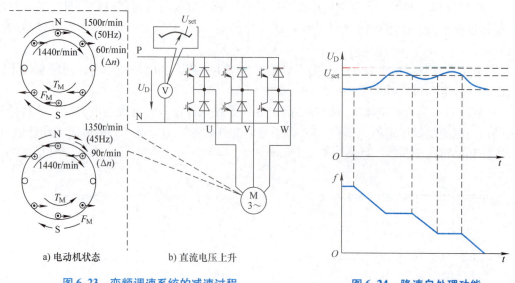

图 6-23 变频调速系统的减速过程　　图 6-24 降速自处理功能

1）过电流跳闸。变频器过电流跳闸主要发生在电流上升的变化率 di/dt 较大，可能对变频器构成威胁的情况下，其主要原因有：①变频器输出侧短路；②变频器的转矩补偿（U/f）预置过高，而负载又较轻，电动机的磁路因补偿过分而严重饱和，励磁电流出现很高的尖峰，变频器因 di/dt 很大而跳闸；③电动机因负载过重而堵转。

2）过电压跳闸。主要原因有：①电源电压过高；②减速时间预置过短而又未预置自处理功能；③受到电压冲击的干扰。比较常见的是变电所内的补偿电容在合闸瞬间产生冲击电压，虽然时间很短，但电压的变化率 du/dt 很高，如图 6-25 所示。

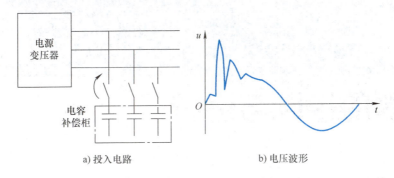

图 6-25　电容投入过电压图

3）欠电压跳闸。主要原因有：①电源电压过低；②电源断相（有的变频器另有缺相保护功能）；③附近有其他大容量的电子设备，尤其是晶闸管设备。大容量晶闸管在导通瞬间，容易使电源电压出现凹口，如图 6-26 所示。

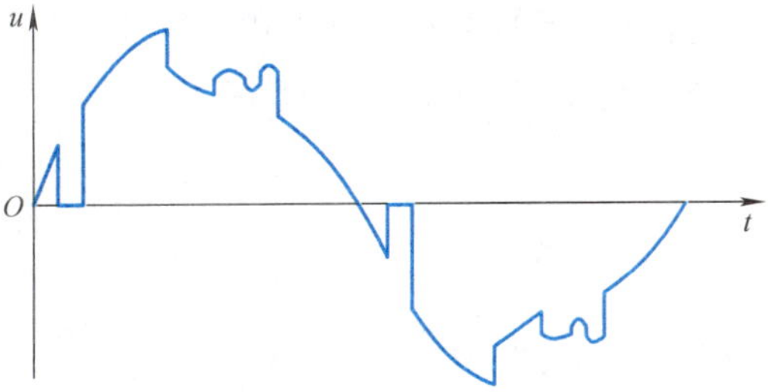

（2）重合闸功能　设置重合闸功能的必要性：

图 6-26　晶闸管设备引起的电压畸变图

① 避免误动作，因为变频器的保护环节较多，且灵敏度较高，存在着误动作的可能。为了防止拖动系统因误动作而停机，变频器在跳闸后，将自动试行重合闸。

② 防止因外部的不重复冲击而跳闸，如上述，电容器补偿柜投入瞬间的尖峰电压，以及晶闸管设备导通瞬间的电压凹口等。对于这种重复率较低的过电压或欠电压，变频器在跳闸后，可以重合闸。

③ 电源的瞬间过电压或停电，电源网络如因某种原因（如雷电等）出现瞬间过电压或停电，变频器可以再试重合闸。

（3）重合闸功能的预置　重合闸功能的预置项目主要有两个：

① 重合闸次数，即允许重合闸的次数，有的变频器最多可重合闸 10 次之多。

② 重合闸的间隔时间，即每两次重合闸之间的时间间隔，预置的范围通常是 0～10s，也有可长达 20s 的。

六、思考与习题

1. 简述变频器的过电流跳闸的原因。
2. 简述变频器的过电压跳闸的原因。
3. 请简述变频器中的电子热保护功能。
4. 请分析工变频切换电路的工作原理。
5. 请画出用三位开关控制的变频器系统正反转电路，并分析其工作原理。
6. 请简述构建变频器系统时的线径的选择原则。

项目七

变频器的控制与运行

在变频器调速控制系统中,组合运行控制和多档速度运行控制两种运行控制方式是较为常见的运行控制方式,图7-1展示了变频器系统的组合控制和多档速度控制电路图,本项目要阐述的主要是这两种控制方式,通过本项目的学习,使得学生能够掌握变频系统的组合控制电路和多档速度控制电路的连接、调试、参数设置和控制运行。

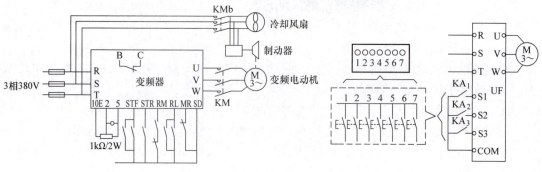

图7-1 变频器系统的组合控制和多档速度控制电路图

任务一 变频器的面板操作与内部和外部控制运行

一、学习目标

1. 知识目标:掌握三菱 A500 变频器面板上各按键的名称和功能;理解三菱变频器的控制模式和各种外接给定电路的工作原理。

2. 能力目标:会设置三菱变频器的主要参数。

3. 素质目标：培养对应用技术分析探究的习惯；培养认真、严谨、科学的工作作风。

二、工作任务

1. 三菱变频器的控制模式转换和选择。
2. 三菱 A500 变频器的基本参数预置与运行。
3. 三菱 A500 变频器的 PU 模式运行与外部控制运行。

三、相关知识

1. 三菱 A500 变频器的面板名称和功能

图 7-2 是三菱 A500 变频器的面板示意图，面板上各按键的名称和功能见表 7-1，运行状态的显示和各物理量的单位见表 7-2。

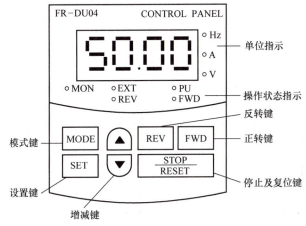

图 7-2　三菱 A500 变频器的面板示意图

表 7-1　三菱 A500 变频器的面板按键名称和功能

按键	说明
MODE 键	可用于选择操作模式或设定模式
SET 键	用于确定频率和参数的设定
▲/▼ 键	● 用于连续增加或降低运行频率。按下这个键可改变频率 ● 在设定模式中按下此键，则可连续设定参数
FWD 键	用于给出正转指令
REV 键	用于给出反转指令
STOP/RESET 键	● 用于停止运行 ● 用于保护功能动作输出停止时复位变频器（用于主要故障）

表 7-2　A500 变频器的单位显示和运行状态显示说明

显示	说明
Hz	显示频率时点亮
A	显示电流时点亮

(续)

显示	说明
V	显示电压时点亮
MON	监视显示模式时点亮
PU	PU 操作模式时点亮
EXT	外部操作模式时点亮
FWD	正转时闪烁
REV	反转时闪烁

2. 三菱变频器的控制模式

变频器按照控制方式分,可分为 U/f 控制变频器、转差频率控制变频器和矢量控制变频器三种,下面分别简要叙述三种方式的基本原理。

(1) U/f 控制原理 三相异步电动机定子每相电动势的有效值是

$$E_1 = 4.44 k_{r1} f_1 N_1 \Phi_M \tag{7-1}$$

式中,E_1 为气隙磁通在定子每相中感应电动势的有效值(V);f_1 为定子频率(Hz);N_1 为定子每相绕组串联匝数;k_{r1} 为与绕组结构有关的常数;Φ_M 为每极气隙磁通量(Wb)。

由式(7-1)可知,如果定子每相电动势的有效值 E_1 不变,改变定子频率时就会出现下面两种情况:

1)如果 f_1 大于电动机的额定频率 f_{1N},那么气隙磁通量 Φ_M 就会小于额定气隙磁通量 Φ_{MN}。其结果是:尽管电动机的铁心没有得到充分利用是一种浪费,但是在机械条件允许的情况下长期使用不会损坏电动机。

2)如果 f_1 小于电动机的额定频率 f_{1N},那么气隙磁通量 Φ_M 就会大于额定气隙磁通量 Φ_{MN}。其结果是:电动机的铁心产生过饱和,从而导致过大的励磁电流,严重时会因绕组过热而损坏电动机。

要实现变频调速,在不损坏电动机的条件下,充分利用电动机铁心,发挥电动机转矩的能力,最好在变频时保持每极磁通量 Φ_M 为额定值不变。

由式(7-1)可知,要保持 Φ_M 不变,当频率 f_1 从额定值 f_{1N} 向下调节时,必须同时降低 E_1,使 E_1/f_1 为常数,即采用电动势与频率之比恒定的控制方式。然而,绕组中的感应电动势是难以直接控制的,当电动势的值较高时,可以忽略定子绕组的漏磁阻抗压降,而认为定子相电压 $U_1 \approx E_1$,则得

$$U_1/f_1 = 常数 \tag{7-2}$$

这就是 U/f 控制方式。在恒压频比条件下改变频率时,机械特性基本上是平行下移的。低频时,U_1 和 E_1 都较小(因为要保证 U/f = 常数,频率降低同时端电压也要随之降低),定子阻抗压降所占的分量就比较显著,不能再忽略。结果是,电动机的临界转矩随之减小。为此,在低频时,可以人为地把电压 U_1 抬高一些,以便近似地补偿定子压降。这种方法称为转矩补偿,也叫转矩提升。

(2) 转差频率控制方式 对交流异步电动机进行控制时,如果能像控制直流电动机那样,用直接控制电枢电流的方法控制转矩,就可以用异步电动机来得到与直流电动机同样的静、动态特性。转差频率控制就是一种直接控制转矩的方法。

从异步电动机原理可知,异步电动机稳态运行时所产生的电磁转矩为

$$T = \frac{mp}{4\pi}\left(\frac{E_1}{f_1}\right)^2 \left[\frac{f_s r'_2}{r'^2_2 + (2\pi f_s L'_2)^2}\right] \tag{7-3}$$

式中，m 为定子相数；p 为定子极对数；E_1 为定子感应电动势；r'_2 为转子电阻折算到定子侧的等效电阻；L'_2 为转子电感折算到定子侧的等效电感；f_s 为转差频率，$f_s = sf_1$；f_1 为定子电压频率。

由式（7-3）可知，当转差频率 f_s 较小时，如果 E_1/f_1 = 常数，则电动机的转矩基本上与转差频率 f_s 成正比，即在进行 E_1/f_1 控制的基础上，只要对电动机的转差频率 f_s 进行控制，就可以达到控制电动机输出转矩的目的。这是转差频率控制的基本出发点。

转差频率 f_s 是施加于电动机的交流电压频率 f_1（变频器的输出频率）与以电动机实际速度 n_n 作为同步转速所对应的电源频率 f_n 的差频率，即 $f_1 = f_s + f_n$。在电动机转子上安装测速发电机等速度检测器可以得出 f_n，并根据希望得到的转矩（对应于转差频率设定值 f_{s0}）调节变频器的输出频率 f_1，就可以输出电动机的设定的转差频率 f_{s0}，即使电动机具有所需的输出转矩。这是转差频率控制的基本控制原理。

控制电动机的转差频率还可以达到控制电动机转子电流的目的，从而起到保护电动机的作用。为了控制转差频率，虽然需要检测电动机的速度，但系统的加减速特性比开环的 U/f 获得了提高，过电流的限制效果也更好。但是，当生产工艺提出更高的静态、动态性能指标要求时，转差频率控制系统还是不如转速、电流双闭环直流调速系统。为了解决这个问题，需要采用矢量控制的变压变频通用变频器。

（3）矢量控制方式

1）矢量控制的控制原理。矢量控制是一种高性能异步电动机的控制方式，它基于电动机的动态数学模型，分别控制电动机的转矩电流和励磁电流，具有直流电动机相类似的控制性能。

矢量控制的基本思想是仿照直流电动机的调速特点，把异步电动机的定子电流，即变频器输出电流分解为产生磁场的电流分量（励磁电流）和产生转矩的电流分量（转矩电流）。因此，通过控制电动机定子电流的大小和相位（定子电流矢量）就可以分别对电动机的励磁电流和转矩电流进行控制，从而达到控制电动机转矩的目的，进而控制电动机的转速。

2）异步电动机的坐标变换。交流电动机的转子能够产生旋转，是因为交流电动机的定子能够产生旋转磁动势。而旋转磁动势是交流电动机三相对称的静止绕组 L_1、L_2、L_3，通过三相平衡的正弦电流所产生的。但是，旋转磁动势并不一定非要三相，在空间位置上互相"垂直"、在时间上互差 $\pi/2$ 电角度的两相通以平衡的电流，也能产生旋转磁动势。

以所产生的旋转磁动势相同为准则，各种磁动势之间可以进行等效变换。三相交流绕组与两相直流绕组可以彼此等效。设等效两相交流电流绕组分别为 α 和 β，直流励磁绕组和电枢绕组分别为 M 和 T。把彼此等效关系用结构图的形式画出来，便得到图 7-3。

从整体上看，输入为 L_1、L_2、L_3 三相电压，输出为转速 ω 的一台异步电动机。从内部看，经过 3/2 变换和 VR 同步旋转变换，变成一台由 i_m 和 i_t 输入、ω 输出的直流电动机。其中 φ 是等效两相交流电流 α 相与直流电动机磁通轴的瞬时夹角。

既然异步电动机经过坐标变换可以等效成直流电动机，那么，模仿直流电动机的控制方法，求得直流电动机的控制量，经过相应的坐标反变换，就能够控制异步电动机了；由于进行坐标变换的是电流的空间矢量，所以通过坐标变换实现的控制系统就叫作矢量变换控制系

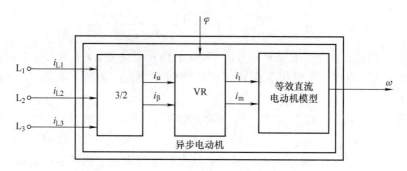

图 7-3　电动机的坐标变换结构图

统，其基本构想图如图 7-4 所示。

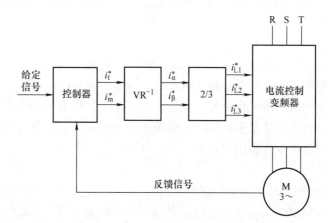

图 7-4　矢量变化控制系统的基本构想图

图中给定和反馈信号经过类似于直流调速系统所用的控制器，产生励磁电流的给定信号 i_m^* 和转矩电流的给定信号 i_t^*，经过反旋转变换 VR^{-1} 得到 i_α^* 和 i_β^*，再经过 2/3 变换得到 i_{L1}^*、i_{L2}^* 和 i_{L3}^*。把这三个电流控制信号加到带电流控制的变频器上，就可以输出异步电动机调速所需的三相变频电流，实现了用模仿直流电动机的控制方法去控制异步电动机，使异步电动机达到了直流电动机的控制效果。

3. 变频器的各种频率参数及功能

变频器需要对各参数进行预置，才能使变频后电动机的特性满足生产机械的要求。下面介绍一些与频率相关的参数及设置。

（1）各种基本频率参数

1）给定频率和输出频率。

① 给定频率：用户根据生产工艺的需求希望变频器输出的频率。给定频率是与给定信号相对应的频率。例如：给定频率为 50Hz，其调节方法常有两种：一种是用变频器的面板来输入频率的数字量 50；另一种是从控制接线端上以外部给定（电压或电流）信号进行调节，最常见的形式就是通过外接电位器来完成。

② 输出频率：变频器实际输出的频率。当电动机所带的负载变化时，为使拖动系统稳定，此时变频器的输出频率会根据系统情况不断地被调整。因此输出频率是在给定频率附近

经常变化的。从另一个角度来说，变频器的输出频率就是整个拖动系统的运行频率。

2）基频及基频电压。

① 基频。基频也叫作基本频率，用 f_b 表示，一般情况下以电动机的额定频率 f_N 作为 f_b 的给定值。

② 基频电压。基频电压是指输出频率到达基频时，变频器的输出电压。基频电压通常取电动机的额定电压。f_b 和 U_N 的关系如图 7-5 中的曲线①所示。

从图中可以看出，在 $f < f_b$ 的范围内，变频器输出电压的变化和 f 的变化成正比（U/f = 常数），转矩提升是在基本 U/f 线的基础上进行的。此段是电动机变频调速的恒转矩段。在 $f > f_b$ 的范围内，变频器的输出电压维持不变，此时电动机具有恒功率的特性。

3）转矩提升。转矩提升是指在频率 $f = 0$ 时，补偿电压的值。在 U/f 控制时，有些变频器没有给出 U/f 控制曲线，而是让用户预置此值，以决定 U/f 的值，如图 7-5 中的曲线②所示。

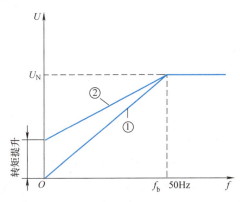

图 7-5 基频的选择

4）上、下限频率。上、下限频率是指变频器输出的最高、最低频率，常用 f_H 和 f_L 来表示。根据拖动系统所带的负载不同，有时要对电动机的最高、最低转速给予限制，以保证拖动系统的安全和产品质量。常用的方法就是给变频器的上、下限频率赋值。一般的变频器均可通过参数来预设其上、下限频率 f_H 和 f_L。当变频器的给定频率高于上限频率 f_H 或者是低于下限频率 f_L 时，变频器的输出频率将被限制在 f_H 和 f_L 之间。

例如：预置 $f_H = 60Hz$ 和 $f_L = 10Hz$。

若给定频率为 50Hz 或 20Hz，则输出频率与给定频率一致。

若给定频率为 70Hz 或 5Hz，则输出频率被限制在 60Hz 或 10Hz。

5）跳跃频率。跳跃频率也叫作回避频率，是指不允许变频器连续输出的频率，常用 f_J 表示。由于生产机械运转时的振动是和转速有关系的，当电动机调到某一转速（变频器输出某一频率）时，机械振动的频率和它的固有频率一致时就会发生谐振，此时对机械设备的损害是非常大的。为了避免机械谐振的发生，应当让拖动系统跳过谐振所对应的转速，所以变频器的输出频率就要跳过谐振转速所对应的频率。

变频器在预置跳跃频率时通常采用预置一个跳跃区间，区间的下限是 f_{J1}、上限是 f_{J2}，如果给定频率处于 f_{J1}、f_{J2} 之间，变频器的输出频率将被限制在 f_{J1}。为方便用户使用，大部分的变频器都提供了 2~3 个跳跃区间。跳跃频率的工作区间可用图 7-6 表示。

例如：$f_{J1} = 30Hz$，$f_{J2} = 35Hz$。若给定频率为 32Hz 时，变频器的输出频率为 30Hz。

$f_{J1} = 35Hz$，$f_{J2} = 30Hz$。若给定频率为 32Hz 时，变频器的输出频率为 35Hz。

6）点动频率。点动频率是指变频器在点动时的给定频率。生产机械在调试以及每次新的加工过程开始前常需进行点动，以观察整个拖动系统各部分的运转是否良好。为防止意外，大多数点动运转的频率都较低。如果每次点动前都需将给定频率修改成点动频率是很麻烦的，所以一般的变频器都提供了预置点动频率的功能。如果预置了点动频率，每次点动

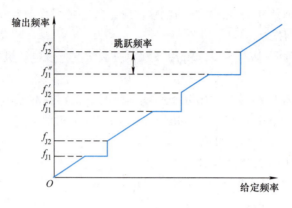

图 7-6 跳跃频率

时，只需要将变频器的运行模式切换至点动运行模式即可，不必再改动给定频率了。

（2）加速和起动 变频起动时，起动频率可以很低，加速时间也可以自行给定，可以有效地解决起动电流大和机械冲击问题。一般的变频器都可给定加速时间和加速方式。

1）加速时间。加速时间是指工作频率从 0Hz 上升至基本频率 f_b 所需要的时间，各种变频器都提供了在一定范围内可任意给定加速时间的功能。用户可根据系统实际的情况自行给定一个加速时间。

众所周知，加速时间越长，起动电流就越小，起动也越平缓，但却延长了拖动系统的过渡过程。对于某些频繁起动的机械来说，将会降低生产效率。

因此给定加速时间的基本原则是在电动机的起动电流不超过允许值的前提下，尽量地缩短加速时间。由于影响加速过程的因素是拖动系统的惯性（数值上用飞轮力矩 GD^2 来表示），故系统的惯性越大，加速越难，加速时间也应该长一些。但在具体的操作过程中，由于计算非常复杂，可以将加速时间设得长一些，观察起动电流的大小，然后再慢慢缩短加速时间。

2）加速方式。不同的生产机械对加速过程的要求是不同的。变频器就根据各种负载的不同要求，给出了各种不同的加速曲线（方式）供用户选择。常见的曲线有线性方式、S 形方式和半 S 形方式，如图 7-7 所示。

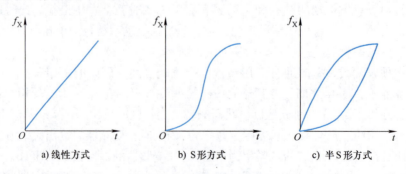

图 7-7 变频器的加速方式

① 线性方式。在加速过程中，频率与时间呈线性关系，如图 7-7a 所示，如果没有什么

特殊要求，一般的负载大都选用线性方式。

② S 形方式。此方式初始阶段加速较缓慢，中间阶段为线性加速，尾段加速度又逐渐减为零，如图 7-7b 所示。这种曲线适用于带式输送机一类的负载。这类负载往往满载起动，传送带上的物体静摩擦力较小，刚起动时加速较慢，以防止传送带上的物体滑倒，到尾段加速度减慢也是这个原因。

③ 半 S 形方式。加速时一半为 S 形方式，另一半为线性方式，如图 7-7c 所示。对于风机和泵类负载，低速时负载较轻，加速过程可以快一些。随着转速的升高，其阻转矩迅速增加，加速过程应适当减慢。反映在图上，就是加速的前半段为线性方式，后半段为 S 形方式。而对于一些惯性较大的负载，加速初期加速过程较慢，到加速的后半段可适当提高其加速过程。反映在图上，就是加速的前半段为 S 形方式，后半段为线性方式。

3）起动频率。起动频率是指电动机开始起动时的频率，常用 f_s 表示。这个频率可以从 0 开始，但是对于惯性较大或摩擦转矩较大的负载，需加大起动转矩。此时可使起动频率加大至 f_s，此时起动电流也较大。一般的变频器都可以预置起动频率，一旦预置该频率，变频器对小于起动频率的运行频率将不予理睬。

给定起动频率的原则是：在起动电流不超过允许值的前提下，拖动系统能够顺利起动为宜。

(3) 减速和制动　变频调速时，减速是通过逐步降低给定频率来实现的。由于在频率下降的过程中，电动机处于再生制动状态。如果拖动系统的惯性较大，频率下降又很快，电动机将处于强烈的再生制动状态，从而产生过电流和过电压，使变频器跳闸。要避免上述情况的发生，须在减速时间和减速方式上进行合理的选择。

1）减速的时间和方式。这个问题同加速时间和加速方式很相似，一般情况下，加、减速选择同样的时间，而加、减速方式要根据负载情况而定。

① 减速时间是指变频器的输出频率从基本频率减至 0Hz 所需的时间。减速时间的给定方法同加速时间一样，其值的大小主要考虑系统的惯性。惯性越大，减速时间也越长。

② 减速方式也有线性和 S 形、半 S 形等几种方式。

2）直流制动。在减速的过程中，当频率降至很低时，电动机的制动转矩也随之减小。对于惯性较大的拖动系统，由于制动转矩不足，常在低速时出现停不住的爬行现象。针对这种情况，当频率降到一定程度时，向电动机绕组中通入直流电，以使电动机迅速停止，这种方法叫作直流制动。

设定直流制动功能时主要考虑三个参数：

① 直流制动电压 U_{DB}：施加于定子绕组上的直流电压，其大小决定了制动转矩的大小。拖动系统惯性越大，U_{DB} 的设定值也应该越大。

② 直流制动时间 t_{DB}：是向定子绕组内通入直流电流的时间。

③ 直流制动的起始频率 f_{DB}：当变频器的工作频率下降至 f_{DB} 时，通入直流电。如果对制动时间没有要求，f_{DB} 可尽量设定得小一些。

(4) 基本运行控制　基本运行控制包括正转运行（FWD）、反转运行（REV）、停止运行（STOP）等，控制方式有两种：

1）开关状态控制方式。当 FWD 或 REV 处于闭合状态时，电动机正转或反转起动并运行，当它们处于断开状态时，电动机即降速或停止，如图 7-8 所示。

2)脉冲信号控制方式。在 FWD 或 REV 端只需要输入一个脉冲信号,电动机即可维持正转或反转状态,犹如具有自锁功能一样。如要停机,必须将 STOP 接通,如图 7-9 所示。

(5)多档转速频率的控制 由于工艺上的要求,很多生产机械在不同的阶段需要在不同的转速下运行。为方便这种负载,大多数变频器均提供了多档频率控制功能。它是通过几个开关的通、断组合来选择不同的运行频率。常见的形式是用 3 个输入端来选择 7~8 档频率。

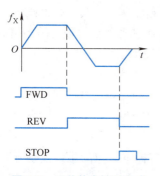

图 7-8 开关状态控制方式

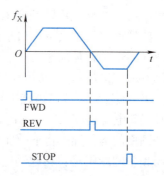

图 7-9 脉冲信号控制方式

在变频器的控制端子中选择三个开关 X1、X2、X3 来选择各档频率。一共可选择 7 个频率档次,见表 7-3。

表 7-3 X 的状态组合与频率档次

频率档次	0	f_{X1}	f_{X2}	f_{X3}	f_{X4}	f_{X5}	f_{X6}	f_{X7}
X1 状态	0	0	0	0	1	1	1	1
X2 状态	0	0	1	1	0	0	1	1
X3 状态	0	1	0	1	0	1	0	1

将表画成曲线图即可得到 X 的状态组合与各档工作频率之间的关系,如图 7-10 所示。

结合表、图可以看到:当开关 X3 闭合,X1、X2 断开时,变频器选择 f_{X1} 作为运行频率,其他各档频率的选择可依此类推。

值得指出的是在上述各档频率的切换过程中,所有的加、减速时间和加、减速方式都是一样的。

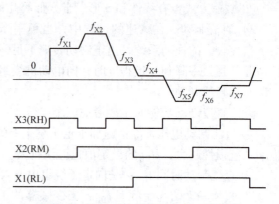

图 7-10 X 的状态组合和各档工作频率

四、实践指导

1. 三菱变频器工作模式的选择和转换

三菱变频器有 5 种工作模式:"监视模式""频率设定模式""参数设定模式""运行模式"和"帮助模式",连续按动 MODE 键,可在 5 种模式之间进行切换,如图 7-11 所示。

(1)监视模式 MON 灯亮,在该模式下,显示器显示变频器的输出电压、输出电流、

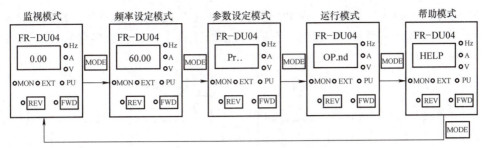

图 7-11　变频器的 5 种工作模式

输出频率等参数。如监视频率时，Hz 灯亮。在该模式下连续按动 SET 键，监视内容可以在频率、电流、电压之间进行切换，如图 7-12 所示。

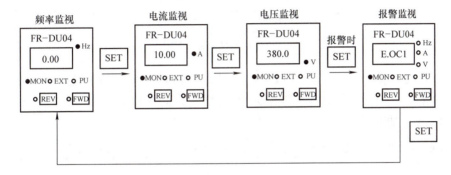

图 7-12　变频器的监视模式

（2）运行模式（也叫操作模式）　该模式用来确定给定频率和电动机起动信号是由外部给定还是由操作面板给定，运行模式有外部运行、PU 运行、PU 点动运行三种，可用▲/▼在三种运行模式中进行切换，如图 7-13 所示。

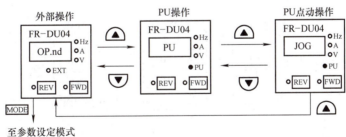

图 7-13　变频器的运行模式

1）PU 运行（也叫 PU 操作）是指给定频率、电动机的起动信号都是从操作面板给出的。此时 PU 灯亮，显示器显示 PU。

2）外部运行（外部操作）是指给定频率、电动机的起动信号都是通过变频器控制端子给出的。此时 EXT 灯亮，显示 OP. nd。

3）PU 点动运行（PU 点动操作）。给定频率从操作面板上用数字量给出，电动机的起动信号由 JOG 键点动给出。此时 PU 灯亮，显示 JOG。

177

(3) 频率设定模式 该模式是在 PU 运行模式下（PU 灯亮），从面板上用数字量预置给定频率的（Hz 灯亮）。用▲/▼改变频率值，按住 SET 键 1.5s，将给定频率写入。图 7-14 是将给定频率从 60Hz 改成 50Hz 的操作过程。

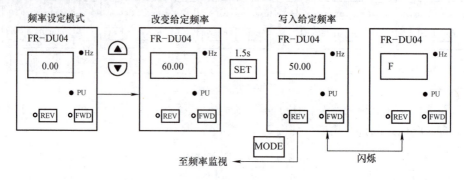

图 7-14 变频器的频率设定模式

(4) 参数设定模式 该模式是在 PU 运行模式下（PU 灯亮），从面板上预置参数的。一个参数的预置既可以用数字键也可以用▲/▼键增减，按下 SET 键 1.5s，写入预置值并更新。图 7-15 是将功能码 Pr.15 的值预置为 6.0。

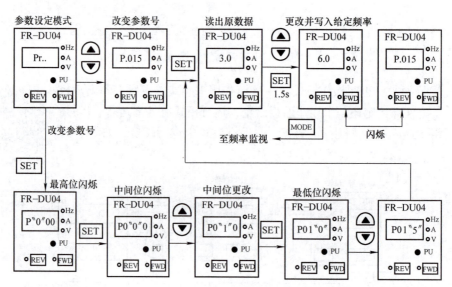

图 7-15 变频器参数设定模式

1) 直接输入参数号。在 Pr.. 的状态下，用▲/▼直接输入参数号。

2) 在原参数号上修改。在 Pr.. 的状态下，按下 SET 键，显示原来的参数号，并从高位开始修改（待修改位闪烁）。

(5) 帮助模式 该模式下用▲/▼可以在报警记录、清除报警记录、全部清除、用户清除、软件版本号这 5 个功能之间进行切换，如图 7-16 所示。

报警记录：在这个功能中用▲/▼能够显示最近 4 次的报警。在 E.HIS 状态下，按 SET 键，显示一个报警记录。没有报警时，显示 E.-0。

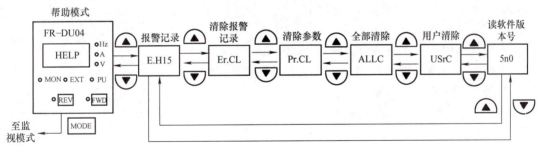

图 7-16　变频器的帮助模式

全部清除：该功能将各参数值和校准值全部初始化到出厂给定值，其方法是在帮助模式下，进入全部清除状态，按图 7-17 操作。

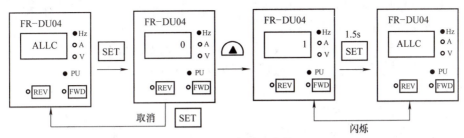

图 7-17　全部清除参数

2. 变频器的面板操作

（1）仔细阅读变频器面板介绍　掌握监视模式下（MON 灯亮）显示 Hz、A、V 的方法，以及变频器运行方式、PU 运行（PU 灯亮）、外部（EXT 灯亮）运行方式之间的切换方法，具体切换请参阅前面的内容。

（2）全部清除操作　为了能使电动机变频调速控制正常进行，在使用前要进行"全部清除"操作，具体步骤如下：

1）按下 MODE 键至运行模式，选择 PU（PU 灯亮）。

2）按动 MODE 键至帮助模式。

3）按动▲/▼键至"ALLC"。

4）按下 SET 键，再按照图 7-17 操作。

（3）参数预置　变频器运行前，通常要根据负载和用户的要求（实际情况要求），给变频器预置一些参数：上、下限频率以及加、减速时间等。

如要想将上限频率设置为 50Hz，从三菱变频器的功能码表查得，管控上限频率的功能码为 Pr.1，要想把上限频率设置为 50Hz，可以通过把 Pr.1 设置为不同的数值来实现，改设 Pr.1 的数值的方法有两种：

方法一：

1）按动 MODE 键至参数设定模式，此时显示 Pr..。

2）按动▲/▼键，改变功能码的值，使其值变为 1。

3）按下 SET 键，读出原来的功能码值。

4）按动▲/▼键更改 Pr.1 的值，使得其数值变为 50Hz。

5）按住 SET 键 1.5s 写入设置的数值，此时 Pr.1 的数值一直为 50Hz，直至下次修改此值为止。

方法二：

1）按动 MODE 键至参数设定模式，此时显示 Pr.. 。

2）按下 SET 键，再用▲/▼键逐位更改功能码到 P001。

3）按下 SET 键，读出原来数据。

4）按动▲/▼键更改 Pr.1 的值为 50Hz。

以上两种方法均可参照图 7-15。当看到显示器交替显示功能码 Pr.1 和参数 50.00 时，表明参数设置已经成功（已经将上限频率预置为 50Hz），否则预置失败，必须重新预置。按照同样方式：

下限频率设置为 5Hz，即 Pr.2 = 5Hz；

加速时间设置为 10s，即 Pr.7 = 10s；

减速时间设置为 10s，即 Pr.8 = 10s。

（4）给定频率的修改 如果想要改变电动机的运行速度，则必须修改给定频率，例如要想把给定频率修改为 40Hz，则可以按照以下步骤进行：

1）按下 MODE 键至运行模式，选择 PU 运行（PU 灯亮）。

2）按动 MODE 键至频率设定模式。

3）按动▲/▼修改给定频率为 40Hz。

以上操作的具体步骤可参照图 7-14 进行。

3. 变频器的运行

变频器正式投入运行前应该试运行。试运行可选择运行频率为 5Hz 点动运行，此时电动机因旋转平稳，无不正常振动和噪声，能够平滑地增速和减速。

1）PU 点动运行：

① 按动 MODE 键至"运行模式"。

② 按动▲/▼键至 PU 点动操作（JOG 状态），PU 灯点亮。

③ 按住 REV 或 FWD 键电动机旋转，松开则电动机停转。

2）外部点动运行：

① 按图 7-18 接线（以三菱 500 为例）。

② 预置点动频率 Pr.15 为 6Hz。

③ 预置点动加减速时间为 10s，即 Pr.16 为 10s。

④ 按动 MODE 键选择"运行模式"。

⑤ 按动 ▲/▼键选择外部运行模式（OP.nd），EXT 灯亮。

⑥ 保持起动信号（变频器正、反转控制端子 STF 或 STR）为 ON，即 STF 或 STR 与公共点 SD 接通，点动运行。

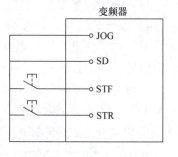

图 7-18 外部点动接线图

3）变频器的 PU 运行。PU 运行就是利用变频器的面板直接输入给定频率和起动信号，实施步骤如下：

① 预置基本频率 Pr.3 为 50Hz。

② 预置给定频率为 60Hz。

③ 按下 FWD（或 REV）键，电动机起动。

④ 用▲/▼键可以用来改变给定的频率值，从而使电动机运行在不同的转速下。

4）变频器的外部运行。外部运行：就是给定频率和起动信号，都是通过变频器控制端子的外接线来实现的，而不是从变频器的操作面板输入的。

① 按动 MODE 键至运行模式，用▲/▼键使其至外部运行模式，EXT 灯亮。

② 将起动开关 STF（或 REV）处于 ON，表示运行的 RUN 灯点亮（如果 STF 和 REV 同时处于 ON 状态，电动机将不起动）。

③ 一直加速得到恒定速度。将频率给定电位器慢慢旋大，显示频率数值从 0 开始慢慢增加到 50Hz。

④ 减速。将给定频率电位器慢慢旋小，显示频率数值回归到 0Hz，电动机停止运行。

⑤ 反复③、④两步，掌握调节点位的速度以便与加减速时间相匹配。

⑥ 要使得变频器停止输出，只需将起动开关 STF（或 REV）置于 OFF。

五、拓展知识

三菱 A700 系列变频器认识。

（1）FR – DU07 系列变频器的操作面板
图 7-19 是 FR – DU07 系列三菱变频器的面板外观。

（2）A700 系列 FR – DU07 型变频器的面板各部分的名称　图 7-20 所示表明了变频器面板上各部分的名称。

图 7-19　FR – DU07 型三菱变频器的面板

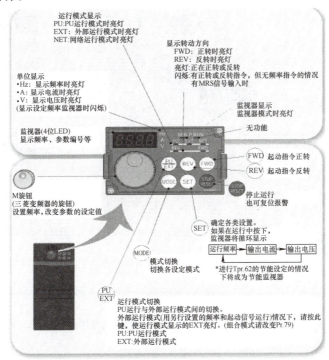

图 7-20　FR – DU07 型变频器的面板各部分名称

（3）模式操作　图 7-21 以图示的方式展示了 FR – DU07 型变频器的模式操作过程。

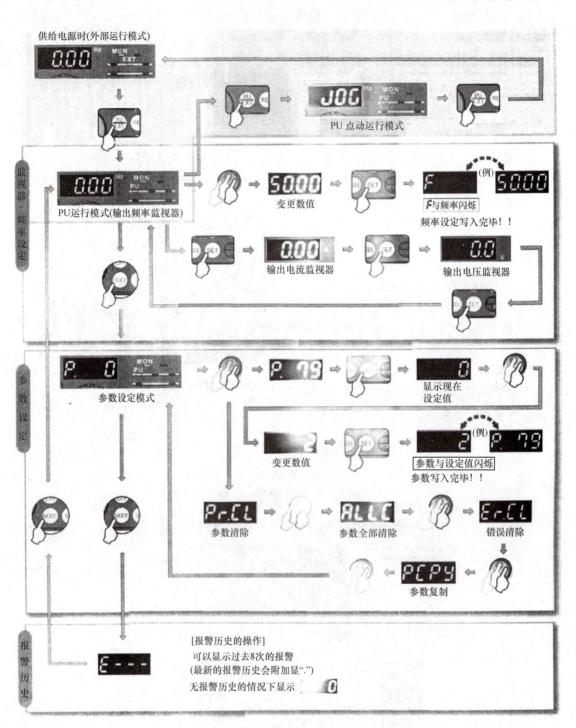

图 7-21　FR – DU07 型变频器模式操作过程

（4）FR – DU07 型变频器的频率更改设置　以变更上限频率为例，说明 FR – DU07 型变频器的操作过程。

1) 接通电源，面板画面变为显示监视器 ⬚。
2) 按动面板上的 ⬚ 键，切换到 PU 运行模式 ⬚。
3) 按动 ⬚ 键，切换到参数设定模式 ⬚。
4) 旋动 ⬚ 旋钮，直到显示器出现 P...1（Pr.1）⬚。
5) 按下 ⬚ 键，读取目前设定值，显示器显示"120.0"初始值 ⬚。
6) 旋动 ⬚ 旋钮，设定值变更为"60.00" 。
7) 按下 ⬚ 键进行设定。

由于篇幅关系，对于 A700 系列变频器，在此我们只能做一些简单的介绍，要详细了解 A700 系列变频器的相关知识，请参阅相关书籍或者 A700 系列变频器的手册，在此不再做更多叙述。

六、思考与习题

1. 什么是 U/f 控制？
2. U/f 控制曲线分为哪几类，分别适用于何种类型的负载？
3. 选择 U/f 曲线常用的操作方法分为哪几步？
4. 矢量控制的基本指导思想是什么？矢量控制经过哪几种变换？
5. U/f 控制与矢量控制的区别有哪些？各有何优缺点？
6. 给定频率和输出频率有何区别？
7. 如果预置上限频率为 80Hz，下限频率为 30Hz，当给定的运行频率为 80Hz、50Hz、20Hz 时，变频器的输出频率各为多少？

任务二　变频器的组合运行与多段速度运行

一、学习目标

1. 知识目标：掌握变频器的运行功能。
2. 能力目标：掌握变频器多段速度运行与组合运行的参数的设置方法。
3. 素质目标：培养对应用技术分析探究的习惯；培养团结互助、团队合作精神。

二、工作任务

1. 三菱 A500 变频器的组合运行电路的接线与参数设置。
2. 三菱 A500 变频器的多段速度运行电路的接线与参数设置。

三、相关知识

1. 三菱 A500 变频器的组合运行的参数设置

组合运行操作时运用参数设置和外部接线共同控制变频器运行的方法，一般而言有两种。

1）通过面板设置参数控制电动机的起停,外部接线控制电动机的运行频率。
2）通过面板设置电动机的运行频率,外部接线控制电动机的起停。

第一种组合运行方式的参数设置见表 7-4,第二种组合运行方式的参数设置见表 7-5。

表 7-4 第一种方式的基本参数设置

参数号	设定值	功能
Pr. 79	3	组合操作模式 1
Pr. 1	50	上限频率
Pr. 2	0	下限频率
Pr. 3	50	基底频率
Pr. 20	50	加、减速基准频率
Pr. 7	3	加速时间
Pr. 8	5	减速时间
Pr. 9	1	电子过电流保护
Pr. 4	50	高速反转频率
Pr. 5	50	低速正传频率

表 7-5 第二种方式的基本参数设置

参数号	设定值	功能
Pr. 79	4	组合操作模式 2
Pr. 1	50	上限频率
Pr. 2	2	下限频率
Pr. 3	50	基底频率
Pr. 20	50	加、减速基准频率
Pr. 7	5	加速时间
Pr. 8	3	减速时间
Pr. 9	1	电子过电流保护

2. 三菱 A500 变频器的多段速度运行的参数设置

三菱 A500 变频器的多段速度给定运行共有 15 种运行速度,通过外部端子接线的控制可以运行在不同的速度上,下面给出七段速度运行和十五段速度给定运行时的基本参数设置。表 7-6 是基本参数设置,在实际控制电动机运行时还需要设定七段和十五段速度运行时的控制参数的具体设置。

表 7-6 基本参数设置

参数名称	参数号	设定值
提升转矩	Pr. 0	5%
上限频率	Pr. 1	50Hz
下限频率	Pr. 2	3Hz
基底频率	Pr. 3	50Hz

(续)

参数名称	参数号	设定值
加速时间	Pr. 7	4s
减速时间	Pr. 8	3s
电子过电流保护	Pr. 9	3A（由电动机频率给定）
加减速基准频率	Pr. 20	50Hz
操作模式	Pr. 79	3

四、实践指导

1. 三菱 A500 变频器的组合运行控制

（1）外部信号控制起停，操作面板设定运行频率

1）电动机的变频起动组合控制接线如图 7-22 所示。

2）按动变频器操作面板上的【MODE】键，切换到 PU 模式下，按照上述表 7-4 设置。

3）设定 Pr. 79 = 3，此时"EXT"灯和"PU"灯同时亮起。

4）设定 Pr. 4 = 40Hz，RH 端子对应的运行参数；设定 Pr. 6 = 15Hz，RL 端子对应的运行参数。

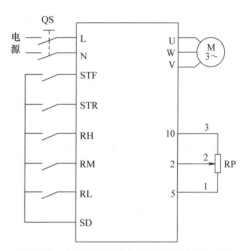

图 7-22 频率外部给定的组合操作接线图

5）接通 RH 和 SD 端子，同时接通 SD 和 STF，电动机正转运行在 40Hz；若接通 SD 和 STR，则电动机反转运行在 40Hz。

6）首先接 RL 和 SD，然后接通 SD 和 STF，电动机正转运行在 15Hz，若接通 SD 和 STR，则电动机反转运行在 15Hz。

7）在"频率设定"画面下，设定频率 f = 30Hz，仅仅接通 SD 和 STF（或者接通 SD 和 STR），电动机运行在 30Hz。

8）在两种速度下，每次断开 SD 与 STF 或者 SD 与 STR，电动机均停止。

9）改变 Pr. 4 和 Pr. 6 的参数设置，电动机可以获得不同的频率，也就是说电动机会以不同的速度运行。

（2）外接电位器设定频率，通过操作面板控制电动机的起停

1）电动机与变频器的外部接线图依然如图 7-22 所示，变频器的基本参数的设置如表 7-7 所示。

2）设定 Pr. 79 = 4，"EXT"和"PU"灯同时亮起。

3）按下操作面板上的【FWD】键，转动电位器，电动机正转加速。

4）按下操作面板上的【REV】键，转动电位器，电动机反转加速。

5）按下【STOP】键，电动机停止运行。

2. 三菱 A500 变频器的多段运行控制

（1）七段速度运行的操作

1）变频器的七段速度运行的参数设定，见表 7-7。

表 7-7 七段速度运行参数设定

控制端子	RH	RM	RL	RM、RL	RH、RL	RH、RM	RH、RM、RL
参数号	Pr. 4	Pr. 5	Pr. 6	Pr. 24	Pr. 25	Pr. 26	Pr. 17
设定值/Hz	15	30	50	20	25	45	10

2）电动机变频调速七段速度运行的操作步骤。控制电路接线如图 7-23 所示。

① 在 PU 模式下，按照表 7-6 设定基本参数。

② 设定 Pr. 4 ~ Pr. 6 和 Pr. 24 ~ Pr. 27 参数（在外部、组合、PU 模式下均可设定）。

③ 设定 Pr. 79 = 3，"EXT" 和 "PU" 灯均亮。

④ 在接通 RH 和 SD 的情况下，接通 STF 和 SD，电动机正转在 15Hz。

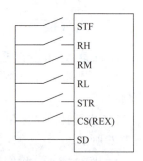

图 7-23 七段速度运行控制电路接线示意图

⑤ 在接通 RM 与 SD 情况下，接通 STF 与 SD，电动机正转在 30Hz。

⑥ 在接通 RL 和 SD 情况下，接通 STF 与 SD，电动机正转在 50Hz。

⑦ 在同时接通 RM、RL 与 SD 的情况下，接通 STF 与 SD，电动机正转在 20Hz。

⑧ 在同时接通 RH、RL 与 SD 的情况下，接通 STR 与 SD，电动机反转在 25Hz。

⑨ 在同时接通 RH、RM 与 SD 的情况下，接通 STR 与 SD，电动机反转在 45Hz。

⑩ 在同时接通 RH、RM、RL 与 SD 的情况下，接通 STR 与 SD 电动机反转在 10Hz。

3）注意事项：

① 运行中出现 "E. LF" 字样，表示变频器输出到电动机的连接线有一根断线（即断相保护），这时返回 PU 模式下，进行清除操作，然后关掉电源重新起动即可消除。若不要这个保护功能，请设定 Pr. 25 = 0。

② 出现 "E. TMH" 字样，表示电子过电流保护动作，同样在 PU 模式下，进行清除操作即可。

③ Pr. 79 = 4 的运行方式属于组合操作的另一种形式，即外部控制运行频率参数单元控制电动机的起停，实际中应用较少。

（2）十五段速度运行操作 在前面七段速度基础上，再设定下面八种速度，就变成 15 种速度运行。其方法是：

1）改变端子功能，设 Pr. 186 = 8，使得 CS 端子的功能变为 REX 功能。

2）设定运行参数，见表 7-8。

表 7-8 数据设定运行参数表

参数号	Pr. 232	Pr. 233	Pr. 234	Pr. 235	Pr. 236	Pr. 237	Pr. 238	Pr. 239
设定/Hz	40	48	38	28	18	10	36	26

① Pr. 232 ~ Pr. 239 在外部、PU、组合模式下均可设定。
② Pr. 232 ~ Pr. 239 没有优先级。
③ 基本运行参数见表 7-5。

3）各运行参数和对应接线端状态，见表 7-9。

表 7-9 运行参数与接线端子的对应状态表

端子名称	REX	REX、RL	REX、RM	REX、RM、RL	REX、RH	REX、RH、RL	REX、RH、RM	REX、RM、RH、RL
参数号	Pr. 232	Pr. 233	Pr. 234	Pr. 235	Pr. 236	Pr. 237	Pr. 238	Pr. 239

4）运行曲线如图 7-24 所示。
5）操作步骤（按图 7-23 所示接线）：
① 接通 REX 与 SD 端，运行在 40Hz。
② 同时接通 REX、RL 与 SD 端，运行在 48Hz。
③ 同时接通 REX、RM 与 SD 端，运行在 38Hz。
④ 同时接通 REX、RL、RM 与 SD 端，运行在 28Hz。
⑤ 同时接通 REX、RH 与 SD 端，运行在 18Hz。
⑥ 同时接通 REX、RL、RH 与 SD 端，运行在 10Hz。
⑦ 同时接通 REX、RH、RM 与 SD 端，运行在 36Hz。
⑧ 同时接通 REX、RL、RH、RM 与 SD 端，运行在 26Hz。

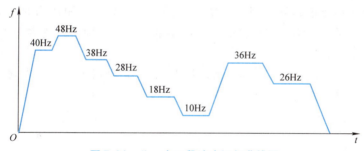

图 7-24 八 ~ 十五段速度运行曲线图

五、拓展知识

1. 三菱变频器组合运行实例分析

工厂车间内在各个工段之间运送钢材等重物时常使用的平板车就是正反转变频调速的应用实例，它的运行速度曲线如图 7-25 所示。

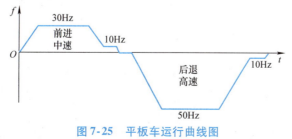

图 7-25 平板车运行曲线图

图中的正方向是装载时的运行速度,反方向是放下重物后空载返回的速度,前进、后退的加减速时间由变频器的加、减速参数来设定,当前进到接近放下重物的位置时,减速到 10Hz 运行,以减小停止时的惯性;同样,当后退到接近装载的位置时,减速到 10Hz 运行,减小停止的惯性。这种运行曲线有以下优点:

1)节省一个周期的运行时间,提高工作效率。

2)停车前的缓冲速度保证了停车精度,消除了对正位置的时间。

3)由于加减速按恒加减速运行,没有振动,运行平稳,提高了安全性。

4)接线步骤:

① 按图 7-26 所示接线。

② 设定基本参数和控制参数。

③ 操作方式同前面讲述的组合操作一致。

5)注意事项:

① Pr. 4、Pr. 6 参数在外部运行和 PU 操作(参数单元操作)情况下均可设定。

② 运行期间同时接通 SD 与 STF 和 STR,电动机停止。

③ 操作中要注意安全。

④ 电动机要接成星形。

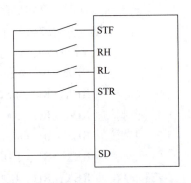

图 7-26 组合操作控制接线图

2. 三菱变频器多段速度运行实例分析

某高楼为了实现恒压供水,应用压力开关根据管内压力实现对泵的运行速度的控制,当压力增大(用水量小)到上限压力时,减小泵的速度;当压力减小(用水量大)到下限压力时,提高泵的速度,从而实现管内压力的恒定,下面是用 PLC 控制变频器实现恒压供水。

(1)PLC 与变频器联合控制接线　恒压供水 PLC 与变频器的接线图如图 7-27 所示。

(2)变频器参数设定及运行曲线

1)运行曲线如图 7-28 所示。

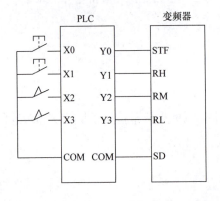

图 7-27 恒压供水 PLC 与变频器的接线图

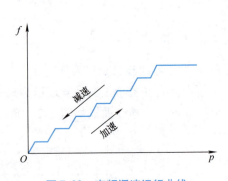

图 7-28 变频调速运行曲线

2)运行参数见表 7-10。

表 7-10 运行参数

参数号	Pr. 4	Pr. 5	Pr. 6	Pr. 24	Pr. 25	Pr. 26	Pr. 27
设定/Hz	15	25	30	35	40	45	50

3)基本参数见表 7-11。

表 7-11 基本参数

参数号	Pr. 0	Pr. 1	Pr. 2	Pr. 3	Pr. 7	Pr. 8
设定	4%	50Hz	5Hz	50Hz	3s	4s
参数号	Pr. 9	Pr. 13	Pr. 20	Pr. 76	Pr. 78	Pr. 79
设定	3A	8Hz	50Hz	2	1	3

注:Pr. 9 的值根据电动机功率确定。

(3)I/O 分配与参考程序

1)I/O 分配:X0 为起动;X1 为停止;X2 为下限压力;X3 为上限压力;Y0 为 STF;Y1 为 RH;Y2 为 RM;Y3 为 RL。

2)参考程序。PLC 控制状态转移图如图 7-29 所示。

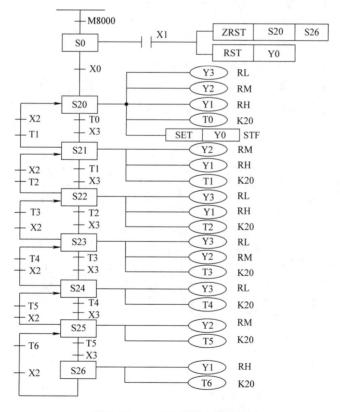

图 7-29 PLC 控制状态转移图

六、思考与习题

1. 组合运行的含义是什么?组合运行方式有几种?

2. Pr. 79 = 4 时，频率信号和运行信号如何给定？请画出给定电路图。

3. 三菱变频器控制电动机变频调速时，如何实现七档速度运行？请详细叙述设定七档速度运行的参数设置过程和步骤。

任务三　变频器的 PID 控制运行

一、学习目标

1. 知识目标：掌握三菱 A500 系列变频器的 PID 控制功能。
2. 能力目标：掌握三菱 A500 变频器 PID 操作的参数设定和接线方法。
3. 素质目标：培养对应用技术分析探究的习惯；培养认真、严谨、科学的工作作风。

二、工作任务

1. 三菱 500 变频器的 PID 控制功能电路的接线方法。
2. 三菱 A500 变频器 PID 控制系统的参数设定。

三、相关知识

1. 三菱 PID 变频控制系统的接线功能端子

图 7-30 是用三菱变频器构成的一个恒压供水系统的接线端子图，图示画出了主电路和控制电路的接线，为我们今后在实践中应用变频器实现 PID 调节功能提供了较好的指导作用。

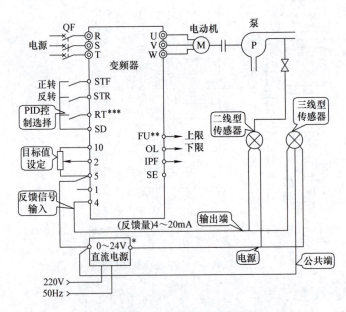

图 7-30　PID 变频系统的接线端子图

表 7-12 是 PID 控制系统的输入输出端子号及其信号说明，表 7-13 是给定信号和反馈信号的说明。

表 7-12　输入输出端子号及其信号说明

信号		使用端子	功能	说明	备注
输入	X14	设 Pr.183 = 14，"R7"端子有效	PID 功能	RT 端子闭合，变频器为 PID 控制	
	2	"2"端子有效	设定值输入	输入 PID 的设定值	
	4	"4"端子有效	反馈量输入	从传感器来的 4~20mA 的反馈信号	Pr.128 = 20，PID 负反馈
	SD	SD	输入公共端子	RT、2、4 的公共端子	RT、2、4 的公共端子闭合有效
输出	FUP	设置 Pr.194 = 14，"FU"端子有效	上限输出	输出指示反馈量信号已超过上限值	该端子为集电极开路输出
	FDN	设置 Pr.193 = 15，"OL"端子有效	下限输出	输出指示反馈量信号已超过下限值	
	RL	设置 Pr.192 = 16，"IPF"端子有效	正（反）转方向信号输出	参数单元显示"HI"表示正转，显示"LOV"表示反转	

表 7-13　给定信号和反馈信号的说明

项目	输入	说明	
设定值	通过端子 2~5	设定 0V 为 0%，设定 5V 为 100%	当 Pr.73 设定为 1、3、5、11、13、15 时端子 2 选择为 5V
		设定 0V 为 0%，设定 10V 为 100%	当 Pr.73 设定为 0、2、4、10、12、14 时端子 2 选择为 10V
反馈值	通过端子 4~5	4mA 相当于 0%，20mA 相当于 100%	

2. PID 变频控制系统参数设置

（1）变频器 PID 控制系统的参数设置　详细设置数据见表 7-14。

表 7-14　PID 变频控制系统参数设置说明

参数号	设定值	名称	说明		
Pr.128	10	选择 PID 控制	用于加热、压力等控制	偏差量信号输入端子"1"	PID 负反馈
	11		用于冷却等		PID 正反馈
	20		用于加热、压力等控制	偏差量信号输入端子"4"	PID 负反馈
	21		用于冷却等		PID 正反馈

（续）

参数号	设定值	名称	说明
Pr. 129	0.1% ~ 1000%	PID 比例范围常数	如果比例范围较窄（参数设定值较小），反馈量的微小变化会引起执行量的较大变化，因此，随着比例范围的变窄，响应的灵敏性（增益）得到改善，但是稳定性变差
	9999		无比例控制
Pr. 130	0.1 ~ 3800s	PID 积分时间常数	这个时间是指由积分（I）作用达到与比例（P）作用相同的执行量所需要的时间，随着积分时间的减少，达到设定值也越快，但也越容易发生振荡
	9999		无积分控制
Pr. 131	0 ~ 100%	上限	设定上限，如果检测值超过此值，就输出 FUP 信号（检测值的 4mA 等于 0，20mA 等于 100%）
	9999		功能无效
Pr. 132	0 ~ 100%	下限	设定下限（如果检测值超出设定范围，则输出一个报警，同样，检测值的 4mA 等于 0，20mA 等于 100%）
	9999		功能无效
Pr. 134	0.0 ~ 10.00s	微分时间常数	时间值仅要求向微分作用提供一个与比例作用相同的检测值，随着时间的增加，偏差改变会有较大的响应
	9999		无微分控制

（2）必设参数和调整参数

1）三个必须设置的参数。Pr. 183 = 14（变频器的 PID 控制端子，RT 闭合，变频器为 PID 控制，该端子任何变频器必须设置，否则变频器不能进入 PID 状态）。

Pr. 73 = 2（目标量给定电压为 10V，该参数必须设置，Pr. 73 的预置值见表 7-13）。

Pr. 128 = 10（压力控制，负反馈引入，该参数必须设置，Pr. 128 的预置值见表 7-14）。

2）三个调整的参数（在工作中可以调整）。

Pr. 129 = 500（P 参数先预置为中间值，在调整中修改）。

Pr. 130 = 10（I 参数先设为 10s，调整中修改）。

Pr. 134 = 9999（9999 为出厂设置值，当该端子设置为 9999 时表示无微分控制）。

四、实践指导

为了掌握变频器的 PID 功能和相关参数设置，我们以设计一个供水系统为例来阐述如何实现变频器的 PID 的调节功能，首先准备实践材料和备件，一台三菱变频器、180W 的三相异步电动机、压力变送器、三线型电位器、给定电位器以及其他辅助工具和材料。下面从电路的接线、变频器系统的运行参数的设置和实践注意事项几方面说明。

1. 三菱 A500 变频器 PID 控制电路的接线

常规元器件的连接主要根据电工接线要求，按照图 7-31 把电路连接起来便可以了，下面针对反馈信号和压力变送器及其连接做一下简要介绍。

1）反馈信号的接入方法。反馈信号的接入常有两种方法：

① 变频器在使用 PID 功能时，将传感器测得的反馈信号直接接到给定信号端，其目标量由键盘给定。

② 有的变频器专门配置了独立的反馈信号输入端，有的变频器还为传感器配置了电源，这类变频器的目标值可以由键盘给定，也可以从给定输入端输入。

2）常见的压力变送器及其接线。

① 远传压力表。其基本结构是在压力表的指针轴上附加一个能够带动电器的滑动触点装置。因此从电路器件的角度看，实际上是一个电阻值随压力变化的电位器。使用时，需要另外设计电路，将压力的大小转换成电压和电流信号。远传压力表的价格低廉，但是由于电位器的滑动触点总在一个地方摩擦，故寿命较短。

② 压力传感器。其输出信号是随压力而变化的电压或电流信号，当距离较远时，应取电流信号，以消除因线路压降而引起的误差。通常取 4~20mA，以利于区别零信号和无信号。

③ 电接点压力表　这是一种老式的压力表，在压力表的上限位和下限位都有电接点，这种压力表比较直观。

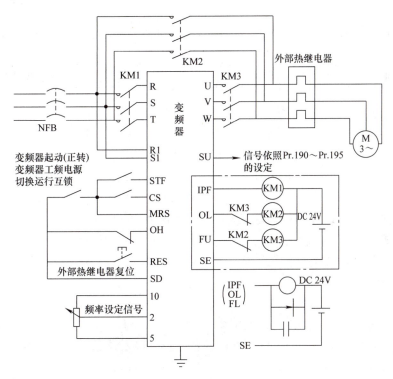

图 7-31　PID 运行接线图

2. 三菱 A500 变频器 PID 控制电路的参数设置

1）端子功能参数设定　端子功能参数设定见表 7-15。

表 7-15　端子功能参数设定

参数号	作用	功能
Pr.183 = 14	将 RT 端子设定为 X14 的功能	RT 端子功能选择
Pr.192 = 16	从 IPF 端子输出正反转信号	IPF 端子功能选择

(续)

参数号	作用	功能
Pr. 193 = 14	从 OL 端子输出下限信号	OL 端子功能选择
Pr. 194 = 15	从 FU 端子输出上限信号	FU 端子功能选择

2）PID 运行参数设定　PID 运行参数设定见表 7-16。

表 7-16　PID 运行参数设定

参数号	作用	功能
Pr. 128 = 20	检测值从端子 4 输入	选择 PID 对压力信号的控制
Pr. 129 = 30	确定 PID 的比例调节范围	PID 比例调节范围常数的设定
Pr. 130 = 10	确定 PID 的积分时间	PID 积分时间常数的设定
Pr. 131 = 100%	设定上限调节值	上限值设定参数
Pr. 132 = 0%	设定下限调节值	下限值设定参数
Pr. 133 = 50%	外部操作时设定值由 2 – 5 端子间的电压确定，在 PU 操作或组合操作时控制值大小的设定	PU 操作下控制设定值的确定
Pr. 134 = 3s	确定 PID 的微分时间	PID 微分时间常数的设定

3. 实践操作步骤和注意事项

（1）操作步骤

1）按照图 7-31 接线，按照上述表格设置参数。

2）调节 2 – 5 端子间的电压值到 2.5V，设定 Pr. 79 = 2，"EXT 灯亮。"

3）同时接通 SD 和 AU、SD 和 RT、SD 与 STF，电动机正转。改变 2 – 5 端子间的电压值，电动机转速可随着变化，始终稳定运行在设定值上。

4）调节 4～20mA 电流信号，电动机转速也会随着变化，稳定运行在设定值上。

5）设 Pr. 79 = 1，"PU"灯亮，按下【FWD】键（或者【REV】键）和【STOP】键，控制电动机的起停，稳定运行在 Pr. 133 设定的值上。

（2）注意事项

1）电位器用 1kΩ/1W 的碳膜式电位器。

2）传感器的输出用 Pr. 902～Pr. 905 的参数校正，输入设定值时，变频器停止运行，在"PU"模式下输入设定值。

3）通过设定 Pr. 190～Pr. 192 的参数来确定输出信号端子的功能。

4）采用变频器内部 PID 的功能时，加减速时间由积分时间的预置值决定；当不采用变频器内部的 PID 功能时，加减速时间由相应参数决定。

五、拓展知识

1. PID 控制功能分析

PID 控制是闭环控制中的一种常见形式。反馈信号取自拖动系统的输出端，当输出量偏离所要求的给定值时，反馈信号成比例地变化。在输入端，给定信号与反馈信号相比较，存在一个偏差值。对该偏差值，经过 P、I、D 调节，变频器通过改变输出频率，迅速、准确地消除拖动系统的偏差，恢复到给定值，振荡和误差都比较小。

图 7-32 为 PID 调节的恒压供水系统示意图，供水系统的实际压力由压力传感器转换成电量（电压或电流），反馈到 PID 调节器的输入端，下面以该系统为例介绍 PID 调节功能。

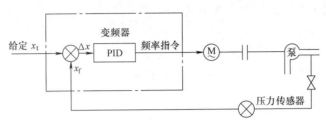

图 7-32　PID 调节恒压供水系统示意图

（1）比较与判断功能　首先为 PID 调节器给定一个电信号 x_t，该给定电信号对应着系统的给定压力 p_p，当压力传感器将供水系统的实际压力 p_x 转变成电信号（x_f），送回 PID 调节器的输入端时，调节器首先将它与压力给定电信号 x_t 相比较，得到的偏差信号为 Δx，即

$$\Delta x = x_t - x_f$$

$\Delta x > 0$：供水压力 < 给定值，说明用水量增加，引起供水系统压力减小。在这种情况下，水泵应升速。Δx 越大，水泵的升速幅度越大，速度也越快。

$\Delta x < 0$：供水压力 > 给定值，说明用水量减少，引起供水系统压力增加。此时，水泵应降速。Δx 越大，水泵的降速幅度越大，降速也越快。

由于 Δx 的值很小，反应不够灵敏。再者，不管控制系统的动态响应多么好也不可能完全消除静差 s，这里的静差是指 Δx 的值不可能完全降到 0，而始终有一个很小的静差存在，从而使控制系统出现了误差。为了增大控制的灵敏度，引入了 P 功能。

（2）P（比例）功能　P 功能，简单地说，就是将 Δx 的值按比例进行放大（放大 P 倍），这样尽管 Δx 的值很小，经放大后再来调整水泵的转速也会比较准确而迅速。放大后 Δx 的值大大增加，静差 s 在 Δx 中占的比例也相对减少，从而使控制的灵敏度增大，误差减小。

那么 P 值的大小对控制系统有何影响呢？如果 P 值设得过大，Δx 的值变得很大，供水系统的实际压力 p_x 调整到给定值 p_p 的速度必定很快，但由于拖动系统的惯性原因，很容易发生 $p_x > p_p$ 的情况，这种现象称为超调。因此控制又必须反方向调节，这样就会使系统的实际压力在给定值（恒压值）p_p 附近来回振荡，如图 7-33b 所示。

分析产生振荡现象的原因：主要是加、减速过程都太快，为了缓解因 P 功能给定过大而引起的超调振荡，可以引入 I 功能。

（3）I（积分）功能　I（积分）功能就是对偏差信号 Δx 取积分以后再输出，其作用是延长加速和减速的时间，以缓解因 P（比例）功能设置过大而引起的超调。P 功能、I 功能结合，就是 PI 功能，图 7-33c 就是经 PI 调节后供水系统实际压力 p_x 的变化波形。

从图中看，尽管增加 I 功能后使得超调减少，避免了供水系统的压力振荡，但是也延长了供水压力重新回到给定值 p_p 的时间。为了克服上述缺陷，又增加了 D 功能。

（4）D（微分）功能　D 功能就是对偏差信号取微分后再输出。也就是说当供水压力在

A 点刚开始下降时，dp_x/dt 最大，此时 Δx 的变化率最大，D 输出也就最大。此时水泵的转速会突然增大一下。随着水泵转速的逐渐升高，供水压力会逐渐减小，D 的输出会迅速衰减，供水系统又呈现 PI 调节。图 7-33d 即为 PID 调节后，供水压力的变化情况。

可以看到，经 PID 调节后的供水压力，既保证了系统的动态响应速度，又避免了在调节过程中的振荡，因此 PID 调节功能在恒压供水系统中得到了广泛的应用。

2. 变频器 PID 功能参数的选择

现代大部分的通用变频器都自带了 PID 调节功能，也有少部分是通过附加选件补充的。用户在选择了 PID 功能后，通常需要输入下面几个参数：

（1）P 参数　比例值增益值越大，反馈的微小变化量会引起执行量很大变化，也有些变频器是以比例范围给出该参数。比例值增益 = 1/比例范围。

（2）I 参数　I 参数即积分时间常数。也就是图 7-33c 中 A 点到 B 点的时间。该时间越小，到达给定值就越快，也越易振荡。

（3）D 参数　D 参数是指微分时间，该时间越大，反馈的微小变化就会引起较大的响应。

（4）PID 控制的给定值　该给定值是指 x_t，x_t 的值就是当系统的压力达到给定压力 p_p 时，由压力传感器反映出的 x_p 的大小，通常是给定压力与传感器量程的百分数。所以，即使是同样的给定压力，由不同量程的压力传感器所得到的 x_t 值也是不一样的。

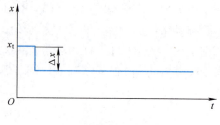

a) 供水压力下降

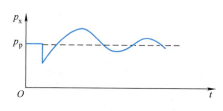

b) P 调节后的供水压力

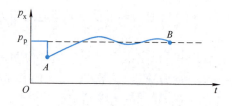

c) PI 调节后的供水压力

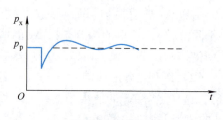

d) PID 调节后的供水压力

图 7-33　P、I、D 功能波形图

六、思考与习题

1. 简述 PID 调节过程 x_t 和 x_p 的关系。
2. 何为静差？为什么引入 P 功能后可减少静差的影响？
3. P 参数、D 参数、I 参数的具体含义是什么？

项目八

恒压供水变频控制系统接线调试和维护

随着人们对供水质量和供水系统可靠性要求的不断提高，要求利用先进的自动化技术、控制技术以及通信技术，设计出高性能、高节能、能适应供水厂复杂环境的恒压供水系统成为必然趋势。图 8-1 是常用变频恒压供水系统的设备图形，下面以该类恒压变频供水系统为对象，阐述系统的构成和工作原理，重点讲述供水系统的接线、调试和维护。

图 8-1 变频恒压供水系统

任务一 变频恒压供水系统结构、接线及参数设置

一、学习目标

1. 知识目标：理解变频恒压供水系统的结构和工作原理。
2. 能力目标：能完成变频恒压供水系统的接线以及参数设置。
3. 素质目标：培养认真、严谨、科学的工作作风；培养解决实际问题的能力。

二、工作任务

1. 变频恒压供水系统的电路设计与接线。
2. 变频恒压供水系统运行参数设置。

三、相关知识

1. 恒压变频供水的目的和系统基本构成

（1）恒压变频供水的目的　对供水系统进行控制，主要目的就是满足广大用户对供水压力的要求。供水压力或者说供水流量是供水系统的基本控制对象，在动态情况下，供水管道中的水流量的测量比较复杂，实际情况都是用管道中的水压力 p 来反映供水流量（Q_G 表示）和用水流量（Q_U 表示）之间的平衡情况：

供水流量 Q_G > 用水流量 Q_U，则压力 p 上升（$p\uparrow$）

供水流量 Q_G < 用水流量 Q_U，则压力 p 下降（$p\downarrow$）

供水流量 Q_G = 用水流量 Q_U，则压力 p 不变（p = 常数）

● 需要说明的是：实际上供水管道中，因为水流是连续流动的，并不存在"供水流量"和"用水流量"的差别，这里的供水流量和用水流量是为了说明当两者不适应时压力发生变化而假设的。

（2）变频调速恒压供水系统的基本构成 变频调速恒压供水系统的基本结构框图如图 8-2 所示。由图中可以看出，变频器有两个控制信号：一个是目标给定信号 x_m；另一个是实际反馈信号 x_f。

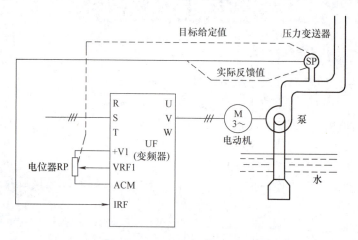

图 8-2 变频调速恒压供水系统的基本结构框图

目标给定信号 x_m 是变频器控制端子 VRF1 得到的信号，该信号是一个与压力的控制目标值相对应的模拟信号量。图 8-2 中的目标给定信号是由外接电位器通过控制端子设定给变频器的，但也可以通过变频器自身控制面板进行设定。

实际反馈信号 x_f 是图 8-2 中变频器控制端子 IRF 得到的信号，该信号是压力变送器 SP 反馈回来的，是一个与实际压力值相对应的模拟信号量。压力变送器的选用在注意信号量程的同时，最好能与显示压力值的数显压力表结合起来，这样既能正确反馈实际压力值，又能方便地配合数显仪表显示实际压力值。

2. 变频调速恒压供水系统的基本工作过程

目前的变频器一般都具有内置 PID 调节控制功能，其内部简易结构图如图 8-3 中的点画线框内所示。由图 8-3 可知，目标给定信号 x_m 和实际反馈信号 x_f 两者之间是相减的，其合成信号 $x_t = x_m - x_f$ 经过 PID 调节处理后得到频率给定信号 x_k，其调节变频器的输出频率。

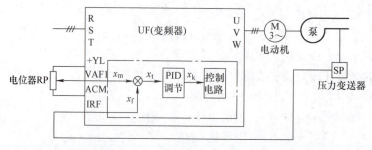

图 8-3 变频器内部的控制框图

当用水量减少，供水能力大于用水需求时，则压力上升，实际反馈信号 x_f 变大，合成信号 $x_t = x_m - x_f$ 变小，频率给定信号 x_k 变小，变频器输出频率下降，电动机转速下降，供水能力下降，直到压力大小恢复到目标值、供水能力与用水需求之间重新达到平衡时为止。

反之，当用水量增加，供水能力小于用水需求时，则压力下降，实际反馈信号 x_f 变小，合成信号 $x_t = x_m - x_f$ 变大，频率给定信号 x_k 变大，变频器输出频率上升，电动机转速上升，供水能力增加，直到压力大小恢复到目标值、供水能力与用水需求之间重新达到平衡时为止。

四、实践指导

1. 变频恒压供水系统的电路接线

基于对变频调速恒压供水基本原理的分析，下面以某公司的变频恒压供水系统为例，讲述电路的设计和线路的连接，设计中，合理引入变频调速恒压供水理念。与上述基本系统不同的是，本系统为"一拖二"方案。所谓"一拖二"，是用一台变频器拖动两台 45kW 的水泵实现变频调速恒压供水。一台由变频器驱动为主泵，另外一台由工频驱动为辅泵。当变频主泵调速至最高频率后，仍不能满足用水需求时，经过判断自动投入辅泵，同时变频主泵频率降至最低，然后根据用水量的需求自行调节变频主泵来满足恒压供水要求。待用水量减少时，经过判断变频主泵完全可以满足恒压供水需求时，自动退出工频辅泵。如果变频器出现故障停机或维修，可利用工频辅泵应急来满足用水需求（此时已经不是恒压供水），保障生产的正常进行。由此不难看出，该增压泵变频调速恒压供水系统是对基本变频调速恒压供水系统的深化和提高。现通过如下工作原理分析，来详细讲解该系统。

(1) 变频调速恒压供水系统的主电路 该变频调速恒压供水系统的主电路，如图 8-4 所示。图 8-4 中，QF_1 为变频主泵回路中的断路器，QF_2、KM_2、FR_2 分别为工频辅泵回路中的断路器、交流接触器、热继电器。由于变频器本身具有过载保护及断相保护作用，故在变频器输出侧与主泵之间就没有必要再安装热继电器。K 为控制回路中间继电器的一副常开触点，用于控制变频器的开/停。

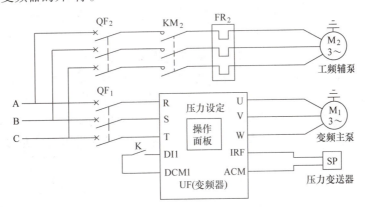

图 8-4 增压泵变频恒压供水系统的主电路

(2) 变频调速恒压供水系统的控制电路 控制电路分"手动"和"自动"两个档位，正常恒压供水时选在"自动"档位，根据供需变化自动投入/退出工频辅泵；变频器故障停机或检修时，选择"手动"档位，手动开启工频辅泵来应急，控制电路中的关键部分，是根据管路中供需变化自动投入/退出工频辅泵，通常的做法是选用 PLC 配合变频器进行控制，该方式成熟稳定，已成为多台水泵恒压供水系统的首选控制方式。随着变频器在恒压供水领域的广泛应用，目前不少变频器厂家推出了恒压供水控制基板的选购件内置于变频器内部，简化了控制系统，提高了可靠性，与 PLC 相比不仅价格上有优势，更易于接线与维护。

以本系统选用的三垦 SPF 变频器系列控制风机、水泵为例，其配置及使用方法说明如下：

三垦 SPF 系列变频器在进行多台水泵切换控制时，须附加一块供水控制基板 SWS，配合变频器通过控制工频辅泵交流接触器来实现自动投入/退出工频辅泵。具体接线方法如图 8-5 所示。

SWS 供水控制基板安插到变频器内部的接插器上，连接可靠、方便，而且并不额外占用空间。安装接线正确完毕后，必须进行如下的功能预置，方能正确使用。

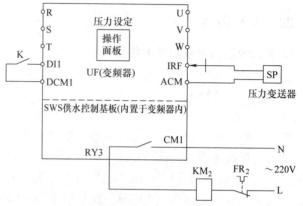

图 8-5 增压泵变频恒压供水系统控制基板接线图

2. 变频调速恒压供水系统变频器功能预置

该系统外部正确接线完毕后，必须对变频器进行合理的功能预置，方能达到设计使用效果。本系统的功能和参数设置步骤如下：

1）在该系统中电动机控制模式，预置为内置 PID 控制模式。

2）供水基板控制模式预置为变频泵固定方式；预置模拟反馈偏置压力，分别对应变送器的上限值。

3）为防止水泵"空转"将下限频率预置为 30~35Hz；一般来讲，上限频率以等于额定频率为宜；上限频率持续时间是变频器输出频率达到上限之后，投入工频辅泵的判断时间，下限频率持续时间是变频器输出频率达到下限之后，退出工频辅泵的判断时间，这两个指令预置要根据实际运行工况，在不发生振荡的范围内越短越好。

4）加泵时的减速时间是工频辅泵投入运行时，变频器的输出频率从上限频率减速到下限频率的时间。

5）减泵时的加速时间是工频辅泵退出运行时，变频器的输出频率从下限频率加速到上限频率的时间，减、加速这两个指令预置直接影响压力变化的平稳性，如果设定过短则容易发生过电流、过电压。

通过正确接线、合理的功能预置完全实现了设计功能，而且运行平稳；尤其是在自动投入/退出工频泵时，管网压力变化稳定。

五、拓展知识

1. 变频恒压供水系统的暂停功能

当变频器的工作频率已经降低到下限频率而压力仍然偏高时，水泵应暂停工作（使得变频器处于睡眠状态)。以森兰 BT12S 系列变频器为例,当压力传感器的量程为1MPa,而所要求的供水压力为 0.2MPa 时,则目标值为20%,睡眠值可设定为21%~25%(相当于压力的上限值),而苏醒值(即终止暂停值,相当于压力的下限值)可设定为15%~19%。

2. 变频恒压供水系统的节能效果

由于管阻特性难以准确计算,又要适当留有余量,通常水泵所选用电动机的容量也较大。故在实际运行过程中,即使在用水量的高峰期,电动机也常常并不处于满载状态,其效率较低。采用变频调速恒压供水后,可根据用水的实际需求自动来调节电动机转速,使电动机始终在高效运行,尤其在用水量小的情况下,电动机低频运行时,节能效果最明显。

3. 变频恒压供水系统的优点

供水系统采用变频调速后,除了具有可观的节能效果,还有如下优点:

(1) 彻底消除水锤效应　异步电动机在全压起动时从静止状态加速到额定转速,所需要的时间≤0.5s。这意味着在不足 0.5s 的时间里,水的流量从零猛增到额定流量。由于流体具有动量和一定程度的可压缩性,因此,在极端的时间里流量的巨大变化将引起对管道的压力过高和过低的冲击。压力冲击将使管道壁受力而产生噪声,犹如锤子敲击管子一样,称为水锤效应。

水锤效应具有极大的破坏性,压力过高将引起管子的破裂,反之,压力过低又会导致管子的瘪塌。此外水锤效应也可能损坏阀门和其他固定件。直接停机时,供水系统的水头将克服电动机的惯性而使得系统急剧停止。这也会同样导致压力冲击和水锤效应。采用了变频调速后,可以通过对加、减速时间的预置来延长起动和停止时间,从而彻底消除水锤效应。

(2) 延长了使用寿命　水锤效应的消除,无疑大大延长了水泵和管道的寿命。除此之外,采用了变频调速以后,由于水泵平均转速下降,工作过程中平均转矩减小,使得轴承磨损和叶片承受的压力都大为减小,故水泵的工作和使用寿命将大大延长。

六、思考与习题

1. 变频恒压供水的目的是什么?
2. 恒压供水系统由哪几个基本环节构成?
3. 恒压供水系统中的压力变送器的作用是什么?
4. 什么是供水系统的水锤效应,如何消除水锤效应?
5. 请简述恒压供水系统的功能预置步骤以及预置功能。
6. 变频器恒压供水系统与传统供水设备相比有哪些优点?

任务二　恒压供水变频控制系统的接线、调试及维护

一、学习目标

1. 知识目标:了解变频恒压供水系统的接线和调试步骤。
2. 能力目标:能维护变频恒压供水系统。
3. 素质目标:培养解决实际问题的能力;培养团结互助、团队合作精神。

二、工作任务

1. 变频恒压供水系统的接线与调试。
2. 变频恒压供水系统的日常维护方法。

三、相关知识

变频恒压供水系统的常见故障分析。

在对变频恒压供水系统进行日常维护时，如果对一些常见的故障情况能做出判断和处理，就能大大提高工作效率，并且避免一些不必要的损失。为此，以实际工作为基础总结了一些系统的常见基本故障，这些常见故障无需打开变频器机壳，仅仅在外部对一些常见现象进行检测和判断。

（1）故障一　出水压力表上显示压力稳定，但变频器上显示压力波动很大甚至不能正常稳压。

原因分析及故障处理：仪表接至变频器时，变频器上的电压/电流档未选对，重新选择。

（2）故障二　上电无显示。

原因分析及故障处理：断开电源线检查电源是否有断相或断路情况，如果电源正常则再次上电后检查变频器中间电路直流侧端子 P、N 是否有电压，如果上述检查正常则判断变频器内部开关电源损坏。

（3）故障三　开机运行无输出（电动机不起动）。

原因分析及故障处理：断开输出电动机线，再次开机后观察变频器面板显示的输入频率，同时测量交流输出端子。可能原因是变频器起动参数设置或运行端子接线错误，也可能是逆变部分损坏或电动机没有正确连接到变频器。

（4）故障四　运行时"过电压"保护，变频器停止输出。

原因分析及故障处理：检查电网电压是否过高，或者是电动机负载惯性太大并且加减速时间太短导致的制动问题线路板维修。

（5）故障五　运行时"频繁过电流"保护，变频器停止输出。

原因分析及故障处理：

1）电动机堵转或负载过大，水泵过载导致电动机过电流。可以检查负载情况关小出水阀门或适当调整变频器参数。

2）运转不灵活，水泵有摩擦卡滞现象。检查轴、轴承和叶轮，清除泵内异物。

3）线路或接触点不良导致不完全断相。紧固各接线端子，检查接触器等元件。

4）变频器的输出回路有短路现象。排除短路故障。

5）电源电压过低导致电流增大。解决电源问题。

（6）故障六　运行时"过热"保护，变频器停止输出。

原因分析及故障处理：不同品牌型号的变频器配置不同，可能是环境温度过高超过了变频器允许限额，检查散热风机是否运转正常或电动机是否过热。

（7）故障七　运行时"接地"保护，变频器停止输出。

原因分析及故障处理：参考操作手册，检查变频器及电动机是否可靠接地，或者测量电动机的绝缘强度是否正常。

(8) 故障八　制动问题（过电压保护）。

原因分析及故障处理：如果电动机负载确实过大并需要在短时间内停车，则需购买带有制动单元的变频器并配置相当功率的制动电阻。如果已经配置了制动功能，则可能是制动电阻损坏或制动单元检测失效。

(9) 故障九　变频器内部发出腐臭般的异味。

原因分析及故障处理：切勿开机，很可能是变频器内部主滤波电容因长期受到各种电磁干扰而有破损漏液现象。变频器系统的干扰有时能直接造成系统的硬件损坏，有时虽不能损坏系统的硬件，但常使微处理器的系统程序运行失控，导致控制失灵，从而造成设备和生产事故。因此，如何提高系统的抗干扰能力和可靠性是大多数自动化装置研制和各种变频系统不可忽视的重要内容，也是计算机控制技术应用和推广的关键之一。

1）干扰传播方式：辐射干扰和传导干扰。

2）抗干扰措施。

对于通过辐射方式传播的干扰信号，主要通过布线以及对放射源和对被干扰的线路进行屏蔽的方式来削弱。

对于通过线路传播的干扰信号，主要通过在变频器输入输出侧加装滤波器、电抗器或磁环等方式来处理。

具体方法及注意事项如下：

① 信号线与动力线要垂直交叉或分槽布线。

② 不要采用不同金属的导线相互连接。

③ 屏蔽管（层）应可靠接地，并保证整个长度上连续可靠接地。

④ 信号电路中要使用双绞线屏蔽电缆。

⑤ 屏蔽层接地点尽量远离变频器，并与变频器接地点分开。

⑥ 磁环可以在变频器输入电源线和输出线上使用，具体方法为：输入线一起朝同一方向绕4圈，而输出线朝同一方向绕3圈即可。绕线时需注意，尽量将磁环靠近变频器。

⑦ 一般对被干扰设备仪器，均可采取屏蔽及其他抗干扰措施。

包括恒压供水系统在内的各种变频控制系统中变频器所出现的故障占多数，并且变频器的原理复杂，有很多故障是意想不到的问题，针对具体变频控制系统故障的种类和形式就更多，需要我们在实际工作中认真分析归纳总结。

四、实践指导

1. 变频恒压供水系统的接线与调试

本次任务以设计一台一拖二的变频恒压供水系统为例，讲解如何对恒压供水系统进行接线与调试，为了讲清楚调试过程，首先要讲解系统设计，设计好系统后，并按照设计图样进行安装接线完成后，才真正搭建好了调试平台，本系统采用PLC、变频器和触摸屏等元件对供水压力进行恒压自动化控制，可以保证供水压力稳定在一定范围内，同时保证该系统的稳定性和节能性，而且两台水泵电动机均具有工频和变频运行两种模式，能自动切换，不进行工频直接起动。

（1）恒压供水系统电路的设计及接线

1）主电路设计及接线。根据系统控制要求，设计的变频恒压供水控制系统的主电路接线如图 8-6 所示。本系统选用的是三菱 FR – F740 系列变频器，控制两台电动机 M_1 和 M_2。其中，接触器 KM_1 和 KM_2 分别控制 M_1 和 M_2 的工频运行，接触器 KM_3 和 KM_4 分别控制 M_1 和 M_2 的变频运行。电路设有过电流、过载保护。

根据两台电动机的控制要求，变频器端子与外部的接线图，如图 8-7 所示，在实际施工时，按图接线，接线说明如下：

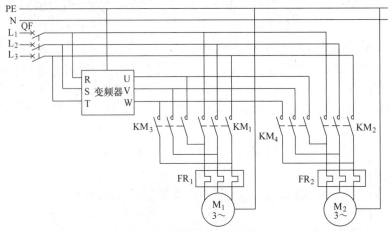

图 8-6 系统主电路连接图

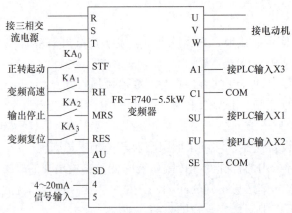

图 8-7 变频器端子与外部接线图

STF 控制电动机正转起动，当 KA_0 闭合时电动机正转，断开时电动机停止。

KA_1 闭合时，电动机高速运行。

KA_2 闭合时，变频器输出停止。

KA_3 用来解除保护回路动作的保护状态。

AU 选择常闭，表明选用端子 4 和 5，用来接受 DC 4 ~ 20mA 的电流输入信号，其中，20mA 对应最大输出频率，且输出频率与输入成正比。

SD 为输入信号的公共端。

A1、C1 作为继电器输出，指示变频器因保护功能动作时输出停止的转换接点，故障时 A1 – C1 间导通，正常时 A1 – C1 间不导通。

SU 用来控制频率到达，如果输出频率达到设定频率的 ±10% 时其为低电平，正在加/减速或停止时其为高电平。

FU 用来控制频率检测，当输出频率为任意设定的检测频率以上时为低电平，未达到时为高电平。

SE 为集电极开路输出公共端。

2）控制电路设计及接线。图 8-8 为恒压供水系统控制电路连接图。控制电路设有紧急停止按钮，通过中间继电器 $KA_4 \sim KA_7$ 控制 1 号和 2 号水泵的工频变频运行及运行指示，KA_8 控制故障指示。

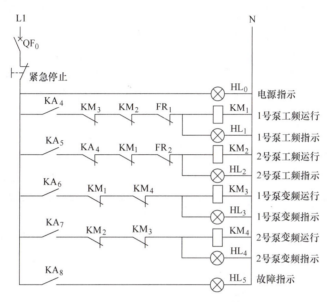

图 8-8　恒压供水系统控制电路连接图

3）所用 PLC 输入输出点分配。本恒压供水系统选用的 PLC 为三菱的 $FX_{1N}-24ML$。根据两台电动机及变频器的控制要求，PLC 输入输出点分配见表 8-1。这里设置了自动和手动选择开关，以便对系统进行自动和手动控制、故障报警输出，从而进行故障诊断和排除。

表 8-1　PLC 输入输出点分配

输入信号			输出信号		
名称	代码	地址	名称	代码	地址
自动/手动选择开关	SA_1	X0	变频运行	KA_0	Y0
频率到达	SU	X1	变频高速	KA_1	Y1
频率下限	FU	X2	输出停止	KA_2	Y2
变频故障	A1	X3	变频复位	KA_3	Y3
M_1 工频故障	KM_1	X4	M_1 工频运行	KA_4	Y4
M_2 工频故障	KM_2	X5	M_2 工频运行	KA_5	Y5
M_1 变频故障	KM_3	X6	M_1 变频运行	KA_6	Y6
M_2 变频故障	KM_4	X7	M_2 变频运行	KA_7	Y7
1 号泵手动起动	SB_1	X11	故障报警	KA_8	Y11

(续)

输入信号			输出信号		
名称	代码	地址	名称	代码	地址
1号泵手动停止	SB_2	X12			
2号泵手动起动	SB_3	X13			
2号泵手动停止	SB_4	X14			
消声按钮	SB_5	X15			

4）恒压供水系统软件设计。在本变频恒压供水系统中，采用一台变频器控制两台水泵恒压供水。当系统启动时，1号水泵运行，通过安装在总管道上的压力变送器，将所测得的信号送入 PLC 中，与触摸屏设定的压力值比较计算后，输出相应大小的信号以控制变频器的输出频率，从而控制水泵电动机的转速。当压力检测值低于设定值时，水泵增速；当压力检测值高于设定值时，水泵减速，直至压力稳定在设定值。

为了节能并有效延长水泵的使用寿命，在控制两台水泵时采用了以下方法：

① 系统启动时，变频起动一台水泵，如1号水泵。

② 若用水量增大，则加大1号水泵控制频率，如果此水泵达到设定的最高频率时仍无法满足要求，则将该水泵切换为工频运行，同时2号水泵变频起动，调节频率，以满足供水要求。

③ 若用水量减小，则优先调节变频运行的水泵，若该水泵运行到下限频率时仍无法满足要求，则表明这种情况只需一台水泵供水即可，则将另一台水泵停止。

④ 若用水量再增大，按照②所述的方法自动切换两台水泵。

（2）恒压供水系统的调试 变频器恒压供水系统的调试步骤和其他变频控制系统的调试步骤大体相似，没有严格的步骤规定，只是大体上应该遵循"先空载、继轻载、后重载"的一般规律。以下是恒压供水系统的常用调试步骤，以供参考。

1）变频器的通电与预置。一台新的变频器在通电时，输出端可先不接电动机，而首先熟悉它，在熟悉的基础上进行各种功能预置。

① 熟悉键盘，即了解键盘上各键的功能，进行试操作，并观察显示的变化情况等。

② 按照说明书要求进行"起动"和"停止"等基本操作，观察变频器的工作情况是否正常，同时也要进一步熟悉键盘的操作。

③ 进行功能预置。关于功能预置的详细内容请参看变频器功能参数设置部分内容。预置完毕后，先就几个比较容易观察的项目，如升速和降速时间、点动频率、多档速度变速时的各档频率等，检查变频器的执行情况是否与预置内容相符合。

④ 将外接输入控制线接好，逐项检查各外接控制功能的执行情况。

⑤ 检查三相输出电压是否平衡。

2）系统的空载试验。变频器的输出端接上水泵电动机，但水泵电动机尽可能先不要加载，进行通电试验。其目的是观察变频器配上电动机以后的情况，顺便校验电动机的旋转情况，试验步骤如下：

① 先将频率设置于0，合上电源后，微微提升工作频率，观察电动机的起转情况是否符合要求，如果不符合要求就要予以纠正。

② 将频率上升至额定频率，让系统运行一段时间。如正常再选若干个常用的工作频率，

也使得水泵电动机运行一段时间。

③ 将给定频率信号突然降到 0（或者按停止按钮），观察水泵电动机的制动情况。

3）系统的启动和停止。将水泵电动机的输出轴与相关装置连接好，进行试验。

① 起转调试。使工作频率从 0Hz 开始微微增加，观察系统能否起动。如果转动比较困难，应设法加大起动转矩。具体方法有：加大起动频率，加大 U/f 的值以及采用矢量控制等。

② 起动调试。将给定信号调至最大，按动起动键，观察以下两点：

a）起动电流的变化。

b）整个拖动系统在升速过程中运行是否平稳。

如果起动电流过大而跳闸，则应该适当延长升速时间，如果在某一速度段起动电流偏大，则设法改变起动方式（S 形、半 S 形）来解决。

③ 停机调试。将运行频率调至最高工作频率，按动停止键观察：

a）系统的停机过程是否出现因过电压或过电流而跳闸，如有则适当延长降速时间。

b）当输出频率为 0Hz 时，观察系统是否有爬行现象，如有则应当加强直流制动。

4）系统负载调试。系统负载调试的内容及注意事项主要有：

① 如 $F_{max} > F_N$，则应进行最高频率时的带载能力试验。

② 在负载的最低工作频率下，应考察水泵电动机的发热情况。使得系统工作在负载所要求的最低转速下，施加该转速下的最大负载，按照负载所要求的连续运行时间进行低速连续运行，观察电动机的发热情况。

③ 过载试验，按照负载可能出现的过载情况及持续时间进行试验，观察系统能否继续工作。当电动机在工频以上运行时，不能超过水泵电动机容许的频率范围。

5）变频器运行参数设置。调试系统时，关键是对变频器参数的设置。由于变频恒压供水系统的控制目标是将压力变送器采集到的实际压力与系统设置的压力进行比较，最终将实际压力稳定在设定压力值。这个目标可以通过调节变频器的 PID 参数实现。

变频器的主要参数设置如下：

1）上限频率 Pr.1 = 50Hz。

2）下限频率 Pr.2 = 20Hz。

3）基准频率 Pr.3 = 50Hz。

4）加速时间 Pr.7 = 15s。

5）减速时间 Pr.8 = 30s。

6）电子过电流保护 Pr.9 = 电动机的额定电流。

7）起动频率 Pr.13 = 10Hz。

8）多段速度设定 Pr.4 = 20Hz。

9）智能模式选择为节能模式 Pr.60 = 4。

10）设定端子 4-5 间的模拟量输入为电流信号 4~20mA，Pr.267 = 0。

11）允许所有参数的读/写 Pr.160 = 0。

12）操作模式选择（外部运行）Pr.79 = 2。

13）其他设置为默认值。

变频器的 PID 参数设置和调试流程，如图 8-9 所示。在实际调试时，如果水压在设定值上下有剧烈的抖动，则应该调节 PID 指令的微分参数，将值设定小一些，同时适当增加积分参数值。如果调整过于缓慢，水压的上下偏差很大，则系统比例常数太大，应适当减小，直至 PID 参数能满足系统要求。

2. 变频恒压供水系统的维护与保养

（1）系统的维护

1）设备在投入运行前应对系统进行清理吹扫，以免杂质进入泵体造成设备损坏。

2）水泵不应在出口阀门全闭的情况下长期运转，也不应该在性能曲线中驼峰处运行，更不能空运转，当轴封采用盘根密封时允许有 10~20 滴/min 的泄漏。

3）运行时轴承温度不得高于 75℃。

4）水泵每运行 500h 应对轴承进行一次加油。

5）设备长期停运应采取必要措施，防止设备玷污和锈蚀，冬季停运应采用防冻、保暖措施。

6）运行设备应视水质情况实行前期排污。

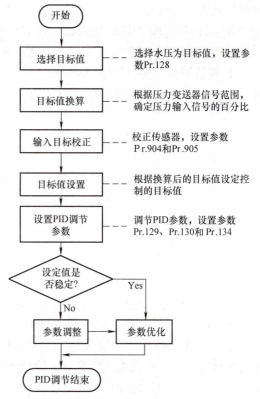

图 8-9 变频器的 PID 参数设置和调试流程

7）检查电动机是否脱漆严重，如脱漆严重则应彻底铲除脱落层油漆后重新油漆。

（2）系统的保养

1）检查水泵轴承是否灵活，如有阻滞现象，则应加注润滑油；如有异常摩擦声响，则应更换同型号规格的轴承。

2）转动水泵轴，如果有卡住、碰撞现象，则应拆换同规格水泵叶轮；如果轴键槽损坏严重，则应更换同规格水泵轴。

3）清洁水泵外表。

4）如水泵脱漆或锈蚀严重，则应彻底铲除脱落层油漆，重新刷上油漆。

注意：水泵采用机械密封，切忌断水情况下运转，调试时也只可做瞬间点动，该机械装置在正常运转时会有少量滴水从挡水圈前流出。

5）检查电动机与水泵弹性联轴器有无损坏，如损坏则应更换。

6）检查水泵机组螺栓是否紧固，如松弛则应拧紧。

7）闸阀、止回阀、蝶阀等管阀附件的维修保养：

① 闸阀维修保养：

a）查密封胶垫处是否漏水，如漏水则应更换密封胶垫。

b）检查压横油麻绳处是否漏水，如漏水则应重新加压黄油。

c）对闸阀阀杆加黄油润滑。

d）对锈蚀严重的闸阀（明装）应在彻底铲除底漆后重新油漆。

② 止回阀维修保养：

a）查止回阀密封胶垫是否损坏，如损坏则应更换。

b）检查止回阀弹簧弹力是否足够，如太软则应更换同规格弹簧。
c）检查止回阀油漆是否脱落，如脱落严重则应处理后重新油漆。
8）电动机维修保养：
① 用 500V 绝缘电阻表检测电动机线圈绝缘电阻是否在 $0.5M\Omega$ 以上，否则应烘干处理或修复。
② 检查电动机轴承有无阻滞或异常声响，如有则应更换同型号规格的轴承。
③ 检查电动机风叶有无碰壳现象，如有则应修整处理。
④ 清洁电动机外壳。
⑤ 检查电动机是否脱漆严重，如脱漆严重则应彻底铲除脱落层油漆后重新油漆。

五、拓展知识

下面介绍 1 控 3 的变频恒压供水系统运行分析。

所谓 1 控 3，是由 1 台变频器控制 3 台水泵的方式，目的是减少设备费用。但显然，3 台水泵中只有 1 台是变频运行，其总体节能效果与用 3 台变频器控制 3 台水泵相比，是大为逊色的。

1）1 控 3 的工作方式。设 3 台水泵分别为 1 号泵、2 号泵和 3 号泵，则工作过程如下：

先由变频器起动 1 号泵运行，如工作频率已经达到 50Hz，而压力仍不足时，将 1 号泵切换成工频运行，再由变频器去起动 2 号泵，供水系统处于"1 工 1 变"的运行状态；如变频器的工作频率又已达到 50Hz，而压力仍不足时，则将 2 号泵也切换成工频运行，再由变频器去起动 3 号泵，供水系统处于"2 工 1 变"的运行状态。

如果变频器的工作频率已经降至下限频率，而压力仍偏高时，则令 1 号泵停机，供水系统又处于"1 工 1 变"的运行状态；如变频器的工作频率又降至下限频率，而压力仍偏高时，则令 2 号泵也停机，供水系统又回复到 1 台泵变频运行的状态。这样安排，具有使 3 台泵的工作时间比较均匀的优点。

2）1 控 3 的控制电路。不少变频器都生产了专用于由 1 台变频器控制多台水泵的附件，称为扩展板。以森兰 BT12S 系列变频器为例，其控制电路如图 8-10 所示。

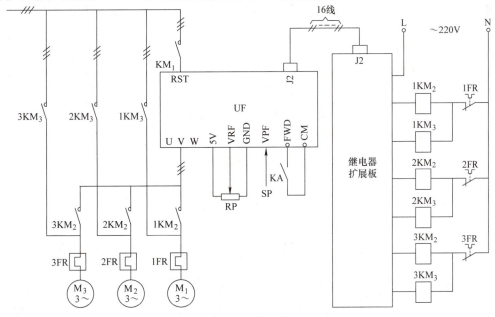

图 8-10　1 控 3 电路

图中，接触器 KM_1 用于接通变频器的电源；$1KM_2$、$2KM_2$、$3KM_2$ 分别用于将电动机 M_1、M_2、M_3 接至变频器的输出端；$1KM_3$、$2KM_3$、$3KM_3$ 分别用于将电动机 M_1、M_2、M_3 接至工频电源。除 KM_1 外，其余 6 个接触器都由继电器扩展板进行控制。

反馈信号和目标信号的接法和单台控制时完全相同。

3）1 控 3 的功能预置。除常规的功能外，BT12S 系列变频器专门针对由 1 台变频器控制多台水泵的控制方式设置了与继电器扩展板相配合的功能，见表 8-2。用户可根据表 8-2 所示的功能十分方便地进行预置。

表 8-2　BT12S 系列变频器与继电器扩展板相配合的功能表

功能码	功能名称	预置范围	出厂预置	1 控 3 预置
F53	电动机台数	0：1 控 1 1：1 控 2 2：1 控 3 3：1 控 4 4：1 控 5 5：1 控 6	0	2
F54	电动机起动顺序	0：电动机 M_1 首先起动 1：电动机 M_2 首先起动 2：电动机 M_3 首先起动 3：电动机 M_4 首先起动 4：电动机 M_5 首先起动 5：电动机 M_6 首先起动	0	0
F55	附属电动机设定	0：无 1：变频运行 2：工频运行	0	0
F56	换机间隙时间	0.1~50.0s	0.5	1
F57	切换频率上限	0.5~120Hz	50.0	50.0
F58	切换频率下限	0.1~120Hz	10.0	35.0

六、思考与习题

1. 请简述变频恒压供水系统的常规维护。
2. 请简述恒压供水系统的常规保养方法。
3. 系统压力不稳、容易振荡的原因有哪些？
4. 供水系统压力传感器显示压力变化，而面板显示压力却不变的原因是什么？
5. 供水系统工作时系统压力高于设定值，为什么主机不停？

附　录

附录 A　三菱 500 系列变频器的参数一览表

功能	参数号	名称	数据代码 读出	数据代码 写入	网络参数扩展设定（数据代码 7F/FF）
基本功能	0	转矩提升	00	80	0
	1	上限频率	01	81	0
	2	下限频率	02	82	0
	3	基底频率	03	83	0
	4	多段速度设定（高速）	04	84	0
	5	多段速度设定（中速）	05	85	0
	6	多段速度设定（低速）	06	86	0
	7	加速时间	07	87	0
	8	减速时间	08	88	0
	9	电子过电流保护	09	89	0
标准运行功能	10	直流制动动作频率	0A	8A	0
	11	直流制动动作时间	0B	8B	0
	12	直流制动电压	0C	8C	0
	13	起动频率	0D	8D	0
	14	适用负荷选择	0E	8E	0
	15	点动频率	0F	8F	0
	16	点动加/减速时间	10	90	0
	17	MRS 输入端子选择	11	91	0
	18	高速上限频率	12	92	0
	19	基底频率电压	13	93	0
	20	加/减速基准频率	14	94	0
	21	加/减速基准时间单位	15	95	0
	22	失速防止动作水平	16	96	0
	23	倍速时失速防止动作水平补正系数	17	97	0
	24	多段速度设定（速度 4）	18	98	0
	25	多段速度设定（速度 5）	19	99	0

（续）

功能	参数号	名称	数据代码		
			读出	写入	网络参数扩展设定（数据代码 7F/FF）
标准运行功能	26	多段速度设定（速度6）	1A	9A	0
	27	多段速度设定（速度7）	1B	9B	0
	28	多段速度输入补偿	1C	9C	0
	29	加/减速曲线	1D	9D	0
	30	再生制动功能选择	1E	9E	0
	31	频率跳变1A	1F	9F	0
	32	频率跳变1B	20	A0	0
	33	频率跳变2A	21	A1	0
	34	频率跳变2B	22	A2	0
	35	频率跳变3A	23	A3	0
	36	频率跳变3B	24	A4	0
	37	旋转速度显示	25	A5	0
输出端子功能	41	频率到达动作范围	29	A9	0
	42	输出频率检测	2A	AA	0
	43	反转时输出频率检测	2B	AB	0
第二功能	44	第二加/减速时间	2C	AC	0
	45	第二减速时间	2D	AD	0
	46	第二转矩提升	2E	AE	0
	47	第二/V/F（基底频率）	2F	AF	0
	48	第二失速保护动作电流	30	B0	0
	49	第二失速保护动作频率	31	B1	0
	50	第二输出频率检测	32	B2	0
显示功能	52	DU/PU主显示数据选择	34	B4	0
	53	PU水平显示数据选择	35	B5	0
	54	FM端子功能选择	36	B6	0
	55	频率监示基准	37	B7	0
	56	电流监示基准	38	B8	0
自动再起动功能	57	再起动自由运行时间	39	B9	0
	58	再起动上升时间	3A	BA	0
附加功能	59	遥控设定功能选择	3B	BB	0
运行选择功能	60	智能模式选择	3C	BC	0
	61	基准电流	3D	BD	0
	62	加速时电流基准值	3E	BE	0
	63	减速时电流基准值	3F	BF	0

（续）

功能	参数号	名称	数据代码		网络参数扩展设定（数据代码 7F/FF）
			读出	写入	
运行选择功能	64	提升模式起动频率	40	C0	0
	65	再试选择	41	C1	0
	66	失速防止动作降低开始频率	42	C2	0
	67	报警发生时再试次数	43	C3	0
	68	再试等待时间	44	C4	0
	69	再试次数显示和消除	45	C5	0
	70	特殊再生制动使用率	46	C6	0
	71	适用电动机	47	C7	0
	72	PWM 频率选择	48	C8	0
	73	0～5V/0～10V 选择	49	C9	0
	74	输入滤波时间常数	4A	CA	0
	75	复位选择/PU 脱出检测/PU 停止	4B	CB	0
	76	报警编码输出选择	4C	CC	0
	77	参数写入禁止选择	4D	没有	0
	78	逆转防止选择	4E	CE	0
	79	操作模式选择	4F	没有	0
电动机常数	80	电动机容量	50	D0	0
	81	电动机极数	51	D1	0
	82	电动机励磁电流	52	D2	0
	83	电动机额定电压	53	D3	0
	84	电动机额定频率	54	D4	0
	89	速度控制增益	59	D9	0
	90	电动机常数（R1）	5A	DA	0
	91	电动机常数（R2）	5B	DB	0
	92	电动机常数（L1）	5C	DC	0
	93	电动机常数（L2）	5D	D0	0
	94	电动机常数（X）	5E	DE	0
	95	在线自动调整选择	5F	DF	0
	96	自动调整设定/状态	60	E0	0
VF5 点可调整特性	100	V/F1（第一频率）	00	80	1
	101	V/F1（第一频率电压）	01	81	1
	102	V/F2（第二频率）	02	82	1
	103	V/F2（第二频率电压）	03	83	1
	104	V/F3（第三频率）	04	84	1

（续）

功能	参数号	名称	数据代码		
			读出	写入	网络参数扩展设定（数据代码 7F/FF）
VF5 点可调整特性	105	V/F3（第三频率电压）	05	85	1
	106	V/F4（第四频率）	06	86	1
	107	V/F4（第四频率电压）	07	87	1
	108	V/F5（第五频率）	08	88	1
	109	V/F5（第五频率电压）	09	89	1
第三功能	110	第三加/减速时间	0A	8A	1
	111	第三减速时间	0B	8B	1
	112	第三转矩提升	0C	8C	1
	113	第三 V/F（基底频率）	0D	8D	1
	114	第三失速防止动作电流	0E	8E	1
	115	第三失速防止动作频率	0F	8F	1
	116	第三输出频率检测	10	90	1
通信功能	117	站号	11	91	1
	118	通信速率	12	92	1
	119	停止位字长	13	93	1
	120	有/无奇偶校验	14	94	1
	121	通信再试次数	15	95	1
	122	通信校验时间间隔	16	96	1
	123	等待时间设定	17	97	1
	124	有无 CR、LF 选择	18	98	1
PID 控制	128	PID 动作选择	1C	9C	1
	129	PID 比例常数	1D	9D	1
	130	PID 积分时间	1E	9E	1
	131	上限	1F	9F	1
	132	下限	20	A0	1
	133	PU 操作时的 PID 目标设定值	21	A1	1
	134	PID 微分时间	22	A2	1
工频电源－变频器切换	135	工频电源切换输出端子选择	23	A3	1
	136	MC 切换互锁时间	24	A4	1
	137	起动等待时间	25	A5	1
	138	报警时的工频电源－变频器切换选择	26	A6	1
	139	自动变频器－工频电源切换频率	27	A7	1
齿隙	140	齿隙加速时停止频率	28	A8	1
	141	齿隙加速时停止时间	29	A9	1
	142	齿隙减速时停止频率	2A	AA	1
	143	齿隙加速时停止时间	2B	AB	1

附 录

（续）

功能	参数号	名称	数据代码		网络参数扩展设定（数据代码 7F/FF）
			读出	写入	
显示	144	速度设定转换	2C	AC	1
	145	参数单元语言切换	2D	AD	1
附加功能	148	在 0V 输入时的失速防止水平	30	B0	1
	149	在 10V 输入时的失速防止水平	31	B1	1
电流检测	150	输出电流检测水平	32	B2	1
	151	输出电流检测时间	33	B3	1
	152	零电流检测水平	34	B4	1
	153	零电流检测时间	35	B5	1
子功能	154	选择失速防止动作时的电压下降	36	B6	1
	155	RT 执行条件	37	B7	1
	156	失速防止动作选择	38	B8	1
	157	OL 信号输出延时	39	B9	1
	158	AM 端子功能选择	3A	BA	1
附加功能	160	用户参数组读选择	00	80	2
瞬时停电再起动	162	瞬时停电自动再恢复选择	02	82	2
	163	再起动第一缓冲时间	03	83	2
	164	再起动第一缓冲电压	04	84	2
	165	再起动失速防止动作水平	05	85	2
初始化监视器	170	电能表清零	0A	8A	2
	171	实际运行计时器清零	0B	8B	2
用户功能	173	用户第一组参数注册	0D	8D	2
	174	用户第一组参数注册删除	0E	8E	2
	175	用户第二组参数注册	0F	8F	2
	176	用户第二组参数注册删除	10	90	2
端子安排功能	180	RL 端子功能选择	14	94	2
	181	RM 端子功能选择	15	95	2
	182	RH 端子功能选择	16	96	2
	183	RT 端子功能选择	17	97	2
	184	AU 端子功能选择	18	98	2
	185	JOG 端子功能选择	19	99	2
	186	CS 端子功能选择	1A	9A	2
	190	RUN 端子功能选择	1E	9E	2
	191	SU 端子功能选择	1F	9F	2
	192	IPF 端子功能选择	20	A0	2

（续）

功能	参数号	名称	数据代码		
			读出	写入	网络参数扩展设定（数据代码 7F/FF）
端子安排功能	193	OL 端子功能选择	21	A1	2
	194	FU 端子功能选择	22	A2	2
	195	ABC 端子功能选择	23	A3	2
附加功能	199	用户的初始值设定	27	A7	2
程序运行	200	程序运行分/秒选择	3C	BC	1
	201	程序设定 1	3D	BD	1
	202	程序设定 1	3E	BE	1
	203	程序设定 1	3F	BF	1
	204	程序设定 1	40	C1	1
	205	程序设定 1	41	C1	1
	206	程序设定 1	42	C2	1
	207	程序设定 1	43	C3	1
	208	程序设定 1	44	C4	1
	209	程序设定 1	45	C5	1
	210	程序设定 1	46	C6	1
	211	程序设定 2	47	C7	1
	212	程序设定 2	48	C8	1
	213	程序设定 2	49	C9	1
	214	程序设定 2	4A	CA	1
	215	程序设定 2	4B	CB	1
	216	程序设定 2	4C	CC	1
	217	程序设定 2	4D	CD	1
	218	程序设定 2	4E	CE	1
	219	程序设定 2	4F	CF	1
	220	程序设定 2	50	D0	1
	221	程序设定 3	51	D1	1
	222	程序设定 3	52	D2	1
	223	程序设定 3	53	D3	1
	224	程序设定 3	54	D4	1
	225	程序设定 3	55	D5	1
	226	程序设定 3	56	D6	1
	227	程序设定 3	57	D7	1
	228	程序设定 3	58	D8	1
	229	程序设定 3	59	D9	1
	230	程序设定 3	5A	DA	1
	231	时间设定	5B	DB	1

（续）

功能	参数号	名称	数据代码		
			读出	写入	网络参数扩展设定（数据代码 7F/FF）
多段速度运行	232	多段速度设定（速度 8）	28	A8	2
	233	多段速度设定（速度 9）	29	A9	2
	234	多段速度设定（速度 10）	2A	AA	2
	235	多段速度设定（速度 11）	2B	AB	2
	236	多段速度设定（速度 12）	2C	AC	2
	237	多段速度设定（速度 13）	2D	AD	2
	238	多段速度设定（速度 14）	2E	AE	2
	239	多段速度设定（速度 15）	2F	AF	2
辅助功能	240	柔性 – PWM 设定	30	B0	2
	244	冷却风扇动作选择	34	B4	2
停止选择功能	250	停止方式选择	3A	BA	2
附加功能	251	输出断相保护选择	3B	BB	2
	252	速度变化偏置	3C	BC	2
	253	速度变化增益	3D	BD	2
掉电停止功能	261	掉电停机方式选择	45	C5	2
	262	起始减速频率降	46	C6	2
	263	起始减速频率	47	C7	2
	264	掉电减速时间 1	48	C8	2
	265	掉电减速时间 2	49	C9	2
	266	掉电减速时间转换频率	4A	CA	2
功能选择	270	挡块定位/负荷转矩高速频率控制选择	4E	CE	2
高速频率控制	271	高速设定上限频率	4F	CF	2
	272	中速设定下限频率	50	D0	2
	273	电流平均范围	51	D1	2
	274	电流平均滤波常数	52	D2	2
挡块定位	275	挡块定位励磁电流低速倍率	53	D3	2
	276	挡块定位 PWM 载波频率	54	D4	2
顺序制动功能	278	制动开启频率	56	D6	2
	279	制动开启电流	57	D7	2
	280	制动开启电流检测时间	58	D8	2
	281	制动操作开始时间	59	D9	2
	282	制动操作频率	5A	DA	2
	283	制动操作停止时间	5B	DB	2

（续）

功能	参数号	名称	数据代码		
			读出	写入	网络参数扩展设定（数据代码 7F/FF）
顺序制动功能	284	减速检测功能选择	5C	DC	2
	285	超速检测频率	5D	DD	2
偏差控制功能	286	增益偏差	5E	DE	2
	287	滤波器偏差时定值	5F	EF	2
12 位数字量输入	300	BCD 码输入偏置	00	80	3
	301	BCD 码输入增益	01	81	3
	302	二进制输入偏置	02	82	3
	303	二进制输入增益	03	83	3
	304	数字量输入及模拟量修正输入可否之选择	04	84	3
	305	数据读取定时信号动作选择	05	85	3
模拟输出·数字量输出	306	模拟输出信号选择	06	86	3
	307	模拟输出零时设定	07	87	3
	308	模拟输出最大时设定	08	88	3
	309	模拟输出信号电压/电流切换	09	89	3
	310	模拟量计量器电压输出选择	0A	8A	3
	311	模拟量计量器电压输出 0 时设定	0B	8B	3
	312	模拟量计量器电压输出最大时设定	0C	8C	3
	313	Y0 输出选择	0D	8D	3
	314	Y1 输出选择	0E	8E	3
	315	Y2 输出选择	0F	8F	3
	316	Y3 输出选择	10	90	3
	317	Y4 输出选择	11	91	3
	318	Y5 输出选择	12	92	3
	319	Y6 输出选择	13	93	3
继电器输出	320	RA1 输出选择	14	94	3
	321	RA2 输出选择	15	95	3
	322	RA3 输出选择	16	96	3
计算机连接功能	330	RA 输出选择	1E	9E	3
	331	变频器局号	1F	9F	3
	332	通信速度	20	A0	3
	333	停止位字长	21	A1	3
	334	奇偶校验有无	22	A2	3
	335	通信再试次数	23	A3	3

（续）

功能	参数号	名称		数据代码		
				读出	写入	网络参数扩展设定（数据代码 7F/FF）
计算机连接功能	336	通信检验时间间隔		24	A4	3
	337	等待时间设定		25	A5	3
	338	运转指令权		26	A6	3
	339	速度指令权		27	A7	3
	340	连接开始模式选择		28	A8	3
	341	CR. LF 有无选择		29	A9	3
	342	E^2PROM 写入有无		2A	AA	3
校准功能	900	FM 端子校准		5C	DC	1
	901	AM 端子校准		5D	DD	1
	902	频率设定电压偏置		5E	DE	1
	903	频率设定电压增益		5F	DF	1
	904	频率设定电流偏置		60	E0	1
	905	频率设定电流增益		61	E1	1
	990	蜂鸣器控制		5A	DA	9
	991	LCD 对比度		5B	DB	9
其他	—	第二参数切换		6C	EC	—
	—	频率设定	运行频率（RAM）	6D	ED	—
	—		运行频率（E^2PROM）	6E	EE	—
	—	频率监视	监视	6F	—	—
	—		输出电流监视	70	—	—
	—		输出电压监视	71	—	—
	—		特殊监视	72	—	—
	—		特殊监视选择参数号	73	F3	—
	—	报警显示	最近第 1、2 次/报警显示清除	74	F4	—
	—		最近第 3、4 次	75	—	—
	—		最近第 5、6 次	76	—	—
	—		最近第 7、8 次	77	—	—
	—	变频器状态监示/运行指令		7A	FA	—
	—	运行模式测定		7B	FB	—
	—	全部参数清除		—	FC	—
	—	变频器复位		—	FD	—
	—	网络参数扩展设定		7F	FF	—

附录 B 三菱 FR-700 系列变频器参数一览表

功能	参数	名称	设定范围	最小设定单位	初始值
基本功能	◎ 0	转矩提升	0~30%	0.1%	6/4/3/2/1%[3]
	◎ 1	上限频率	0~120Hz	0.01Hz	120/60Hz[3]
	◎ 2	下限频率	0~120Hz	0.01Hz	0Hz
	◎ 3	基准频率	0~400Hz	0.01Hz	50Hz
	◎ 4	多段速设定（高速）	0~400Hz	0.01Hz	50Hz
	◎ 5	多段速设定（中速）	0~400Hz	0.01Hz	30Hz
	◎ 6	多段速设定（低速）	0~400Hz	0.01Hz	10Hz
	◎ 7	加速时间	0~3600/360s	0.1/0.01s	5/15s[3]
	◎ 8	减速时间	0~3600/360s	0.1/0.01s	5/15s[3]
	◎ 9	电子过电流保护	0~500/0~3600A[3]	0.01/0.1A	变频器额定电流
直流制动	10	直流制动动作频率	0~120Hz, 9999	0.01Hz	3Hz
	11	直流制动动作时间	0~10s, 8888	0.1s	0.5s
	12	直流制动动作电压	0~30%	0.1%	4/2/1%[3]
—	13	起动频率	0~60Hz	0.01Hz	0.5Hz
—	14	适用负载选择	0~5	1	0
JOG 运行	15	点动频率	0~400Hz	0.01Hz	5Hz
	16	点动加减速时间	0~3600/360s	0.1/0.01s	0.5s
—	17	MRS 输入选择	0, 2, 4	1	0
—	18	高速上限频率	120~400Hz	0.01Hz	120/60Hz[3]
—	19	基准频率电压	0~1000V, 8888, 9999	0.1V	9999
加减速时间	20	加减速基准频率	1~400Hz	0.01Hz	50Hz
	21	加减速时间单位	0, 1	1	0
防止失速	22	失速防止动作水平（转矩限制水平）	0~400%	0.1%	150%
	23	倍速时失速防止动作水平补偿系数	0~200%, 9999	0.1%	9999
多段速度设定	24~27	多段速设定（4~7速）	0~400Hz, 9999	0.01Hz	9999
—	28	多段速输入补偿选择	0, 1	1	0
—	29	加减速曲线选择	0~5	1	0
—	30	再生制动功能选择	0, 1, 2, 10, 11, 12, 20, 21	1	0

附　录

（续）

功能	参数	名称	设定范围	最小设定单位	初始值
频率跳变	31	频率跳变1A	0~400Hz, 9999	0.01Hz	9999
	32	频率跳变1B	0~400Hz, 9999	0.01Hz	9999
	33	频率跳变2A	0~400Hz, 9999	0.01Hz	9999
	34	频率跳变2B	0~400Hz, 9999	0.01Hz	9999
	35	频率跳变3A	0~400Hz, 9999	0.01Hz	9999
	36	频率跳变3B	0~400Hz, 9999	0.01Hz	9999
—	37	转速显示	0, 1~9998	1	0
频率检测	41	频率到达动作范围	0~100%	0.1%	10%
	42	输出频率检测	0~400Hz	0.01Hz	6Hz
	43	反转时输出频率检测	0~400Hz, 9999	0.01Hz	9999
第2功能	44	第2加减速时间	0~3600/360s	0.1/0.01s	5s
	45	第2减速时间	0~3600/360s, 9999	0.1/0.01s	9999
	46	第2转矩提升	0~30%, 9999	0.1%	9999
	47	第2V/F（基准频率）	0~400Hz, 9999	0.01Hz	9999
	48	第2失速防止动作水平	0~220%	0.1%	150%
	49	第2失速防止动作频率	0~400Hz, 9999	0.01Hz	0Hz
	50	第2输出频率检测	0~400Hz	0.01Hz	30Hz
	51	第2电子过电流保护	0~500A, 9999/0~3600A, 9999[3]	0.01/0.1A[3]	9999
监视器功能	52	DU/PU主显示数据选择	0, 5~14, 17~20, 22~25, 32~35, 50~57, 71, 72, 100	1	0
	54	FM端子功能选择	1~3, 5~14, 17, 18, 21, 24, 32~34, 50, 52, 53, 70	1	1
	55	频率监视基准	0~400Hz	0.01Hz	50Hz
	56	电流监视基准	0~500/0~3600A[3]	0.01/0.1A[3]	变频器额定电流
再起动	57	再起动自由运行时间	0, 0.1~5s, 9999/0, 0.1~30s, 9999[3]	0.1s	9999
	58	再起动上升时间	0~60s	0.1s	1s
—	59	遥控功能选择	0, 1, 2, 3	1	0
—	60	节能控制选择	0, 4	1	0
自动加减速	61	基准电流	0~500A, 9999/0~3600A, 9999[3]	0.01/0.1A[3]	9999
	62	加速时基准值	0~220%, 9999	0.1%	9999
	63	减速时基准值	0~220%, 9999	0.1%	9999
	64	升降机模式起动频率	0~10Hz, 9999	0.01Hz	9999

（续）

功能	参数	名称	设定范围	最小设定单位	初始值
—	65	再试选择	0～5	1	0
—	66	失速防止动作水平降低开始频率	0～400Hz	0.01Hz	50Hz
再试	67	报警发生时再试次数	0～10，101～110	1	0
再试	68	再试等待时间	0～10s	0.1s	1s
再试	69	再试次数显示和消除	0	1	0
—	70	特殊再生制动使用率	0～30%/0～10%③	0.1%	0%
—	71	适用电动机	0～8，13～18，20，23，24，30，33，34，40，43，44，50，53，54	1	0
—	72	PWM频率选择	0～15/0～6，25③	1	2
—	73	模拟量输入选择	0～7，10～17	1	1
—	74	输入滤波时间常数	0～8	1	1
—	75	复位选择/PU脱离检测/PU停止选择	0～3，14～17	1	14
—	76	报警代码选择输出	0，1，2	1	0
—	77	参数写入选择	0，1，2	1	0
—	78	反转防止选择	0，1，2	1	0
—	◎79	运行模式选择	0，1，2，3，4，6，7	1	0
电动机常数	80	电动机容量	0.4～55kW，9999/0～3600kW，9999③	0.01/0.1kW⑧	9999
电动机常数	81	电动机极数	2，4，6，8，10，12，14，16，18，20，112，122，9999	1	9999
电动机常数	82	电动机励磁电流	0～500A，9999/0～3600A，9999③	0.01/0.1A③	9999
电动机常数	83	电动机额定电压	0～1000V	0.1V	200/400V①
电动机常数	84	电动机额定频率	10～120Hz	0.01Hz	50Hz
电动机常数	89	速度控制增益（磁通矢量）	0～200%，9999	0.1%	9999
电动机常数	90	电动机常数（R1）	0～50Ω，9999/0～400mΩ，9999③	0.001Ω/0.01mΩ③	9999
电动机常数	91	电动机常数（R2）	0～50Ω，9999/0～400mΩ，9999③	0.001Ω/0.01mΩ③	9999
电动机常数	92	电动机常数（L1）	0～50Ω（0～1000mH），9999/0～3600mΩ（0～400mH），9999③	0.001Ω(0.1mH)/0.01mΩ(0.01mH)③	9999
电动机常数	93	电动机常数（L2）	0～50Ω（0～1000mH），9999/0～3600mΩ（0～400mH），9999③	0.001Ω(0.1mH)/0.01mΩ(0.01mH)③	9999

附 录

(续)

功能	参数	名称	设定范围	最小设定单位	初始值
电动机常数	94	电动机常数（X）	0~500Ω（0~100%），9999/0~100Ω（0~100%），9999[3]	0.01Ω（0.1%）/0.01Ω（0.01%）[3]	9999
	95	在线自动调谐选择	0~2	1	0
	96	自动调谐设定/状态	0，1，101	1	0
V/F5点可调整	100	V/F1（第1频率）	0~400Hz，9999	0.01Hz	9999
	101	V/F1（第1频率电压）	0~1000V	0.1V	0V
	102	V/F2（第2频率）	0~400Hz，9999	0.01Hz	9999
	103	V/F2（第2频率电压）	0~1000V	0.1V	0V
	104	V/F3（第3频率）	0~400Hz，9999	0.01Hz	9999
	105	V/F3（第3频率电压）	0~1000V	0.1V	0V
	106	V/F4（第4频率）	0~400Hz，9999	0.01Hz	9999
	107	V/F4（第4频率电压）	0~1000V	0.1V	0V
	108	V/F5（第5频率）	0~400Hz，9999	0.01Hz	9999
	109	V/F5（第5频率电压）	0~1000V	0.1V	0V
第3功能	110	第3加减速时间	0~3600/360s，9999	0.1/0.01s	9999
	111	第3减速时间	0~3600/360s，9999	0.1/0.01s	9999
	112	第3转矩提升	0~30%，9999	0.1%	9999
	113	第3V/F（基底频率）	0~400Hz，9999	0.01Hz	9999
	114	第3失速防止动作电流	0~220%	0.1%	150%
	115	第3失速防止动作频率	0~400Hz	0.01Hz	0
	116	第3输出频率检测	0~400Hz	0.01Hz	50Hz
PU接口通信	117	PU通信站号	0~31	1	0
	118	PU通信速率	48，96，192，384	1	192
	119	PU通信停止位长	0，1，10，11	1	1
	120	PU通信奇偶校验	0，1，2	1	2
	121	PU通信再试次数	0~10，9999	1	1
	122	PU通信校验时间间隔	0，0.1~999.8s，9999	0.1s	9999
	123	PU通信等待时间设定	0~150ms，9999	1	9999
	124	PU通信有无CR/LF选择	0，1，2	1	1
—	◎125	端子2频率设定增益频率	0~400Hz	0.01Hz	50Hz
—	◎126	端子4频率设定增益频率	0~400Hz	0.01Hz	50Hz
PID运行	127	PID控制自动切换频率	0~400Hz，9999	0.01Hz	9999
	128	PID动作选择	10，11，20，21，50，51，60，61	1	10
	129	PID比例带	0.1~1000%，9999	0.1%	100%
	130	PID积分时间	0.1~3600s，9999	0.1s	1s

（续）

功能	参数	名称	设定范围	最小设定单位	初始值
PID 运行	131	PID 上限	0~100%，9999	0.1%	9999
	132	PID 下限	0~100%，9999	0.1%	9999
	133	PID 动作目标值	0~100%，9999	0.01%	9999
	134	PID 微分时间	0.01~10.00s，9999	0.01s	9999
第 2 功能	135	工频切换顺序输出端子选择	0，1	1	0
	136	MC 切换互锁时间	0~100s	0.1s	1s
	137	起动等待时间	0~100s	0.1s	0.5s
	138	异常时工频切换选择	0，1	1	0
	139	变频-工频自动切换频率	0~60Hz，9999	0.01Hz	9999
监视器功能	140	齿隙补偿加速中断频率	0~400Hz	0.01Hz	1Hz
	141	齿隙补偿加速中断时间	0~360s	0.1s	0.5s
	142	齿隙补偿减速中断频率	0~400Hz	0.01Hz	1Hz
	143	齿隙补偿减速中断时间	0~360s	0.1s	0.5s
—	144	速度设定转换	0，2，4，6，8，10，12，102，104，106，108，110，112	1	4
PU	145	PU 显示语言切换	0~7	1	1
电流检测	148	输入 0V 时的失速防止水平	0~220%	0.1%	150%
	149	输入 10V 时的失速防止水平	0~220%	0.1%	200%
	150	输出电流检测水平	0~220%	0.1%	150%
	151	输出电流检测信号延迟时间	0~10s	0.1s	0s
	152	零电流检测水平	0~220%	0.1%	5%
	153	零电流检测时间	0~1s	0.01s	0.5s
—	154	失速防止动作中的电压降低选择	0，1	1	1
—	155	RT 信号执行条件选择	0，10	1	0
	156	失速防止动作选择	0~31，100，101	1	0
	157	OL 信号输出延时	0~25s，9999	0.1s	0s
—	158	AM 端子功能选择	1~3，5~14，17，18，21，24，32~34，50，52，53，70	1	1
	159	工频-变频自动切换动作范围	0~10Hz，9999	0.01Hz	9999
	◎160	用户参数组读取选择	0，1，9999	1	0
—	161	频率设定/键盘锁定操作选择	0，1，10，11	1	0
再起动	162	瞬时停电再起动动作选择	0，1，2，10，11，12	1	0
	163	再起动第 1 上升时间	0~20s	0.1s	0s
	164	再起动第 1 上升电压	0~100%	0.1%	0%
	165	再起动失速防止动作水平	0~220%	0.1%	150%

（续）

功能	参数	名称	设定范围	最小设定单位	初始值
电流检测	166	输出电流检测信号保持时间	0~10s，9999	0.1s	0.1s
	167	输出电流检测动作选择	0，1	1	0
—	168	生产厂家设定用参数，请不要设定			
—	169				
监视器功能	170	累计电能表清零	0，10，9999	1	9999
	171	实际运行时间清零	0，9999	1	9999
用户组	172	用户参数组注册数显示/-总括起来删除	9999，(0~16)	1	0
	173	用户参数注册	0~999，9999	1	9999
	174	用户参数删除	0~999，9999	1	9999
输入端子的功能分配	178	STF端子功能选择	0~20，22~28，37，42~44，60，62，64~71，82，9999	1	60
	179	STR端子功能选择	0~20，22~28，37，42~44，61，62，64~71，82，9999	1	61
	180	RL端子功能选择	0~20，22~28，37，42~44，62，64~71，82，9999	1	0
	181	RM端子功能选择		1	1
	182	RH端子功能选择		1	2
	183	RT端子功能选择		1	3
	184	AU端子功能选择	0~20，22~28，37，42~44，62~71，82，9999	1	4
	185	JOG端子功能选择	0~20，22~28，37，42~44，62，64~71，82，9999	1	5
	186	CS端子功能选择		1	6
	187	MRS端子功能选择		1	24
	188	STOP端子功能选择		1	25
	189	RES端子功能选择		1	62
输出端子的功能分配	190	RUN端子功能选择	0~8，10~20，25~28，30~36，39，41~47，64，70，84，85，90~99，100~108，110~116，120，125~128，130~136，139，141~147，164，170，184，185，190~199，9999	1	0
	191	SU端子功能选择		1	1
	192	IPF端子功能选择		1	2
	193	OL端子功能选择		1	3
	194	FU端子功能选择		1	4
	195	ABC1端子功能选择	0~8，10~20，25~28，30~36，39，41~47，64，70，84，85，90，91，94~99，100~108，110~116，120，125~128，130~136，139，141~147，164，170，184，185，190，191，194~199，9999	1	99
	196	ABC2端子功能选择		1	9999

（续）

功能	参数	名称	设定范围	最小设定单位	初始值
多段速设定	232~239	多段速设定（8~15速）	0~400Hz, 9999	0.01Hz	9999
—	240	Soft-PWM 动作选择	0, 1	1	1
—	241	模拟输入显示单位切换	0, 1	1	0
—	242	端子1叠加补偿增益（端子2）	0~100%	0.1%	100%
—	243	端子1叠加补偿增益（端子4）	0~100%	0.1%	75%
—	244	冷却风扇的动作选择	0, 1	1	1
转差补偿	245	额定转差	0~50%, 9999	0.01%	9999
转差补偿	246	转差补偿时间常数	0.01~10s	0.01s	0.5s
转差补偿	247	恒功率区域转差补偿选择	0, 9999	1	9999
—	250	停止选择	0~100s, 1000~1100s, 8888, 9999	0.1s	9999
—	251	输出断相保护选择	0, 1	1	1
频率补偿功能	252	比例补偿偏置	0~200%	0.1%	50%
频率补偿功能	253	比例补偿增益	0~200%	0.1%	150%
寿命诊断	255	寿命报警状态显示	(0~15)	1	0
寿命诊断	256	浪涌电流抑制电路寿命显示	(0~100%)	1%	100%
寿命诊断	257	控制电路电容器寿命显示	(0~100%)	1%	100%
寿命诊断	258	主电路电容器寿命显示	(0~100%)	1%	100%
寿命诊断	259	测定主电路电容器寿命	0, 1	1	0
—	260	PWM频率自动切换	0, 1	1	1
停电停机	261	停电停止方式选择	0, 1, 2, 11, 12	1	0
停电停机	262	起始减速频率降	0~20Hz	0.01Hz	3Hz
停电停机	263	起始减速频率	0~120Hz, 9999	0.01Hz	50Hz
停电停机	264	停电时减速时间1	0~3600/360s	0.1/0.01s	5s
停电停机	265	停电时减速时间2	0~3600/360s, 9999	0.1/0.01s	9999
停电停机	266	停电时减速时间切换频率	0~400Hz	0.01Hz	50Hz
—	267	端子4输入选择	0, 1, 2	1	0
—	268	监视器小数位数选择	0, 1, 9999	1	9999
—	269	厂家设定用参数，请勿自行设定			
—	270	挡块定位、负载转矩高速频率控制选择	0, 1, 2, 3	1	0
负载转矩高速频率控制	271	高速设定最上限电流	0~220%	0.1%	50%
负载转矩高速频率控制	272	中速设定最下限电流	0~220%	0.1%	100%
负载转矩高速频率控制	273	电流平均化范围	0~400Hz, 9999	0.01Hz	9999
负载转矩高速频率控制	274	电流平均滤波器时间常数	1~4000	1	16

（续）

功能	参数	名称	设定范围	最小设定单位	初始值
挡块定位控制	275	挡块定位时励磁电流低速倍率	0~1000%，9999	0.1%	9999
	276	挡块定位时PWM载波频率	0~9，9999/0~4，9999③	1	9999
制动开启功能	278	制动开启频率	0~30Hz	0.01Hz	3Hz
	279	制动开启电流	0~220%	0.1%	130%
	280	制动开启电流检测时间	0~2s	0.1s	0.3s
	281	制动操作开始时间	0~5s	0.1s	0.3s
	282	制动操作频率	0~30Hz	0.01Hz	6Hz
	283	制动操作停止时间	0~5s	0.1s	0.3s
	284	减速检测功能选择	0,1	1	0
	285	超速检测频率（速度偏差过大检测频率）	0~30Hz，9999	0.01Hz	9999
固定偏差控制	286	固定偏差增益	0~100%	0.1%	0%
	287	固定偏差滤波器时间常数	0~1s	0.01s	0.3s
	288	固定偏差功能动作选择	0,1,2,10,11	1	0
—	291	脉冲列输入选择	0,1,10,11,20,21,100	1	0
—	292	自动加减速	0,1,3,5~8,11	1	0
—	293	加速减速个别动作选择模式	0~2	1	0
—	294	UV回避电压增益	0~200%	0.1%	100%
—	299	再起动时的旋转方向检测选择	0、1、9999	1	0
RS-485通信	331	RS-485通信站号	0~31（0~247）	1	0
	332	RS-485通信速率	3,6,12,24,48,96,192,384	1	96
	333	RS-485通信停止位长	0,1,10,11	1	1
	334	RS-485通信奇偶校验选择	0,1,2	1	2
	335	RS-485通信再试次数	0~10，9999	1	1
	336	RS-485通信校验时间间隔	0~999.8s，9999	0.1s	0s
	337	RS-485通信等待时间设定	0~150ms，9999	1	9999
	338	通信运行指令权	0,1	1	0
	339	通信速度指令权	0,1,2	1	0
	340	通信启动模式选择	0,1,2,10,12	1	0
	341	RS-485通信CR/LF选择	0,1,2	1	1
	342	通信EEPROM写入选择	0,1	1	0
	343	通信错误计数	—	1	0
定向控制	350②	停止位置指令选择	0,1,9999	1	9999
	351②	定向速度	0~30Hz	0.01Hz	2Hz
	352②	蠕变速度	0~10Hz	0.01Hz	0.5Hz
	353②	蠕变切换位置	0~16383	1	511

(续)

功能	参数	名称	设定范围	最小设定单位	初始值
定向控制	354[②]	位置环路切换位置	0~8191	1	96
	355[②]	直流制动开始位置	0~255	1	5
	356[②]	内部停止位置指令	0~16383	1	0
	357[②]	定向完成区域	0~255	1	5
	358[②]	伺服转矩选择	0~13	1	1
	359[②]	PLG转动方向	0,1	1	1
	360[②]	16位数据选择	0~127	1	0
	361[②]	移位	0~16383	1	0
	362[②]	定向位置环路增益	0.1~100	0.1	1
	363[②]	完成信号输出延迟时间	0~5s	0.1s	0.5s
	364[②]	PLG停止确认时间	0~5s	0.1s	0.5s
	365[②]	定向结束时间	0~60s, 9999	1s	9999
	366[②]	再确认时间	0~5s, 9999	0.1s	9999
PLG反馈	367[②]	速度反馈范围	0~400Hz, 9999	0.01Hz	9999
	368[②]	反馈增益	0~100	0.1	1
	369[②]	PLG脉冲数量	0~4096	1	1024
	374[②]	过速度检测水平	0~400Hz	0.01Hz	115Hz
	376[②]	断线检测有无选择	0,1	1	0
S字加减速C	380	加速时S字1	0~50%	1%	0
	381	减速时S字1	0~50%	1%	0
	382	加速时S字2	0~50%	1%	0
	383	减速时S字2	0~50%	1%	0
脉冲列输入	384	输入脉冲分度倍率	0~250	1	0
	385	输入脉冲零时频率	0~400Hz	0.01Hz	0
	386	输入脉冲最大时频率	0~400Hz	0.01Hz	50Hz
定向控制	393[②]	定向选择	0,1,2	1	0
	396[②]	定向速度增益（P项）	0~1000	1	60
	397[②]	定向速度积分时间	0~20s	0.001s	0.333s
	398[②]	定向速度增益（D项）	0~100	0.1	1
	399[②]	定向减速率	0~1000	1	20
PLC功能	414	PLC功能操作选择	0,1	1	0
	415	变频器操作锁定模式设置	0,1	1	0
	416	预分频功能选择	0~5	1	0
	417	预分频设置值	0~32767	1	1

（续）

功能	参数	名称	设定范围	最小设定单位	初始值
位置控制	419[②]	位置指令权选择	0，2	1	0
	420[②]	指令脉冲倍率分子	0～32767	1	1
	421[②]	指令脉冲倍率分母	0～32767	1	1
	422[②]	位置环路增益	0～150s^{-1}	1s^{-1}	25s^{-1}
	423[②]	位置前馈增益	0～100%	1%	0
	424[②]	位置指令加减速时间常数	0～50s	0.001s	0s
	425[②]	位置前馈指令滤波器	0～5s	0.001s	0s
	426[②]	定位完成宽度	0～32767 脉冲	1 脉冲	100 脉冲
	427[②]	误差过大水平	0～400K，9999	1K	40K
	428[②]	指令脉冲选择	0～5	1	0
	429[②]	清零信号选择	0，1	1	1
	430[②]	脉冲监视器选择	0～5，9999	1	9999
第2电动机功能	434[②]	第2电动机 PLG 转动方向	0，1	1	1
	435[②]	第2电动机 PLG 脉冲数量	0～4096	1	1024
	436[②]	预励磁选择2	0，1	1	0
	437[②]	位置环路增益2	0～150s^{-1}	1s^{-1}	25s^{-1}
	440[②]	固定偏差增益2	0～100%	0.1%	0.0%
	441[②]	固定偏差滤波器时间常数2	0.00～1.00s	0.01s	0.30s
	442[②]	固定偏差功能动作选择2	0，1，2，10，11	1	0
累积脉冲监视器	443[②]	累积脉冲监视器清除信号选择	0，1	1	0
	444[②]	累积脉冲分度倍率1	1～16384	1	1
	445[②]	累积脉冲分度倍率2	1～16384	1	1
第2电动机常数	450	第2适用电动机	0～8，13～18，20，23，24，30，33，34，40，43，44，50，53，54，9999	1	9999
	451	第2电动机控制方法选择	0～2，10～12，20，9999	1	9999
	453	第2电动机容量	0.4～55kW，9999/ 0～3600kW，9999[③]	0.01kW/ 0.1kW[③]	9999
	454	第2电动机极数	2，4，6，8，10，12，9999	1	9999
	455	第2电动机励磁电流	0～500A，9999/ 0～3600A，9999[③]	0.01/ 0.1A[③]	9999
	456	第2电动机额定电压	0～1000V	0.1V	400V
	457	第2电动机额定频率	10～120Hz	0.01Hz	50Hz
	458	第2电动机常数（R1）	0～50Ω，9999/ 0～400mΩ，9999[③]	0.001Ω/ 0.01mΩ[③]	9999
	459	第2电动机常数（R2）	0～50Ω，9999/ 0～400mΩ，9999[③]	0.001Ω/ 0.01mΩ[③]	9999

（续）

功能	参数	名称	设定范围	最小设定单位	初始值
第2电动机常数	460	第2电动机常数（L1）	0~50Ω（0~1000mH），9999/ 0~3600mΩ(0~400mH),9999③	0.001Ω (0.1mH) / 0.01mΩ (0.01mH)③	9999
	461	第2电动机常数（L2）	0~50Ω（0~1000mH），9999/ 0~3600mΩ(0~400mH),9999③	0.001Ω (0.1mH) / 0.01mΩ (0.01mH)③	9999
	462	第2电动机常数（X）	0~500Ω（0~100%），9999/ 0~100Ω(0~100%),9999③	0.01Ω (0.1%) / 0.01Ω (0.01%)③	9999
	463	第2电动机自动调整设定/状态	0，1，101	1	0
简易进位功能	464[2]	数字位置控制急停减速时间	0~360.0s	0.1s	0
	465[2]	第1进位量后4位	0~9999	1	0
	466[2]	第1进位量前4位	0~9999	1	0
	467[2]	第2进位量后4位	0~9999	1	0
	468[2]	第2进位量前4位	0~9999	1	0
	469[2]	第3进位量后4位	0~9999	1	0
	470[2]	第3进位量前4位	0~9999	1	0
	471[2]	第4进位量后4位	0~9999	1	0
	472[2]	第4进位量前4位	0~9999	1	0
	473[2]	第5进位量后4位	0~9999	1	0
	474[2]	第5进位量前4位	0~9999	1	0
	475[2]	第6进位量后4位	0~9999	1	0
	476[2]	第6进位量前4位	0~9999	1	0
	477[2]	第7进位量后4位	0~9999	1	0
	478[2]	第7进位量前4位	0~9999	1	0
	479[2]	第8进位量后4位	0~9999	1	0
	480[2]	第8进位量前4位	0~9999	1	0
	481[2]	第9进位量后4位	0~9999	1	0
	482[2]	第9进位量前4位	0~9999	1	0
	483[2]	第10进位量后4位	0~9999	1	0
	484[2]	第10进位量前4位	0~9999	1	0
	485[2]	第11进位量后4位	0~9999	1	0
	486[2]	第11进位量前4位	0~9999	1	0
	487[2]	第12进位量后4位	0~9999	1	0

附　录

（续）

功能	参数	名称	设定范围	最小设定单位	初始值
简易进位功能	488[②]	第12进位量前4位	0~9999	1	0
	489[②]	第13进位量后4位	0~9999	1	0
	490[②]	第13进位量前4位	0~9999	1	0
	491[②]	第14进位量后4位	0~9999	1	0
	492[②]	第14进位量前4位	0~9999	1	0
	493[②]	第15进位量后4位	0~9999	1	0
	494[②]	第15进位量前4位	0~9999	1	0
远程输出	495	远程输出选择	0，1	1	0
	496	远程输出内容1	0~4095	1	0
	497	远程输出内容2	0~4095	1	0
—	498	PLC功能闪速存储器清除	0~9999	1	0
维护	503	维护定时器	0（1~9998）	1	0
	504	维护定时器报警输出设定时间	0~9998，9999	1	9999
—	505	速度设定基准	1~120Hz	0.01Hz	50Hz
PLC功能	506	用户参数1	0~65535	1	0
	507	用户参数2	0~65535	1	0
	508	用户参数3	0~65535	1	0
	509	用户参数4	0~65535	1	0
	510	用户参数5	0~65535	1	0
	511	用户参数6	0~65535	1	0
	512	用户参数7	0~65535	1	0
	513	用户参数8	0~65535	1	0
	514	用户参数9	0~65535	1	0
	515	用户参数10	0~65535	1	0
S字加减速D	516	加速开始时的S字时间	0.1~2.5s	0.1s	0.1s
	517	加速完成时的S字时间	0.1~2.5s	0.1s	0.1s
	518	减速开始时的S字时间	0.1~2.5s	0.1s	0.1s
	519	减速完成时的S字时间	0.1~2.5s	0.1s	0.1s
—	539	Modbus-RTU通信校验时间间隔	0~999.8s，9999	0.1s	9999
USB	547	USB通信站号	0~31	1	0
	548	USB通信检查时间间隔	0~999.8s，9999	0.1s	9999
通信	549	协议选择	0，1	1	0
	550	网络模式操作权选择	0，1，9999	1	9999
	551	PU模式操作权选择	1，2，3	1	2

231

(续)

功能	参数	名称	设定范围	最小设定单位	初始值
电流平均值监视信号	555	电流平均时间	0.1~1.0s	0.1s	1s
	556	数据输出屏蔽时间	0.0~20.0s	0.1s	0s
	557	电流平均值监视信号基准输出电流	0~500/0~3600A[3]	0.01/0.1A[3]	变频器额定电流
—	563	累计通电时间次数	(0~65535)	1	0
—	564	累计运转时间次数	(0~65535)	1	0
第2电动机常数	569	第2电动机速度控制增益	0~200%, 9999	0.1%	9999
—	570	多重额定选择	0~3	1	2
—	571	起动时维持时间	0.0~10.0s, 9999	0.1s	9999
—	574	第2电动机在线自动调整	0, 1, 2	1	0
PID控制	575	输出中断检测时间	0~3600s, 9999	0.1s	1s
	576	输出中断检测水平	0~400Hz	0.01Hz	0Hz
	577	输出中断解除水平	900~1100%	0.1%	1000%
三角波功能（摆频功能）	592	三角波功能选择	0, 1, 2	1	0
	593	最大振幅量	0~25%	0.1%	10%
	594	减速时振幅补偿量	0~50%	0.1%	10%
	595	加速时振幅补偿量	0~50%	0.1%	10%
	596	振幅加速时间	0.1~3600s	0.1s	5s
	597	振幅减速时间	0.1~3600s	0.1s	5s
—	598	欠电压电平可变	DC 350~430V, 9999	0.1V	9999
—	611	再起动时加速时间	0~3600s, 9999	0.1s	5/15s[3]
—	665	再生回避频率增益	0~200%	0.1%	100
—	684	调整数据单位切换	0, 1	1	0
—	800	控制方法选择	0~5, 9~12, 20	1	20
—	802[2]	预备励磁选择	0, 1	1	0
转矩指令	803	恒输出区域转矩特性选择	0, 1	1	0
	804	转矩指令权选择	0, 1, 3~6	1	0
	805	转矩指令值（RAM）	600~1400%	1%	1000%
	806	转矩指令值（RAM, EEPROM）	600~1400%	1%	1000%
速度限制	807	速度限制选择	0, 1, 2	1	0
	808	正转速度限制	0~120Hz	0.01Hz	50Hz
	809	反转速度限制	0~120Hz, 9999	0.01Hz	9999
转矩限制	810	转矩限制输入方法选择	0, 1	1	0
	811	设定分辨率切换	0, 1, 10, 11	1	0
	812	转矩限制水平（再生）	0~400%, 9999	0.1%	9999

附　录

（续）

功能	参数	名称	设定范围	最小设定单位	初始值
转矩限制	813	转矩限制水平（第3象限）	0~400%，9999	0.1%	9999
	814	转矩限制水平（第4象限）	0~400%，9999	0.1%	9999
	815	转矩限制水平2	0~400%，9999	0.1%	9999
	816	加速时转矩限制水平	0~400%，9999	0.1%	9999
	817	减速时转矩限制水平	0~400%，9999	0.1%	9999
简单增益调谐	818	简单增益调谐响应性设定	1~15	1	2
	819	简单增益调谐选择	0~2	1	0
调整功能	820	速度控制P增益1	0~1000%	1%	60%
	821	速度控制积分时间1	0~20s	0.001s	0.333s
	822	速度设定滤波器1	0~5s，9999	0.001s	9999
	823[②]	速度检测滤波器1	0~0.1s	0.001s	0.001s
	824	转矩控制P增益1	0~200%	1%	100%
	825	转矩控制积分时间1	0~500ms	0.1ms	5ms
	826	转矩设定滤波器1	0~5s，9999	0.001s	9999
	827	转矩检测滤波器1	0~0.1s	0.001s	0s
	828	模型速度控制增益	0~1000%	1%	60%
	830	速度控制P增益2	0~1000%，9999	1%	9999
	831	速度控制积分时间2	0~20s，9999	0.001s	9999
	832	速度设定滤波器2	0~5s，9999	0.001s	9999
	833[②]	速度检测滤波器2	0~0.1s，9999	0.001s	9999
	834	转矩控制P增益2	0~200%，9999	1%	9999
	835	转矩控制积分时间2	0~500ms，9999	0.1ms	9999
	836	转矩设定滤波器2	0~5s，9999	0.001s	9999
	837	转矩检测滤波器2	0~0.1s，9999	0.001s	9999
转矩偏置	840[②]	转矩偏置选择	0~3，10~13，9999	1	9999
	841[②]	转矩偏置1	600~1400%，9999	1%	9999
	842[②]	转矩偏置2	600~1400%，9999	1%	9999
	843[②]	转矩偏置3	600~1400%，9999	1%	9999
	844[②]	转矩偏置滤波器	0~5s，9999	0.001s	9999
	845[②]	转矩偏置动作时间	0~5s，9999	0.01s	9999
	846[②]	转矩偏置平衡补偿	0~10V，9999	0.1V	9999
	847[②]	下降时转矩偏置端子1偏置	0~400%，9999	1%	9999
	848[②]	下降时转矩偏置端子1增益	0~400%，9999	1%	9999
附加功能	849	模拟输入补偿调整	0~200%	0.1%	100%
	850	制动动作选择	0，1	1	0
	853[②]	速度偏差时间	0~100s	0.1s	1s

233

（续）

功能	参数	名称	设定范围	最小设定单位	初始值
附加功能	854	励磁率	0~100%	1%	100%
	858	端子4功能分配	0，1，4，9999	1	0
	859	转矩电流	0~500A，9999/0~3600A，9999③	0.01/0.1A	9999
	860	第2电动机转矩电流	0~500A，9999/0~3600A，9999③	0.01/0.1A	9999
	862	陷波滤波器时间常数	0~60	1	0
	863	陷波滤波器深度	0，1，2，3	1	0
	864	转矩检测	0~400%	0.1%	150%
	865	低速度检测	0~400Hz	0.01Hz	1.5Hz
表示功能	866	转矩监视器基准	0~400%	0.1%	150%
—	867	AM输出滤波器	0~5s	0.01s	0.01s
—	868	端子1功能分配	0~6，9999	1	0
保护功能	872	输入断相保护选择	0，1	1	0
	873②	速度限制	0~120Hz	0.01Hz	20Hz
	874	OLT水平设定	0~200%	0.1%	150%
	875	故障定义	0，1	1	0
控制系统功能	877	速度前馈控制，模型适应速度控制选择	0，1，2	1	0
	878	速度前馈滤波器	0~1s	0.01s	0s
	879	速度前馈转矩限制	0~400%	0.1%	150%
	880	负荷惯性比	0~200倍	0.1	7
	881	速度前馈增益	0~1000%	1%	0%
再生制动避免功能	882	再生回避动作选择	0，1，2	1	0
	883	再生回避动作水平	300~800V	0.1V	DC 760V
	884	减速时母线电压检测敏感度	0~5	1	0
	885	再生回避补偿频率限制值	0~10Hz，9999	0.01Hz	6Hz
	886	再生回避电压增益	0~200%	0.1%	100%
自由参数	888	自由参数1	0~9999	1	9999
	889	自由参数2	0~9999	1	9999
节能监视器	891	累计电量监视位切换次数	0~4，9999	1	9999
	892	负载率	30%~150%	0.1%	100%
	893	节能监视器基准（电动机容量）	0.1~55/0~3600kW③	0.01/0.1kW③	变频器额定容量
	894	工频时控制选择	0，1，2，3	1	0
	895	节能功率基准值	0，1，9999	1	9999

（续）

功能	参数	名称	设定范围	最小设定单位	初始值
节能监视器	896	电价	0~500，9999	0.01	9999
	897	节能监视器平均时间	0，1~1000h，9999	1	9999
	898	清除节能累计监视值	0，1，10，9999	1	9999
	899	运行时间率（推算值）	0~100%，9999	0.1%	9999
校正参数	C0(900)	FM端子校正	—	—	—
	C1(901)	AM端子校正	—	—	—
	C2(902)	端子2频率设定偏置频率	0~400Hz	0.01Hz	0Hz
	C3(902)	端子2频率设定偏置	0~300%	0.1%	0%
	125(903)	端子2频率设定增益频率	0~400Hz	0.01Hz	50Hz
	C4(903)	端子2频率设定增益	0~300%	0.1%	100%
	C5(904)	端子4频率设定偏置频率	0~400Hz	0.01Hz	0Hz
	C6(904)	端子4频率设定偏置	0~300%	0.1%	20%
	126(905)	端子4频率设定增益频率	0~400Hz	0.01Hz	50Hz
	C7(905)	端子4频率设定增益	0~300%	0.1%	100%
	C12(917)	端子1偏置频率（速度）	0~400Hz	0.01Hz	0Hz
	C13(917)	端子1偏置（速度）	0~300%	0.1%	0%
	C14(918)	端子1增益频率（速度）	0~400Hz	0.01Hz	50Hz
	C15(918)	端子1增益（速度）	0~300%	0.1%	100%
	C16(919)	端子1偏置指令（转矩/磁通）	0~400%	0.1%	0%
	C17(919)	端子1偏置（转矩/磁通）	0~300%	0.1%	0%
	C18(920)	端子1增益指令（转矩/磁通）	0~400%	0.1%	150%
	C19(920)	端子1增益（转矩/磁通）	0~300%	0.1%	100%

（续）

功能	参数	名称	设定范围	最小设定单位	初始值
校正参数	C38 (932)	端子 4 偏置指令（转矩/磁通）	0~400%	0.1%	0%
	C39 (932)	端子 4 偏置（转矩/磁通）	0~300%	0.1%	20%
	C40 (933)	端子 4 增益指令（转矩/磁通）	0~400%	0.1%	150%
	C41 (933)	端子 4 增益（转矩/磁通）	0~300%	0.1%	100%
—	989	解除复制参数报警	10, 100	1	10/100[③]
PU	990	PU 蜂鸣器音量控制	0, 1	1	1
	991	PU 对比度调整	0~63	1	58
参数清除	Pr. CL	参数清除	0, 1	1	0
	ALLC	参数全部清除	0, 1	1	0
	Er. CL	清除报警历史	0, 1	1	0
	PCPY	参数复制	0, 1, 2, 3	1	0

注：1. 有◎标记的参数表示的是简单模式参数。（初始值为扩展模式）
    2. 对于有 ▬▬▬ 标记的参数，即使 Pr. 77 "参数写入选择" 为 "0"（初始值）也可以在运行过程中更改设定值。

① 根据电压等级的不同而异。
② 仅在 FR – A7AP 安装时可进行设定。
③ 容量不同也各不相同。（55kW 以下/75kW 以上）

参 考 文 献

[1] 黄家善. 电力电子技术 [M]. 2版. 北京：机械工业出版社，2005.
[2] 马宏骞. 电力电子技术及应用项目教程 [M]. 北京：电子工业出版社，2011.
[3] 何道清，何涛，丁宏林. 太阳能光伏发电系统原理与应用技术 [M]. 北京：化学工业出版社，2012.
[4] 刘进军，王兆安. 电力电子技术 [M]. 6版. 北京：机械工业出版社，2022.
[5] 洪乃刚. 电力电子技术基础 [M]. 北京：清华大学出版社，2015.
[6] 郭荣祥，崔桂梅. 电力电子应用技术 [M]. 北京：高等教育出版社，2013.
[7] 张静之，刘建华. 电力电子技术 [M]. 3版. 北京：机械工业出版社，2021.
[8] 龙志文. 电力电子技术 [M]. 2版. 北京：机械工业出版社，2015.
[9] 孙向东. 太阳能光伏并网发电技术 [M]. 北京：电子工业出版社，2014.
[10] 石秋洁. 变频器应用基础 [M]. 2版. 北京：机械工业出版社，2017.
[11] 周志敏，周纪海，纪爱华. 变频调速系统设计与维护 [M]. 北京：中国电力出版社，2007.
[12] 马宏骞. 变频调速技术与应用项目教程 [M]. 北京：电子工业出版社，2011.
[13] 魏连荣. 变频器应用技术与实例解析 [M]. 北京：化学工业出版社，2008.